COLEÇÃO CLÁSSICOS DE OURO

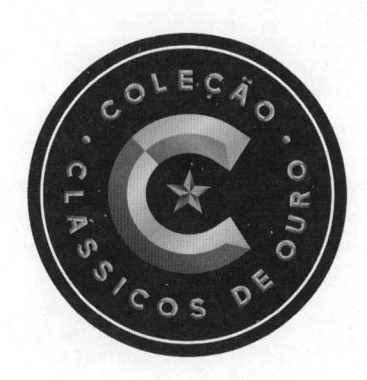

Richard P. Feynman
FÍSICA EM 12 LIÇÕES

TRADUÇÃO *Ivo Korytowski*
INTRODUÇÕES *Paul Davies e Roger Penrose*

PREFÁCIO ESPECIAL DE
David L. Goodstein e Gerry Neugebauer

3ª EDIÇÃO

Editora Nova Fronteira

Six Easy Pieces
Copyright © 1963, 1989, 1995 by the California Institute of Technology
Six Not-So-Easy Pieces
Copyright © 1963, 1989, 1997 by the California Institute of Technology
Introduction Copyright © 1997 by Roger Penrose
Copyright da tradução © Editora Nova Fronteira Participações S.A.

Direitos de edição da obra em língua portuguesa no Brasil adquiridos pela EDITORA NOVA FRONTEIRA PARTICIPAÇÕES S.A. Todos os direitos reservados. Nenhuma parte desta obra pode ser apropriada e estocada em sistema de banco de dados ou processo similar, em qualquer forma ou meio, seja eletrônico, de fotocópia, gravação etc., sem a permissão do detentor do copirraite.

EDITORA NOVA FRONTEIRA PARTICIPAÇÕES S.A.
Av. Rio Branco, 115 – salas 1201 a 1205 – Centro
20040-004 – Rio de Janeiro – RJ – Brasil
Tel.: (21) 3882-8200

Foto de capa: Cynthia Johnson

Imagens de miolo:
p. 120 © Jean-Charles Cuillandre/Canada-France-Hawaii Telescope/Science Photo Library/Stock Photos
p. 121 © NASA
p. 122 © European Southern Observatory/Science Photo Library/Stock Photos
p. 122 © NASA
p. 192 © Andrew Lambert Photography/Science Photo Library/Stock Photos

CIP-Brasil. Catalogação na fonte
Sindicato Nacional dos Editores de Livros, RJ

F463f
3. ed.

Feynman, Richard Phillips, 1918-1988
    Física em 12 lições: fáceis e não tão fáceis / Richard P. Feynman; tradução Ivo Korytowski; introdução Paul Davies e Roger Penrose. – 3. ed. – Rio de Janeiro: Nova Fronteira, 2021.
    296 p.   (Clássicos de ouro)

Tradução de: Six easy pieces; Six not-so-easy pieces
'Originalmente preparado para publicação por Robert B. Leighton e Matthew Sands'

ISBN: 9786556401614

1. Física. I. Korytowski, Ivo. II. Título. III. Série.

17-39568   CDD: 530
     CDU: 53

Sumário

Física em 6 lições

Introdução | *Paul Davies* 11
Prefácio especial 21
Prefácio de Feynman 27

1   ÁTOMOS EM MOVIMENTO
1.1   Introdução 33
1.2   A matéria é composta de átomos 35
1.3   Processos atômicos 41
1.4   Reações químicas 46

2   FÍSICA BÁSICA
2.1   Introdução 53
2.2   A física antes de 1920 56
2.3   Física quântica 62
2.4   Núcleos e partículas 66

3   A RELAÇÃO DA FÍSICA COM OUTRAS CIÊNCIAS
3.1   Introdução 73
3.2   Química 73
3.3   Biologia 75
3.4   Astronomia 84
3.5   Geologia 85
3.6   Psicologia 87
3.7   Como evoluíram as coisas? 88

4	Conservação da energia
4.1	O que é energia? 91
4.2	Energia potencial gravitacional 93
4.3	Energia cinética 101
4.4	Outras formas de energia 103

5	A teoria da gravitação
5.1	Movimentos planetários 109
5.2	Leis de Kepler 110
5.3	Desenvolvimento da dinâmica 112
5.4	Lei da gravitação de Newton 113
5.5	Gravitação universal 117
5.6	A experiência de Cavendish 122
5.7	O que é gravidade? 124
5.8	Gravidade e relatividade 128

6	Comportamento quântico
6.1	Mecânica atômica 129
6.2	Uma experiência com balas 131
6.3	Uma experiência com ondas 133
6.4	Uma experiência com elétrons 135
6.5	A interferência de ondas de elétrons 137
6.6	Observando os elétrons 139
6.7	Primeiros princípios da mecânica quântica 145
6.8	O princípio da incerteza 147

Física em 6 lições não tão fáceis

Nota do editor norte-americano 153
Introdução | *Roger Penrose* 155

1	VETORES	
1.1	Simetria em física	163
1.2	Translações	164
1.3	Rotações	167
1.4	Vetores	171
1.5	Álgebra vetorial	173
1.6	Leis de Newton na notação vetorial	176
1.7	Produto escalar de vetores	179
2	SIMETRIA NAS LEIS FÍSICAS	
2.1	Operações de simetria	183
2.2	Simetria no espaço e no tempo	184
2.3	Simetria e leis de conservação	188
2.4	Reflexões em espelhos	189
2.5	Vetores polares e axiais	193
2.6	Qual mão é a direita?	196
2.7	A paridade não é conservada!	198
2.8	Antimatéria	201
2.9	Simetrias quebradas	203
3	A TEORIA DA RELATIVIDADE RESTRITA	
3.1	O princípio da relatividade	207
3.2	As transformações de Lorentz	210
3.3	O experimento de Michelson-Morley	212
3.4	A transformação do tempo	216
3.5	A contração de Lorentz	219
3.6	Simultaneidade	220
3.7	Quadrivetores	221
3.8	Dinâmica relativística	222
3.9	Equivalência entre massa e energia	224

4 ENERGIA E MOMENTO RELATIVÍSTICO
4.1 A relatividade e os filósofos 229
4.2 O paradoxo dos gêmeos 233
4.3 A transformação de velocidade 234
4.4 Massa relativística 238
4.5 Energia relativística 243

5 ESPAÇO-TEMPO
5.1 A geometria do espaço-tempo 247
5.2 Intervalos no espaço-tempo 251
5.3 Passado, presente e futuro 253
5.4 Mais sobre quadrivetores 255
5.5 Álgebra de quadrivetores 259

6 ESPAÇO CURVO
6.1 Espaços curvos com duas dimensões 263
6.2 A curvatura no espaço tridimensional 273
6.3 Nosso espaço é curvo 276
6.4 A geometria no espaço-tempo 278
6.5 A gravidade e o princípio da equivalência 279
6.6 A taxa de batimento dos relógios num campo gravitacional 280
6.7 A curvatura do espaço-tempo 286
6.8 O movimento no espaço-tempo curvo 287
6.9 A teoria da gravitação de Einstein 290

Física em 6 lições

Introdução

O público tem uma ideia equivocada de que a ciência é um empreendimento impessoal, desapaixonado e totalmente objetivo. Enquanto a maioria das outras atividades humanas é dominada por modas e personalidades, supõe-se que a ciência seja restringida por regras de procedimento consagradas e testes rigorosos. São os resultados que contam, não as pessoas que os produzem.

Trata-se, é claro, de um disparate. A ciência é uma atividade baseada em pessoas, como todo empreendimento humano, e igualmente sujeita à moda e ao capricho. Neste caso, a moda é ditada menos pela escolha do assunto do que pela forma de os cientistas pensarem sobre o mundo. Cada época adota sua abordagem particular dos problemas científicos, geralmente seguindo a trilha aberta por certas figuras dominantes que definem a agenda e os melhores métodos de atacá-la. Ocasionalmente, cientistas adquirem uma estatura suficiente para serem notados pelo público em geral, e, quando dotado de um talento excepcional, um cientista pode se tornar um ícone para toda a comunidade científica. Em séculos anteriores, Isaac Newton foi um ícone. Newton personificou o cientista cavalheiro – bem-relacionado, devotadamente religioso, calmo e metódico em seu trabalho. Seu estilo de fazer ciência fixou o padrão por duzentos anos. Na primeira metade do século XX, Albert Einstein substituiu Newton como o ícone do cientista popular. Excêntrico, descabelado, germânico, distraído, totalmente absorvido em seu trabalho e um pensador abstrato arquetípico, Einstein mudou a forma de se fazer física, questionando os próprios conceitos que definem o assunto.

Richard Feynman tornou-se um ícone para a física do final do século XX – o primeiro norte-americano a alcançar essa posição. Nascido em Nova York, em 1918, e educado na costa leste, chegou tarde demais para participar da era dourada da física, que, nas primeiras três décadas desse século, transformou nossa visão de mundo com as revoluções gêmeas da teoria da relatividade e da mecânica quântica. Essas amplas transformações estabeleceram os fundamentos do edifício agora denominado Nova Física. Feynman partiu desses fundamentos e ajudou a construir o andar térreo da Nova Física. Suas contribuições tocaram quase todos os ângulos do assunto e exerceram uma profunda e permanente influência no modo como os físicos pensam sobre o universo físico.

Feynman foi um físico teórico por excelência. Newton fora um experimentalista e teórico na mesma medida. Einstein simplesmente desdenhava a experiência, preferindo depositar sua fé no pensamento puro. Feynman foi levado a desenvolver uma profunda compreensão teórica da natureza, mas sempre permaneceu próximo do mundo real, e às vezes turvo, dos resultados experimentais. Ninguém que presenciou o velho Feynman elucidar a causa do desastre do ônibus espacial *Challenger* mergulhando uma tira de elástico na água gelada pôde duvidar de que ali estava tanto um showman como um pensador muito prático.

Inicialmente, Feynman ganhou fama com seu trabalho sobre a teoria das partículas subatômicas, especificamente o tema conhecido como eletrodinâmica quântica (QED – *quantum eletrodynamics*). Na verdade, a teoria quântica começou com este tema. Em 1900, o físico alemão Max Planck propôs que a luz e outras radiações eletromagnéticas, até então consideradas ondas, paradoxalmente comportavam-se como pequenos pacotes de energia, ou "*quanta*", quando interagiam com a matéria. Esses *quanta* tornaram-se conhecidos como fótons. No início da década de 1930, os artífices da nova mecânica quântica haviam desenvolvido um esquema matemático para descrever a emissão e a absorção de fótons por partículas eletricamente carregadas, tais como os elétrons. Embora essa formulação inicial da QED desfrutasse de certo sucesso limitado, a teoria era claramente falha. Em muitos casos, os cálculos geravam respostas inconsistentes, e mesmo infinitas, para questões físicas bem colocadas. Foi para o problema de construir uma teoria consistente da QED que o jovem Feynman voltou sua atenção no final da década de 1940.

Para dar à QED uma base segura, era necessário tornar a teoria consistente não apenas com os princípios da mecânica quântica, mas com os da teoria especial da relatividade. Essas duas teorias vêm com seus próprios maquinários matemáticos característicos, complicados sistemas de equações que podem de fato ser combinados e reconciliados com o intuito de produzir uma descrição satisfatória da QED. Tratava-se de um empreendimento difícil, exigindo um alto grau de habilidade matemática, e era essa a abordagem seguida pelos contemporâneos de Feynman. O próprio Feynman, porém, tomou uma rota radicalmente diferente – tão radical, de fato, que ele foi mais ou menos capaz de escrever as respostas diretamente, sem usar nenhuma matemática!

Para ajudar nesse extraordinário feito da intuição, Feynman inventou um sistema simples de diagramas epônimos. Os diagramas de Feynman são uma simbólica mas poderosa forma heurística de representar o que acontece quando elétrons, fótons e outras partículas interagem entre si. Atualmente, os diagramas de Feynman são um auxílio rotineiro do cálculo, mas, no início da década de 1950, marcaram um desvio surpreendente da forma tradicional de fazer física teórica.

O problema específico de construir uma teoria consistente da eletrodinâmica quântica, embora representasse um marco no desenvolvimento da física, foi apenas o início. Ele iria definir um estilo Feynman característico, destinado a produzir uma série de importantes resultados em uma ampla gama de temas na ciência física. O estilo de Feynman pode ser mais bem caracterizado como uma mistura de reverência e desrespeito pela sabedoria recebida.

A física é uma ciência exata, e o corpo de conhecimentos existente, embora incompleto, não pode ser simplesmente posto de lado. Feynman adquiriu um formidável domínio dos princípios aceitos da física em uma idade muito prematura e optou por trabalhar quase inteiramente em problemas convencionais. Não era o tipo de gênio que se isolava em uma periferia daquela disciplina e tropeçava pelo profundamente novo. Seu talento especial consistia em abordar temas essencialmente predominantes de forma idiossincrática. Isso significava evitar os formalismos existentes e desenvolver sua própria abordagem altamente intuitiva. Enquanto a maioria dos físicos teóricos recorre a cuidadosos cálculos matemáticos como guia e muleta para levá-los a território desconhecido, a atitude de Feynman era quase informal. Tem-se a impressão de que ele conseguia ler a natureza como um livro e simplesmente relatar o que encontrara, sem o tédio da análise complexa.

De fato, ao perseguir seus interesses dessa maneira, Feynman ostentava um desprezo saudável por formalismos rigorosos. É difícil transmitir a profundeza de gênio necessária para trabalhar assim. A física teórica é um dos exercícios intelectuais mais árduos, combinando conceitos abstratos que desafiam a visualização com uma extrema complexidade matemática. Somente adotando os mais altos padrões de disciplina mental é que a maioria dos cientistas consegue fazer progressos. Contudo, Feynman parecia desdenhar esse rigoroso código de prática e arrancar novos resultados como frutas maduras da árvore do conhecimento.

O estilo de Feynman deveu-se em grande parte à sua personalidade. Em sua vida profissional e privada, ele parecia tratar o mundo como um jogo altamente divertido. O universo físico apresentava-lhe uma série fascinante de enigmas e desafios, o mesmo ocorrendo com seu ambiente social. Brincalhão inveterado, tratava a autoridade e o meio acadêmico com o mesmo tipo de desrespeito mostrado pelo formalismo matemático enfadonho. Jamais disposto a aturar os tolos, rompia com as regras sempre que as achava arbitrárias ou absurdas. Seus textos autobiográficos contêm histórias divertidas de Feynman enganando os serviços de segurança da bomba atômica durante a guerra, decifrando segredos de cofres, desarmando mulheres com sua conduta afrontosamente ousada. Ele tratou seu prêmio Nobel, concedido por seu trabalho com a QED, com o mesmo espírito de "ou pega ou larga".

Além dessa aversão pela formalidade, Feynman era fascinado pelo peculiar e obscuro. Muitos se lembrarão de sua obsessão pelo país por muito tempo perdido de Tuva, na Ásia central, capturado tão encantadoramente em um documentário realizado próximo da época de sua morte. Suas outras paixões incluíam tocar bongô, pintar, frequentar boates de striptease e decifrar textos maias.

O próprio Feynman esforçou-se para cultivar sua persona característica. Embora relutante em levar a pena ao papel, era volúvel na conversa e adorava contar histórias sobre suas ideias e peripécias. Esses episódios, acumulados no decorrer dos anos, contribuíram para sua mística e tornaram-no uma lenda proverbial ainda em vida. Seu jeito envolvente o fez adorado pelos estudantes, sobretudo os mais jovens, muitos dos quais o idolatravam. Quando Feynman morreu de câncer, em 1988, os estudantes de Caltech, onde ele trabalhara a maior parte da carreira, abriram uma faixa com a mensagem simples: "Nós te amamos, Dick."

Foi a postura jovial de Feynman em relação à vida em geral e à física em particular que o tornou um comunicador tão esplêndido. Tinha pouco tempo para palestras formais ou mesmo para orientar estudantes de doutorado. Não obstante, conseguia dar palestras brilhantes quando lhe convinha, exibindo todo o seu cintilante espírito, insight penetrante e irreverência que empregava em seu trabalho de pesquisa.

No início da década de 1960, Feynman foi persuadido a ministrar um curso introdutório de física para calouros e alunos do segundo ano em Caltech. Ele o fez com a desenvoltura característica e sua inimitável mescla de informalidade, entusiasmo e humor excêntrico. Felizmente, essas inestimáveis palestras foram salvas para a posteridade em forma de livro. Embora distantes em estilo e apresentação de textos didáticos mais convencionais, as *Lectures on Physics* de Feynman fizeram enorme sucesso e entusiasmaram e inspiraram uma geração de estudantes ao redor do mundo. Três décadas depois, esses volumes nada perderam de seu brilho e lucidez. *Física em 6 lições* é extraído diretamente de *Lectures on Physics*. Seu propósito é fornecer aos leitores leigos uma amostra substancial de Feynman, o educador, valendo-se dos capítulos iniciais, não técnicos, dessa obra proeminente. O resultado é um volume delicioso – serve tanto como uma cartilha de física para não cientistas como uma cartilha sobre o próprio Feynman.

O mais impressionante na exposição cuidadosamente elaborada de Feynman é a capacidade de desenvolver noções físicas abrangentes com o mínimo de investimento em conceitos e de utilização de matemática e jargão técnico. Ele tem o dom de encontrar a analogia ou o exemplo do dia a dia exato para apresentar a essência de um princípio profundo, sem obscurecê-lo com detalhes incidentais ou irrelevantes.

A seleção dos temas contidos neste volume não pretende ser um resumo abrangente da física moderna, mas uma amostra irresistível do método de Feynman. Logo descobrimos como ele consegue iluminar mesmo temas triviais como força e movimento com novos insights. Conceitos-chave são ilustrados por exemplos tirados da vida cotidiana ou da Antiguidade. A física é continuamente vinculada a outras ciências, sem que o leitor fique em dúvida sobre qual é a disciplina fundamental.

Bem no início de *Física em 6 lições*, aprendemos como toda a física está enraizada na noção de lei – a existência de um universo ordenado que pode ser compreendido pela aplicação de argumentação racional. Contudo, as leis da física não transparecem em nossas observações diretas da natureza. Elas estão frustrantemente ocultas, sutilmente codificadas nos fenômenos que estudamos. Os arcanos procedimentos do físico – uma mistura de experimentação cuidadosamente projetada e teorização matemática – são necessários para desvelar a subjacente realidade respeitadora das leis.

Possivelmente, a lei da física mais conhecida é a lei da gravitação de Newton do inverso do quadrado discutida aqui no capítulo cinco. O tema é introduzido no contexto do sistema solar e das leis do movimento planetário de Kepler. Mas a gravitação é universal, aplicando-se por todo o cosmo, permitindo a Feynman condimentar seu relato com exemplos da astronomia e da cosmologia. Comentando uma foto de um aglomerado globular, de alguma forma mantido coeso por forças invisíveis, torna-se lírico: "Só os insensíveis não enxergam aqui a ação da gravidade."

Outras leis conhecidas referem-se às diferentes forças não gravitacionais da natureza que descrevem como partículas de matéria interagem entre si. Existe apenas um punhado dessas forças, e o próprio Feynman tem o mérito considerável de ser um dos poucos cientistas da história a descobrir uma nova lei da física, referente à forma como uma força nuclear fraca afeta o comportamento de certas partículas subatômicas.

A física das partículas de alta energia era a menina dos olhos da ciência do pós-guerra, ao mesmo tempo assombrosa e glamorosa, com suas imensas máquinas aceleradoras e sua lista aparentemente interminável de partículas subatômicas recém-descobertas. A pesquisa de Feynman voltou-se sobretudo à compreensão dos resultados desse empreendimento. Um grande tema unificador entre os físicos nucleares tem sido o papel das leis de simetria e conservação em pôr ordem no zoológico subatômico.

Na verdade, muitas das simetrias conhecidas pelos físicos nucleares já eram familiares na física clássica. As principais são as simetrias resultantes da homogeneidade de espaço e tempo. Tomemos o tempo: salvo a cosmologia, onde o *Big Bang* marcou o início do tempo, não há nada na física para distinguir um momento do tempo do próximo. Os físicos dizem que o mundo é "invariante sob translações temporais", significando que tomar a meia-noite ou o meio-dia como tempo zero nas medidas não faz diferença alguma para a descrição dos fenômenos físicos. Os processos físicos não dependem de um tempo zero absoluto. Revela-se que essa simetria sob a translação temporal implica diretamente uma das mais básicas, e também mais úteis, leis da física:

a lei da conservação da energia. Esta lei afirma que você pode mudar a energia de lugar e alterar sua forma, mas não pode criá-la ou destruí-la. Feynman torna essa lei cristalina com sua divertida história de *Dênis, o Pimentinha*, que está sempre maldosamente escondendo da mãe seus cubos de construção de brinquedo (capítulo quatro).

A palestra mais desafiadora neste volume é a última, uma exposição da física quântica. Não é exagero afirmar que a mecânica quântica dominou a física do século XX, sendo de longe a teoria científica mais bem-sucedida que existe. É indispensável para a compreensão de partículas subatômicas, átomos e núcleos, moléculas e ligação química, a estrutura dos sólidos, supercondutores e superfluidos, a condutividade elétrica e térmica de metais e semicondutores, a estrutura das estrelas e muito mais. Possui aplicações práticas que vão do laser ao microchip. Tudo isto de uma teoria que, à primeira vista – e segunda vista –, parece totalmente maluca! Niels Bohr, um dos fundadores da mecânica quântica, certa vez observou que quem não se choca com a teoria não a entendeu.

O problema é que as ideias quânticas desafiam a essência do que poderíamos denominar realidade do senso comum. Em particular, é questionada a ideia de que objetos físicos, como elétrons e átomos, desfrutam sempre de existência independente, com um conjunto completo de propriedades físicas. Por exemplo, um elétron não pode ter uma posição no espaço e uma velocidade bem definida no mesmo momento. Se você procurar onde um elétron está localizado, vai encontrá-lo em um lugar, e se medir sua velocidade obterá uma resposta definida, mas você não pode fazer ambas as observações ao mesmo tempo. Nem faz sentido atribuir valores definidos mas desconhecidos à posição e à velocidade de um elétron na ausência de um conjunto completo de observações.

Esse indeterminismo na própria natureza das partículas atômicas é sintetizado pelo célebre princípio da incerteza de Heisenberg, que impõe limites rígidos à exatidão com que propriedades como posição e velocidade podem ser simultaneamente conhecidas. Um valor definido para a posição aumenta a faixa de valores possíveis de velocidade e vice-versa. A indeterminação quântica manifesta-se na forma como se movem elétrons, fótons e outras partículas. Certas experiências podem revelá-las tomando caminhos definidos através do espaço, à maneira de balas seguindo trajetórias rumo a um alvo. Mas outros arranjos experimentais revelam que essas entidades podem também se comportar como ondas, mostrando padrões característicos de difração e interferência.

A magistral análise de Feynman da famosa experiência das "duas fendas", que traz à tona a "chocante" dualidade onda-partícula em sua forma mais conclusiva, tornou-se um clássico da história da exposição científica. Com algumas ideias simplicíssimas, Feynman consegue levar o leitor ao âmago do mistério quântico, deixando-nos perplexos com a natureza paradoxal da realidade que ele exibe.

Embora a mecânica quântica tenha chegado aos compêndios de física no início da década de 1930, é típico de Feynman que, na juventude, preferisse reformular a teoria para si de um jeito totalmente diferente. O método de Feynman tem a virtude de nos fornecer um retrato vívido do ardil quântico da natureza em funcionamento. A ideia é que o percurso de uma partícula através do espaço não costuma ser bem definida na mecânica quântica. Podemos imaginar um elétron em movimento livre, digamos, não meramente viajando em linha reta entre A e B, como sugeriria o senso comum, mas tomando uma variedade de caminhos tortuosos. Feynman convida-nos a imaginar que, de algum modo, o elétron explora todos os caminhos possíveis e, na ausência de uma observação de que trajetória foi tomada, temos de supor que todas essas trajetórias alternativas contribuem de algum modo para a realidade. Assim, quando um elétron atinge certo ponto no espaço – digamos, um anteparo –, muitas histórias diferentes têm de ser integradas para criar esse evento individual.

A abordagem de Feynman para a mecânica quântica, denominada integral de trajetória ou soma das histórias, apresentou esse conceito como um procedimento matemático. Permaneceu mais ou menos uma curiosidade por muitos anos, mas, à medida que os físicos levaram a mecânica quântica aos seus limites – aplicando-a à gravitação e mesmo à cosmologia –, a abordagem de Feynman acabou oferecendo a melhor ferramenta de cálculo para descrever um universo quântico. A história poderá perfeitamente julgar que, entre suas várias contribuições notáveis à física, a formulação da integral de trajetória da mecânica quântica é a mais significativa.

Muitas das ideias discutidas neste volume são profundamente filosóficas. Porém, Feynman nutria uma suspeita permanente de filósofos. Certa vez, tive a ocasião de sondá-lo sobre a natureza da matemática e das leis da física e se as leis da matemática abstrata podiam ser consideradas dotadas de existência platônica independente. Ele deu uma animada e hábil descrição de por que isso realmente parece acontecer, mas logo recuou quando o pressionei a assumir uma posição filosófica específica. Mostrou-se igualmente cauteloso quando tentei extrair uma opinião sobre o tema do reducionismo. Com uma visão retrospectiva, acredito que Feynman não desdenhava, afinal, dos problemas filosóficos. Mas, assim como era capaz de praticar ótima física matemática sem matemática sistemática, produzia algumas ótimas visões filosóficas sem filosofia sistemática. Era o formalismo que o descontentava, não o conteúdo.

É improvável que o mundo veja outro Richard Feynman. Era um homem de seu tempo. O estilo de Feynman funcionou bem para uma disciplina em vias de consolidar uma revolução e embarcar na exploração abrangente de suas consequências. A física do pós-guerra estava segura em seus fundamentos, madura em suas estruturas teóricas, mas amplamente aberta para explorações bisbilhoteiras. Feynman adentrou um mundo maravilhoso de conceitos abstratos e imprimiu seu estilo pessoal de pensamento em muitos deles. Este livro fornece um vislumbre singular da mente de um notável ser humano.

Setembro de 1994
PAUL DAVIES

Prefácio especial

(de *Lectures on Physics*)

Quase no final de sua vida, a fama de Richard Feynman transcendera os limites da comunidade científica. Suas proezas como membro da comissão que investigou o desastre do ônibus espacial *Challenger* colocaram-no em ampla evidência; similarmente, um best-seller sobre suas aventuras picarescas tornaram-no um herói popular quase nas proporções de Albert Einstein. Mas ainda em 1961, antes mesmo de o prêmio Nobel aumentar sua visibilidade para o público em geral, Feynman era mais do que meramente famoso entre os membros da comunidade científica – ele era lendário. Sem dúvida, o poder extraordinário de seu ensino ajudou a disseminar e enriquecer a lenda de Richard Feynman.

Ele foi realmente um grande professor, talvez o maior de sua época e da nossa. Para Feynman, o auditório era um teatro, e o conferencista, um ator, responsável por oferecer drama e fulgor, além de fatos e algarismos. Costumava perambular diante de uma classe, acenando os braços, "a combinação impossível do físico teórico e do saltimbanco, puro movimento corporal e efeitos sonoros", escreveu *The New York Times*. Quer se dirigisse a um público de estudantes, de colegas ou de leigos, para os afortunados em assistir a uma palestra de Feynman em pessoa a experiência costumava ser anticonvencional e sempre inesquecível, como o próprio homem.

Era um mestre da arte dramática, capaz de prender a atenção do público de qualquer auditório. Há vários anos, ministrou um curso de mecânica quântica avançada, uma grande turma composta de uns poucos estudantes de pós-graduação e a maioria dos professores de física de Caltech. Durante uma palestra, Feynman começou a explicar como representar certas integrais complicadas diagramaticamente: tempo neste eixo, espaço naquele eixo, linha sinuosa para esta linha reta etc. Tendo descrito o que o mundo da física conhece como o diagrama de Feynman, voltou-se para a turma sorrindo maliciosamente: "E isto se chama *O* diagrama!" Feynman atingira o desfecho, e o público irrompeu em aplauso espontâneo.

Durante muitos anos depois de proferidas as palestras deste livro, Feynman foi um conferencista convidado ocasional para o curso introdutório de física de Caltech. Naturalmente, suas aparições tinham de ser mantidas em segredo para que sobrasse lugar no auditório para os estudantes inscritos. Em uma dessas palestras, o tema era o espaço-tempo curvo, e Feynman foi caracteristicamente brilhante. Mas o momento inesquecível veio no início da palestra. A supernova de 1987 acabara de ser descoberta, e Feynman estava entusiasmadíssimo. Observou ele: "Tycho Brahe teve sua supernova e Kepler teve a sua. Depois, não houve nenhuma por quatrocentos anos. Mas agora tenho a minha." A turma calou-se, e Feynman continuou: "Há 10^{11} estrelas na galáxia. Isto costumava ser um número *imenso*. Mas são apenas cem bilhões. É menos que o déficit nacional! Costumávamos chamá-los de números astronômicos. Agora deveríamos chamá-los de números econômicos." A classe prorrompeu em risos, e Feynman, tendo conquistado o público, prosseguiu com sua palestra.

Espírito de showman à parte, a técnica pedagógica de Feynman era simples. Uma síntese de sua filosofia educacional foi encontrada entre seus papéis nos arquivos de Caltech, em uma nota que rabiscou para si mesmo na estada no Brasil, em 1952:

> Primeiro descubra por que quer que os alunos aprendam o tema e o que quer que saibam, e o método resultará mais ou menos por senso comum.

O que vinha para Feynman por "senso comum" eram, muitas vezes, uns vislumbres brilhantes que capturavam perfeitamente a essência de seu argumento. Certa vez, durante uma palestra pública, tentava explicar por que não se deve verificar uma ideia usando os mesmos dados que sugeriram originalmente a ideia. Aparentemente afastando-se do tema, Feynman pôs-se a discorrer sobre placas de automóveis: "Vejam bem, a coisa mais surpreendente ocorreu comigo esta noite. Estava vindo para cá, a caminho da palestra, e entrei pelo estacionamento. Vocês não acreditarão no que aconteceu. Vi um automóvel com placa ARW 357. Podem imaginar? De todos os milhões de placas do estado, qual a chance de que eu visse essa placa específica esta noite? Incrível!" Um ponto que passa despercebido mesmo para muitos cientistas foi esclarecido através do notável "senso comum" de Feynman.

Nos 35 anos em Caltech (de 1952 a 1987), Feynman foi escalado como professor de 34 cursos. Vinte e cinco deles foram cursos de pós-graduação avançados, estritamente limitados a estudantes de pós-graduação, a não ser que alunos de graduação pedissem permissão para assisti-los (costumavam fazê-lo, e a permissão era quase sempre concedida). Os outros foram sobretudo cursos introdutórios de pós-graduação. Somente uma vez Feynman deu cursos puramente para estudantes de graduação, e isto foi a célebre ocasião nos anos acadêmicos de 1961-62 e 1962-63, com uma breve reprise em 1964, quando deu as palestras que se tornariam *The Feynman Lectures on Physics*.

Na época, havia um consenso em Caltech de que os calouros e os alunos do segundo ano estavam sendo desestimulados, em vez de incentivados, pelos dois anos de física compulsória. Para remediar a situação, pediram a Feynman que bolasse uma série de palestras para serem ministradas aos estudantes no decorrer de dois anos, primeiro a calouros e depois à mesma classe no segundo ano. Quando ele concordou, decidiu-se imediatamente que as palestras seriam transcritas para publicação. A tarefa revelou-se bem mais difícil do que qualquer um imaginara. Produzir livros publicáveis exigia um tremendo volume de trabalho por parte de seus colegas, bem como do próprio Feynman, que realizou a revisão final de cada capítulo.

E os detalhes práticos de ministrar um curso tinham de ser resolvidos. Essa tarefa era grandemente complicada pelo fato de que Feynman tinha apenas um vago esboço do que desejava abordar. Ou seja, ninguém sabia o que Feynman iria dizer, até que se erguesse diante do auditório repleto de alunos e o dissesse. Os professores de Caltech que o auxiliavam procurariam, então, se virar para tratar dos detalhes rotineiros, como formular problemas de dever de casa.

Por que Feynman dedicou mais de dois anos revolucionando a forma de lecionar física introdutória? Pode-se apenas especular, mas houve provavelmente três razões básicas. Uma foi que ele adorava um público, e este deu-lhe um teatro maior do que costumava ter em cursos de pós-graduação. A segunda foi que ele de fato se importava com os estudantes e simplesmente achava que ensinar para calouros era algo importante. A terceira e talvez mais importante razão foi o mero desafio de reformular a física, como a compreendia, para poder ser apresentada a jovens estudantes. Era sua especialidade e o padrão pelo qual media se algo era realmente compreendido. Um professor de Caltech pediu certa vez a Feynman que explicasse por que partículas de *spin 1/2* obedecem à estatística de Fermi-Dirac. Ele avaliou seu público perfeitamente e respondeu: "Prepararei uma palestra para calouros sobre o tema." Mas alguns dias depois retornou e revelou: "Veja bem, não consegui fazê-lo. Não consegui reduzi-lo ao nível dos calouros. Isto significa que realmente não o compreendemos."

Essa especialidade de reduzir ideias profundas a termos simples e compreensíveis é evidente através de *The Feynman Lectures on Physics,* acima de tudo no tratamento da mecânica quântica. Para os aficionados, o que ele fez está claro. Apresentou, para estudantes principiantes, o método da integral da trajetória, técnica de sua criação que lhe permitiu solucionar alguns dos problemas mais profundos em física. Seu próprio trabalho usando integrais da trajetória, entre outras realizações, levou ao prêmio Nobel de 1965, que ele compartilhou com Julian Schwinger e Sin-Itero Tomanaga.

Através do véu distante da memória, muitos dos estudantes e professores que assistiram às palestras têm dito que dois anos de física com Feynman foram uma experiência memorável. Mas não era assim que pareciam na época. Muitos dos estudantes tinham pavor do curso e, à medida que este avançava, o comparecimento dos alunos inscritos caía de forma alarmante. Mas, ao mesmo tempo, cada vez mais professores e alunos de pós-graduação apareciam. O salão permanecia cheio, e Feynman talvez jamais percebesse que estava perdendo parte do público visado. Porém, mesmo na visão de Feynman, seu empreendimento pedagógico não teve sucesso. Escreveu ele no prefácio de 1963 para *Lectures:* "Não acho que eu tenha ido bem com os alunos." Relendo seus livros, às vezes tem-se a impressão de pegar Feynman olhando sobre os ombros, não para seu jovem público, mas diretamente aos colegas, dizendo: "Vejam só! Vejam como elaborei este ponto! Não foi brilhante?" No entanto, mesmo quando achava que estava explicando as coisas lucidamente a calouros e alunos de segundo ano, não eram realmente eles que conseguiam se beneficiar mais com o que ele estava fazendo. Eram seus colegas – cientistas, físicos e professores – os principais beneficiários de sua magnífica realização, que não era nada menos do que ver a física por meio da perspectiva revigorante e dinâmica de Richard Feynman.

Feynman foi mais do que um grande professor. Seu dom era ser um extraordinário professor de professores. Se o propósito de *The Feynman Lectures on Physics* foi preparar um grupo de estudantes de graduação para resolver problemas de exames de física, não se pode dizer que tenha sido particularmente bem-sucedido. Além disso, se a intenção foi que os livros servissem de compêndios introdutórios nas faculdades, não se pode dizer que tenha alcançado a meta. Não obstante, os livros foram traduzidos para dez idiomas e estão disponíveis em quatro edições bilíngues. O próprio Feynman acreditava que sua mais importante contribuição à física não seria a QED, a teoria do hélio superfluido, os polarons ou os pártons. Sua principal contribuição seriam os três livros vermelhos de *The Feynman Lectures on Physics*. Essa crença justifica plenamente a edição comemorativa desses célebres livros.

David L. Goodstein
Gerry Neugebauer
Abril de 1989
Instituto de Tecnologia da Califórnia

Prefácio de Feynman

(de *Lectures on Physics*)

Estas são as palestras de física que proferi para as turmas de calouros e de segundo ano em Caltech. As palestras, é claro, não são textuais – elas foram revisadas, às vezes extensamente e às vezes em menor grau. As palestras são apenas uma parte do curso completo. O grupo inteiro de 180 estudantes reuniu-se em um grande auditório, duas vezes por semana, para ouvir estas palestras e, depois, dividiu-se em pequenos grupos de 15 a 20 estudantes em sessões de apresentação oral sob a orientação de um professor-assistente. Além disso, havia uma sessão de laboratório uma vez por semana.

O problema especial que tentamos atacar com estas palestras foi manter o interesse dos entusiasmadíssimos e inteligentes estudantes vindos do curso secundário para a Caltech. Eles ouviram muito sobre quão interessante e excitante é a física – a teoria da relatividade, mecânica quântica e outras ideias modernas. Ao cabo de dois anos de nosso curso anterior, muitos estavam bastante desencorajados porque realmente poucas ideias grandes, novas e modernas foram apresentadas a eles. Tiveram de estudar planos inclinados, eletrostática e assim por diante, e após dois anos isso era totalmente embrutecedor. O problema era se conseguiríamos ou não organizar um curso que salvasse os estudantes mais avançados e entusiasmados, preservando-lhes o entusiasmo.

As palestras aqui não pretendem absolutamente ser um curso de pesquisa, mas são muito sérias. Pensei em destiná-las aos mais inteligentes na classe e me certificar, de se possível, que mesmo o aluno mais inteligente seria incapaz de englobar completamente tudo que estava nas palestras – acrescentando sugestões de aplicações das ideias e dos conceitos em várias direções fora da linha principal de ataque. Por esta razão, porém, esforcei-me ao máximo para tornar todos os enunciados o mais precisos possível, para assinalar em cada caso onde as equações e ideias se encaixavam no corpo da física e como – quando aprendiam mais – as coisas seriam modificadas. Também senti que para tais estudantes é importante indicar o que deveriam – se forem suficientemente inteligentes – ser capazes de entender por dedução do que foi dito antes e o que está sendo mostrado como algo novo. Quando surgiam novas ideias, eu tentava deduzi-las, caso fossem dedutíveis, ou explicar que *era* uma nova ideia, sem nenhuma base em termos das coisas já aprendidas, e que não deveria ser demonstrável – mas apenas acrescentada.

No início destas palestras, pressupus que os alunos soubessem algo ao saírem do curso secundário – coisas como ótica geométrica, noções de química simples e assim por diante. Tampouco via qualquer razão para dar as palestras em uma ordem definida, no sentido de não poder mencionar algo até que estivesse pronto para discuti-lo em detalhe. Houve muitas menções a coisas vindouras, sem discussões completas. Essas discussões mais completas viriam mais tarde, quando a preparação se tornasse mais avançada. São exemplos as discussões da indutância e de níveis de energia, de início trazidas de forma bem qualitativa e mais tarde desenvolvidas mais completamente.

Ao mesmo tempo que visava aos alunos mais ativos, também queria cuidar do sujeito – para quem o brilho extra e as aplicações laterais são meramente inquietadores – incapaz de compreender todo o material de uma palestra. Para tal tipo de aluno, queria garantir pelo menos um núcleo central ou espinha dorsal de material que ele *conseguisse* captar. Ainda que não entendesse tudo em uma palestra, eu esperava que não ficasse nervoso. Não esperava que entendesse tudo, mas apenas os aspectos centrais e mais diretos. É preciso, claro, certa inteligência para ver quais são os teoremas e ideias centrais e quais são os temas e aplicações laterais mais avançados que ele só conseguirá entender no futuro.

Ao dar estas palestras, senti uma grande dificuldade: do modo como o curso foi ministrado, não houve nenhum feedback dos alunos ao conferencista para indicar quão bem as palestras estavam sendo dadas. Trata-se de uma terrível dificuldade, e não sei quão boas as palestras realmente são. Tudo não passou de uma experiência. Se o fizesse de novo, não o faria da mesma forma – espero *não* ter de fazê-lo de novo! Acho, porém, que as coisas funcionaram – no que se refere à física – bem satisfatoriamente no primeiro ano.

No segundo ano, não fiquei tão satisfeito. Na primeira parte do curso, que tratava de eletricidade e magnetismo, não consegui achar uma forma realmente singular ou original – alguma forma que fosse particularmente mais empolgante que a forma normal de apresentá-los. Assim, não acho que fiz grande coisa nestas palestras. No final do segundo ano, a princípio eu pretendera prosseguir, após a eletricidade e o magnetismo, com algumas palestras adicionais sobre as propriedades dos materiais, mas sobretudo para retomar coisas como modos fundamentais, soluções da equação da difusão, sistemas vibratórios, funções ortogonais... desenvolvendo os primeiros estágios do que costuma ser denominado "os métodos matemáticos da física". Em retrospecto, acho que, se fosse repetir a experiência, voltaria àquela ideia original. Mas como não estava planejado que eu desse essas palestras de novo, foi sugerido que poderia ser uma boa ideia tentar dar uma introdução à mecânica quântica.

Não há dúvida de que os estudantes que se especializarão em física podem esperar até o terceiro ano para a mecânica quântica. Por outro lado, argumentou-se que muitos dos alunos em nosso curso estudam física como base para seus interesses primários em outros campos. E a forma normal de lidar com a mecânica quântica torna esta matéria quase inacessível para a maior parte dos alunos, devido ao longo tempo para aprendê-la. Porém, em suas aplicações reais – sobretudo em suas aplicações mais complexas, como na engenharia elétrica e na química –, o pleno maquinário da abordagem da equação diferencial não é realmente usado. Assim, tentei descrever os princípios da mecânica quântica de uma forma que não exigisse o conhecimento prévio da matemática das equações diferenciais parciais. Mesmo para um físico, acho que esta é uma tentativa interessante – apresentar a mecânica quântica desta forma invertida – por várias razões, que poderão ser evidentes nas próprias palestras. Contudo, acho que a experiência na parte da mecânica quântica não foi totalmente bem-sucedida – em grande parte por ter me faltado tempo no final (eu deveria, por exemplo, ter dado três ou quatro palestras adicionais para lidar mais completamente com matérias como bandas de energia e a dependência espacial das amplitudes). Além disso, eu nunca apresentara o assunto desta forma antes, de modo que a falta de feedback foi particularmente grave. Acredito agora que a mecânica quântica deva ser ensinada mais à frente. Talvez eu tenha uma chance de fazê-lo de novo um dia. Então, farei da forma certa.

A razão da ausência de palestras sobre como resolver problemas é que essas foram sessões de apresentação oral. Embora eu tenha incluído três palestras sobre a resolução de problemas no primeiro ano, elas não estão incluídas aqui. Além disso, houve uma palestra sobre orientação inercial cujo lugar é após a palestra sobre sistemas em rotação, mas que infelizmente foi omitida. A quinta e a sexta palestras devem-se, na verdade, a Matthew Sands, pois eu estava viajando.

A questão, claro, é se a experiência foi bem-sucedida. Meu próprio ponto de vista – que, porém, não parece compartilhado pela maioria das pessoas que trabalhou com os alunos – é pessimista. Não acho que tenha sido bom para os alunos. Ao observar como a maioria dos alunos lidou com os problemas nas provas, o sistema me parece um fracasso. É claro que meus amigos observam que uma ou duas dezenas de alunos – surpreendentemente – entenderam quase tudo em todas as palestras, mostraram-se muito ativos no trabalho com o material e se preocuparam com os vários pontos de forma entusiasmada e interessada. Essas pessoas têm agora, acredito, uma base de primeira em física – e são, afinal, aqueles que eu estava tentando atingir. Mas, então, "o poder da instrução raramente é de grande eficácia, exceto naquelas felizes disposições em que ela é quase supérflua" (Gibbon).

Não obstante, eu não queria deixar nenhum aluno completamente para trás, como talvez tenha deixado. Acho que uma forma de ajudar mais os alunos seria realizar maior esforço em desenvolver um conjunto de problemas que elucidassem algumas das ideias nas palestras. Problemas dão uma boa oportunidade de completar o material das palestras e de tornar mais realistas, completas e arraigadas nas mentes as ideias que foram expostas.

Acho, porém, que a única solução para este problema da educação é perceber que o melhor ensino só pode ser praticado quando há uma relação individual direta entre um estudante e um bom professor – uma situação em que o estudante discute as ideias, pensa sobre as coisas e fala sobre elas. É impossível aprender muito apenas sentado em uma palestra ou mesmo resolvendo problemas propostos. Mas, em nossos tempos modernos, temos tantos alunos para ensinar que precisamos tentar encontrar um substituto para o ideal. Talvez minhas palestras possam dar alguma contribuição. Talvez em algum pequeno lugar onde haja professores e alunos individuais, eles possam obter certa inspiração ou ideias destas palestras. Talvez se divirtam raciocinando sobre elas – ou desenvolvendo ainda mais algumas das ideias.

Junho de 1963
RICHARD P. FEYNMAN

1 | Átomos em movimento

1.1 Introdução

Este curso de física de dois anos é apresentado do ponto de vista de que você, o leitor, se tornará um físico. É claro que isto não é necessariamente verdadeiro, mas é o que todo professor em toda matéria supõe! Se você se tornar um físico, terá muito o que estudar: duzentos anos do campo de conhecimento que mais rapidamente se desenvolve. Tanto conhecimento, de fato, que poderá achar que não conseguirá aprender tudo em quatro anos, o que é verdade: você terá de cursar a pós-graduação!

Surpreendentemente, apesar da tremenda quantidade de trabalho realizada por todo esse tempo, é possível condensar em grande parte a enorme massa de resultados – ou seja, encontrar *leis* que sintetizem todo o nosso conhecimento. Mesmo assim, as leis são tão difíceis de captar que seria descabido começar a explorar esse complexo assunto sem alguma espécie de mapa ou esboço do relacionamento entre as partes da ciência. De acordo com estas observações preliminares, os três primeiros capítulos esboçarão, portanto, a relação da física com as demais ciências, as relações das ciências entre si e o significado de ciência para nos ajudar a desenvolver uma "noção" do assunto.

Você poderá perguntar por que não podemos ensinar física simplesmente escrevendo as leis básicas na página um e, depois, mostrando como funcionam em todas as circunstâncias possíveis, como fazemos na geometria euclidiana, na qual enunciamos os axiomas e, depois, fazemos toda sorte de dedução. (Não satisfeito em aprender física em quatro anos, você quer aprendê-la em quatro minutos?) Não podemos agir dessa forma por duas razões. Primeiro, ainda não *conhecemos* todas as leis básicas: existe uma fronteira de ignorância em expansão. Segundo, o enunciado correto das leis da física envolve algumas ideias pouquíssimo familiares que exigem matemática avançada para sua descrição. Portanto, é preciso uma boa dose de treinamento preparatório até para aprender o que as *palavras* significam. Não, não é possível agir dessa forma. Só podemos avançar passo a passo.

Cada pedaço ou parte do todo da natureza é sempre uma mera *aproximação* da verdade completa, ou da verdade completa até onde a conhecemos. De fato, tudo que conhecemos é apenas algum tipo de aproximação, pois *sabemos que não conhecemos todas as leis* ainda. Portanto, as coisas devem ser aprendidas apenas para serem desaprendidas de novo ou, mais provavelmente, para serem corrigidas.

O princípio da ciência, quase sua definição, é: *O teste de todo conhecimento é a experiência.* A experiência é o *único juiz* da "verdade" científica. Mas qual é a fonte do conhecimento? De onde vêm as leis a serem testadas? A própria experiência ajuda a produzir essas leis, no sentido em que nos fornece pistas. Mas também é preciso *imaginação* para criar, a partir dessas pistas, as grandes generalizações – para descobrir os padrões maravilhosos, simples, mas muito estranhos por baixo delas, e, depois, experimentar para verificar de novo se fizemos a suposição correta. Esse processo de imaginação é tão difícil que há uma divisão de trabalho na física: existem físicos *teóricos* que imaginam, deduzem e descobrem as novas leis, mas não fazem experimentos; e físicos *experimentais* que experimentam, imaginam, deduzem e descobrem.

Dissemos que as leis da natureza são aproximadas: que primeiro descobrimos as "erradas" e depois as "certas". Ora, como uma experiência pode estar "errada"? Primeiro, de forma trivial: se houver algo de errado com o aparato que passou despercebido. Mas essas coisas são facilmente solucionadas e exaustivamente verificadas. Assim, sem nos prendermos a esses detalhes, como os resultados de uma experiência *podem* estar errados? Somente sendo imprecisos. Por exemplo, a massa de um objeto nunca parece mudar: um pião girante tem o mesmo peso de um parado. Assim, uma "lei" foi inventada: a massa é constante, independentemente da velocidade. Sabe-se agora que esta "lei" está errada. Descobriu-se que a massa aumenta com a velocidade, mas aumentos apreciáveis exigem velocidades próximas à da luz. Uma lei *verdadeira* é: se um objeto se mover a uma velocidade inferior a 160 quilômetros por segundo, a massa será constante até uma parte em um milhão. De forma aproximada, essa é uma lei correta. Assim, na prática, pode-se pensar que a nova lei não faz nenhuma diferença significativa. Bem, sim e não. Para velocidades normais, podemos certamente esquecê-la e usar a lei simples da massa constante como uma boa aproximação. Mas, para altas velocidades, estamos errados, e quanto maior a velocidade, mais errados estamos.

Por fim, e mais interessante, *do ponto de vista filosófico estamos completamente errados* com a lei aproximada. Toda a nossa visão do mundo tem de ser alterada, embora a massa mude apenas um pouquinho. Esta é uma coisa muito peculiar sobre a filosofia, ou as ideias, por detrás das leis. Mesmo um efeito minúsculo às vezes requer mudanças profundas em nossas ideias.

Ora, o que deveríamos ensinar primeiro? Deveríamos ensinar a lei *correta* mas não familiar, com suas estranhas e difíceis ideias conceituais, por exemplo, a teoria da relatividade, o espaço-tempo quadridimensional e assim por diante? Ou deveríamos ensinar primeiro a lei simples da "massa constante", que é apenas aproximada, mas não envolve ideias tão difíceis? A primeira é mais empolgante, maravilhosa e divertida, mas a segunda é mais fácil de entender no início e é um primeiro passo para uma compreensão real da segunda ideia. Este dilema surge repetidamente no ensino da física. Em diferentes momentos, teremos de resolvê-lo de diferentes formas, mas a cada estágio vale a pena saber o que se conhece agora, qual seu grau de precisão, como se encaixa em todo o resto e como poderá ser modificado quando aprendermos mais.

Procedamos agora com nosso esboço, ou mapa geral, de nossa compreensão da ciência atual (em particular a física, mas também de outras ciências na periferia), de modo que, quando mais tarde nos concentrarmos em determinado ponto, tenhamos uma ideia melhor dos antecedentes, de por que aquele ponto particular é interessante e de como se enquadra na estrutura maior. Assim, qual *é* nossa visão global do mundo?

1.2 A matéria é composta de átomos

Se, em algum cataclismo, todo o conhecimento científico fosse destruído e apenas uma frase fosse transmitida para as próximas gerações de criaturas, que afirmação conteria mais informações em menos palavras? Acredito que seja a *hipótese atômica* (ou *o fato* atômico, ou como quiser chamá-lo) de que *todas as coisas se compõem de átomos – pequenas partículas que se deslocam em movimento perpétuo, atraindo umas às outras quando estão a certa distância, mas se repelindo quando comprimidas umas contra as outras.* Nessa única sentença, você verá, existe uma *enorme* quantidade de informação sobre o mundo, bastando que apliquemos um pouco de imaginação e raciocínio.

Para ilustrar o poder da ideia atômica, suponhamos que temos uma gota d'água com 0,6 mm de lado. Se a olharmos bem de perto, veremos apenas água – água homogênea, contínua. Mesmo que a ampliemos com o melhor microscópio óptico disponível – quase duas mil vezes –, a gota d'água terá cerca de 12 m transversalmente, quase tão grande como uma sala, e se olhássemos bem de perto, *ainda* veríamos água relativamente homogênea – mas, aqui e ali, pequenas criaturas em forma de bolas de futebol americano nadando para lá e para cá. Muito interessantes. São paramécios. Nesse ponto, você poderá ficar tão curioso com os paramécios, com seus cílios serpeantes e corpos retorcidos, que nem prosseguirá, exceto talvez para ampliar ainda mais o paramécio e olhá-lo por dentro. Este é um assunto para a biologia, mas no momento vamos em frente e examinemos ainda mais detidamente o próprio material aquático, ampliando-o outras duas mil vezes. Agora, a gota d'água se estende cerca de 24 km transversalmente e, vista bem de perto, revela uma espécie de aglomeração, algo que já não tem uma aparência uniforme – um pouco semelhante a uma multidão em um jogo de futebol vista a grande distância. Para ver em que consiste essa aglomeração, ampliaremos a gota outras 250 vezes e veremos algo semelhante ao que mostra a Figura 1-1. É um retrato da água ampliada um bilhão de vezes, mas idealizada de várias formas. Em primeiro lugar, as partículas estão desenhadas de maneira simples com contornos nítidos, o que é inexato. Segundo, para fins de simplicidade, estão esboçadas quase esquematicamente em uma disposição bidimensional, embora se movam em três dimensões. Observe que há dois tipos de "bolhas" ou círculos para representar os átomos de oxigênio (pretos) e hidrogênio (brancos), e que cada oxigênio possui dois hidrogênios ligados a ele. (Cada pequeno grupo de um oxigênio com seus dois hidrogênios denomina-se uma molécula.) O quadro é ainda mais idealizado pelo fato de que as partículas reais na natureza estão continuamente ziguezagueando e saltando, girando e serpenteando ao redor umas das outras. Você terá de imaginá-lo como um quadro dinâmico, e não estático. Outra coisa que não pode ser ilustrada em um desenho é o fato de que as partículas estão "agarradas umas às outras" – de que se atraem mutuamente, esta atraída por aquela etc. O grupo todo está "colado", por assim dizer. Por outro lado, as partículas não se comprimem entre si. Se você tentar comprimir duas delas perto demais, elas se repelirão.

Os átomos têm 1 ou 2 x 10^{-8} cm de raio. Ora, 10^{-8} cm denomina-se um *angström* (apenas mais um nome), de modo que dizemos que têm 1 ou 2 angströms Å de raio. Outra forma de lembrar seu tamanho é esta: se uma maçã for aumentada até ficar com o tamanho da Terra, os átomos da maçã terão aproximadamente o tamanho da maçã original.

Agora imagine essa grande gota d'água com todas essas partículas ziguezagueantes agarradas e seguindo de perto umas às outras. A água mantém seu volume; ela não se quebra em pedaços, devido à atração das moléculas entre si. Se a gota estiver em um declive, onde pode se mover de um lugar para outro, a água fluirá, mas não desaparecerá – as coisas não se desfazem simplesmente – devido à atração molecular. Ora, o movimento ziguezagueante é o que representamos como *calor*; quando aumentamos a temperatura, aumentamos o movimento. Se aquecermos a água, o zigue-zague aumentará e o volume entre os átomos aumentará, e, se o aquecimento prosseguir, chegará um momento em que a atração entre as moléculas não será suficiente para mantê-las coesas e elas se afastarão e ficarão separadas umas das outras. Claro está que é assim que produzimos vapor a partir da água – aumentando a temperatura; as partículas se afastam devido ao aumento do movimento.

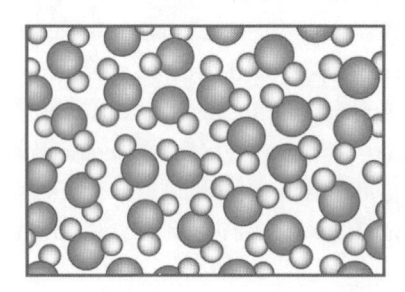

FIGURA 1-1 Água ampliada um bilhão de vezes.

Na Figura 1-2, temos um quadro do vapor. Este quadro do vapor tem uma falha: à pressão atmosférica normal, haveria apenas poucas moléculas em um quarto inteiro e, certamente, não chegaria a haver três nesta figura. A maioria dos quadrados deste tamanho não conteria nenhuma – mas acidentalmente temos duas e meia ou três neste quadro (melhor do que um quadro totalmente em branco). No caso do vapor, vemos as moléculas características mais claramente do que no caso da água. Para fins de simplicidade, as moléculas estão desenhadas de modo que haja um ângulo de 120° entre elas. Na verdade, o ângulo é de 105°3', e a distância entre o centro de um hidrogênio e o centro do oxigênio é de 0, 957 Å, de modo que conhecemos essa molécula muito bem.

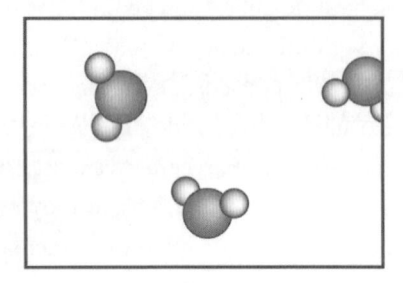

FIGURA 1-2 Vapor.

Vejamos algumas das propriedades do vapor ou de qualquer outro gás. As moléculas, estando separadas entre si, baterão nas paredes. Imagine um quarto com bolas de tênis (umas cem) saltando para lá e para cá em movimento perpétuo. Ao bombardearem a parede, esta é empurrada. (É claro que teríamos de empurrar a parede de volta ao lugar.) Isto significa que o gás exerce uma força nervosa que nossos sentidos grosseiros (já que não fomos ampliados um bilhão de vezes) sentem apenas como um *empurrão médio*. Para confinar um gás, temos de aplicar uma pressão. A Figura 1-3 mostra um recipiente-padrão para conter gases, um cilindro com um pistão. Não faz nenhuma diferença quais são os formatos das moléculas de água; para fins de simplicidade, as desenharemos como bolas de tênis ou pontinhos. Essas coisas estão em movimento perpétuo em todas as direções. Tantas delas estão atingindo o pistão o tempo todo que, para evitar que seja pouco a pouco arrancado por essas constantes pancadas, teremos de segurar o pistão com certa força, que denominamos *pressão* (na verdade, a pressão vezes a área é a força). Claramente, a força é proporcional à área, pois, se aumentarmos a área, mas mantivermos o mesmo número de moléculas por centímetro cúbico, aumentaremos o número de colisões com o pistão na mesma proporção do aumento da área.

Agora, ponhamos o dobro de moléculas no tanque para dobrar a densidade, e deixemos que tenham a mesma velocidade, ou seja, a mesma temperatura. Então, com uma boa aproximação, o número de colisões será dobrado e, como cada uma será tão "enérgica" quanto antes, a pressão será proporcional à densidade. Se considerarmos a verdadeira natureza das forças entre os átomos, seria de esperar uma ligeira diminuição na pressão devido à atração entre os átomos e um ligeiro aumento devido ao volume finito que ocupam. Não obstante, com uma excelente aproximação, se a densidade for suficientemente baixa para que não haja muitos átomos, *a pressão será proporcional à densidade*.

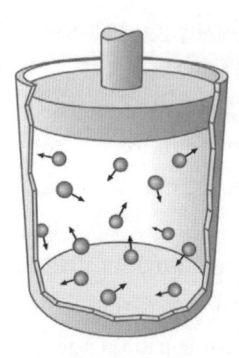

FIGURA 1-3

Podemos ver também outra coisa. Se aumentarmos a temperatura sem alterar a densidade do gás, ou seja, se aumentarmos a velocidade dos átomos, o que acontecerá com a pressão? Bem, os átomos colidirão com mais força por estarem se movendo com mais rapidez e, além disso, colidirão com mais frequência, de modo que a pressão aumentará. Veja como são simples as ideias da teoria atômica.

Consideremos outra situação. Suponhamos que o pistão se mova para dentro, de modo que os átomos sejam lentamente comprimidos em um espaço menor. O que acontece quando um átomo atinge o pistão em movimento? Evidentemente, ganha velocidade com a colisão. Se você acertar uma bola de pingue-pongue com uma raquete, por exemplo, constatará que ela se afastará com mais velocidade do que antes de bater na raquete. (Exemplo especial: se um átomo estiver por acaso parado e o pistão o atingir, certamente se moverá.) Assim, os átomos estão "mais quentes" quando se afastam do pistão do que antes de atingi-lo. Portanto, todos os átomos que estão no recipiente aumentarão de velocidade. Isto significa que, *quando comprimimos um gás lentamente, a temperatura do gás aumenta*. Assim, sob *compressão* lenta, um gás *aumentará* de temperatura, e sob *expansão* lenta *diminuirá* de temperatura.

Retornemos à nossa gota d'água e olhemos em outra direção. Suponhamos que diminuímos a temperatura de nossa gota d'água, e que o zigue-zague das moléculas dos átomos da água esteja paulatinamente diminuindo. Sabemos que há forças de atração entre os átomos, de modo que, após algum tempo, eles não conseguirão ziguezaguear tão bem. O que acontecerá em temperaturas muito baixas é mostrado na Figura 1-4: as moléculas se fixam em um novo padrão, que é *gelo*. Este diagrama esquemático do gelo está errado por ser em duas dimensões, mas está certo qualitativamente. O ponto interessante é que o material tem *um lugar definido para cada átomo*, e é fácil ver que, se de algum modo mantivéssemos todos os átomos em certo arranjo em uma extremidade da gota, cada átomo em certo lugar, então, devido à estrutura das interconexões, que é rígida, a outra extremidade a quilômetros de distância (em nossa escala ampliada) terá uma localização definida. Assim, se segurarmos uma agulha de gelo em uma extremidade, a outra extremidade resistirá à tentativa de separação, ao contrário da água, cuja estrutura se desfaz devido ao zigue-zague crescente que faz com que os átomos se desloquem de formas diferentes. A diferença entre os sólidos e os líquidos é que, em um sólido, os átomos estão dispostos em certo tipo de arranjo, denominado *arranjo cristalino,* e não têm uma posição aleatória a longas distâncias; a posição dos átomos em um lado do cristal é determinada pela de outros átomos a milhões de átomos de distância no outro lado do cristal. A Figura 1-4 é um arranjo inventado para o gelo e, embora contenha muitas das características corretas do gelo, não é o arranjo verdadeiro. Uma das características corretas é que existe uma parte da simetria que é hexagonal. Observe que, se girarmos a figura 120° ao redor de um eixo, ela voltará a si mesma. Assim, existe uma *simetria* no gelo que explica a aparência de seis lados dos flocos de neve. Outra coisa que podemos ver na Figura 1-4 é por que o gelo diminui ao se derreter. O padrão de cristal específico do gelo aqui mostrado possui muitos "buracos", como acontece com a estrutura de gelo verdadeira. Quando a organização se desfaz, esses buracos podem ser ocupados por moléculas. A maioria das substâncias simples, com exceção da água e de alguns tipos de metal, *expande-se* ao se derreter, porque os átomos estão comprimidos no cristal sólido e, com o derretimento, precisam de mais espaço para ziguezaguearem, mas uma estrutura aberta desmorona, como no caso da água.

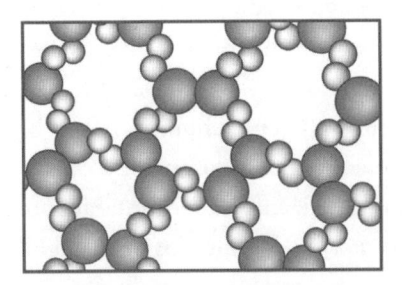

FIGURA 1-4 Gelo.

Embora o gelo possua uma forma cristalina "rígida", sua temperatura pode mudar – o gelo possui calor. Se quisermos, poderemos mudar a quantidade de calor. O que é o calor no caso do gelo? Os átomos não estão parados. Estão ziguezagueando e vibrando. Assim, embora o cristal tenha uma ordem definida – uma estrutura definida –, todos os átomos estão vibrando "no lugar". À medida que aumentamos a temperatura, vibram com amplitude crescente, até saírem do lugar. Isto se chama *derretimento*. À medida que diminuímos a temperatura, a vibração vai diminuindo até que, a zero absoluto, os átomos atingem a vibração mínima possível, mas *não zero*. Essa vibração mínima que os átomos podem ter não é suficiente para derreter uma substância, com uma exceção: o hélio. O hélio simplesmente diminui os movimentos atômicos o máximo possível; porém, mesmo a zero absoluto, ainda há movimento suficiente para evitar que congele. Mesmo a zero absoluto, o hélio não congela, a não ser que a pressão seja aumentada a ponto de os átomos se comprimirem mutuamente. Se aumentarmos a pressão, *poderemos* fazer com que ele se solidifique.

1.3 Processos atômicos

Descrevemos, assim, os sólidos, os líquidos e os gases do ponto de vista atômico. Entretanto, a hipótese atômica também descreve *processos*, de modo que examinaremos agora alguns processos do ponto de vista atômico. O primeiro processo que analisaremos está associado à superfície da água. O que acontece na superfície da água? Tornaremos agora o quadro mais complicado – e mais realista –, imaginando que a superfície está no ar. A Figura 1-5 mostra a superfície da água no ar. Continuamos vendo as moléculas da água, formando um corpo de água líquida, mas agora vemos também a superfície da água. Acima da superfície encontramos várias coisas: em primeiro lugar, moléculas de água, como no vapor. Trata-se de *vapor d'água*, sempre encontrado sobre a água líquida. (Há um equilíbrio entre o vapor d'água e a água, que será descrito adiante.) Além disso, encontramos algumas outras moléculas – aqui, dois átomos de oxigênio que se juntaram por si mesmos, formando uma *molécula de oxigênio*; ali, dois átomos de nitrogênio que também se juntaram para formar uma molécula de nitrogênio. O ar consiste quase inteiramente em nitrogênio, oxigênio, algum vapor d'água e quantidades menores de dióxido de carbono, argônio e outras coisas. Assim, sobre a superfície da água está o ar, um gás, contendo algum vapor d'água. O que está acontecendo neste quadro? As moléculas na água estão sempre ziguezagueando. De tempos em tempos, uma molécula na superfície é atingida com um pouco mais de força do que normalmente e é arremessada para longe. É difícil ver isso acontecendo no quadro, porque é um quadro *estático*. Mas podemos imaginar que uma molécula perto da superfície acabou de ser atingida e está se afastando ou talvez outra tenha sido atingida e esteja se afastando. Assim, molécula por molécula, a água desaparece – ela evapora. Mas se *fecharmos* o recipiente em cima, após algum tempo encontraremos um grande número de moléculas de água entre as moléculas de ar. De tempos em tempos, uma dessas moléculas de vapor cairá na água e aderirá de novo a ela. Vemos assim

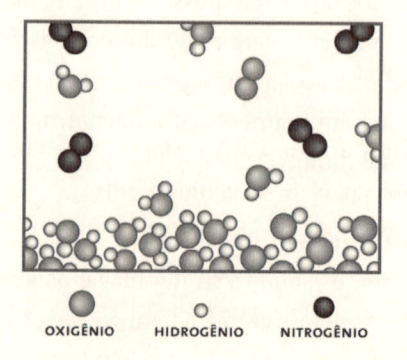

FIGURA 1-5 Água evaporando no ar.

que o que parece algo morto e desinteressante – um copo d'água coberto e no mesmo lugar talvez há vinte anos – na verdade contém um fenômeno dinâmico e interessante que está prosseguindo o tempo todo. Aos nossos olhos nus, nada está mudando, mas se pudéssemos ampliar o copo um bilhão de vezes, veríamos que, de seu ponto de vista, ele está sempre mudando: moléculas estão deixando a superfície, moléculas estão retornando.

Por que *não vemos mudança alguma*? Porque tantas moléculas deixam a superfície quantas estão retornando! A longo prazo, "nada acontece". Se removermos a tampa do recipiente e soprarmos para longe o ar úmido, substituindo-o por ar seco, o número de moléculas a deixar a superfície será o mesmo de antes, porque isso depende do zigue-zague da água, mas o número das que retornarão será bem menor, pois há muito menos moléculas de água sobre a água. Portanto, deixarão a superfície mais moléculas do que retornarão, e a água evaporará. Conclusão: se quiser evaporar água, ligue o ventilador!

Eis algo diferente: que moléculas partem? Quando uma molécula parte, isso se deve a um acúmulo acidental extra de energia um pouco acima do normal, de que ela necessita para se desgarrar da atração de suas vizinhas. Assim, como as que partem têm mais energia do que a média, as que ficam têm *menos* movimento médio do que antes. Desse modo, o líquido gradualmente *esfria* quando evapora. É claro que, quando uma molécula de vapor vem do ar para a água que está abaixo, há uma súbita grande atração ao se aproximar da superfície. Isso acelera a molécula que chega e resulta na geração de calor. Assim, quando partem, levam embora calor; ao retornarem, geram calor. Claro está que, quando não há evaporação líquida, o resultado é nada – a água não está mudando de temperatura. Se soprarmos a água para manter uma preponderância constante do número de moléculas que evaporam, a água irá se resfriar. Logo, sopre a sopa para esfriá-la!

Perceba que os processos recém-descritos são mais complicados do que relatamos. Não apenas a água vai para o ar, mas também, de tempos em tempos, uma das moléculas de oxigênio ou nitrogênio chega e "se perde" na massa de moléculas de água, penetrando na água. Assim, o ar se dissolve na água; moléculas de oxigênio e nitrogênio penetram na água e esta conterá ar. Se, de repente, extrairmos o ar do recipiente, as moléculas de ar partirão mais rapidamente do que chegarão, gerando com isso bolhas. Isto é péssimo para os mergulhadores, como você deve saber.

Passemos agora para outro processo. Na Figura 1-6, vemos, de um ponto de vista atômico, um sólido dissolvendo-se na água. Se mergulharmos um cristal de sal na água, o que acontecerá? O sal é um sólido, um cristal, um arranjo organizado de "átomos de sal". A Figura 1-7 é uma ilustração da estrutura tridimensional do sal comum, o cloreto de sódio. Estritamente falando, o cristal não se compõe de átomos, mas do que denominamos *íons*. Um íon é um átomo que possui alguns elétrons extras ou que perdeu alguns elétrons. Em um cristal de sal, encontramos íons de cloro (átomos de cloro com um elétron extra) e íons de sódio (átomos de sódio com um elétron faltando). Os íons se unem por atração elétrica no sal sólido; porém, quando mergulhados na água, constatamos que a atração do oxigênio negativo e do hidrogênio positivo pelos íons faz com que alguns destes se soltem. Na Figura 1-6, vemos

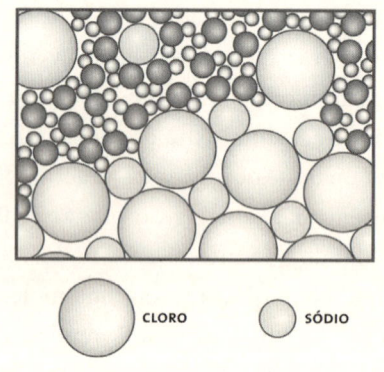

FIGURA 1-6 Sal dissolvendo-se na água.

um íon de cloro se soltando e outros átomos flutuando na água em forma de íons. Esta figura foi feita com certo cuidado. Observe, por exemplo, que as extremidades de hidrogênio das moléculas de água tendem a estar perto do íon de cloro, ao passo que perto do íon de sódio tendemos a encontrar a extremidade de oxigênio, porque o sódio é positivo e a extremidade de oxigênio da água é negativa, e eles se atraem eletricamente. Conseguimos distinguir da figura se o sal está se *dissolvendo* na água ou se *cristalizando para fora* da água? Claro que *não* conseguimos, porque, enquanto alguns átomos estão deixando o cristal, outros estão se reunindo a ele. O processo é *dinâmico*, como no caso da evaporação, e depende se há mais ou menos sal na água do que a quantidade necessária para o equilíbrio. Por equilíbrio queremos dizer aquela situação em que a taxa com a qual os átomos estão partindo é igual à taxa com a qual estão retornando. Se quase não houver sal na água, se liberarão mais átomos do que retornarão e o sal se dissolverá. Por outro lado, se houver "átomos de sal" demais, retornarão mais do que partirão e o sal estará se cristalizando.

De passagem, mencionamos que o conceito de *molécula* de uma substância é apenas aproximado e existe somente para certa classe de substâncias. Está claro no caso da água que os três átomos estão realmente unidos. No caso do cloreto de sódio no sólido, não está tão claro. Há apenas um arranjo de íons de sódio e cloro em um padrão cúbico. Não há forma natural de agrupá-los como "moléculas de sal".

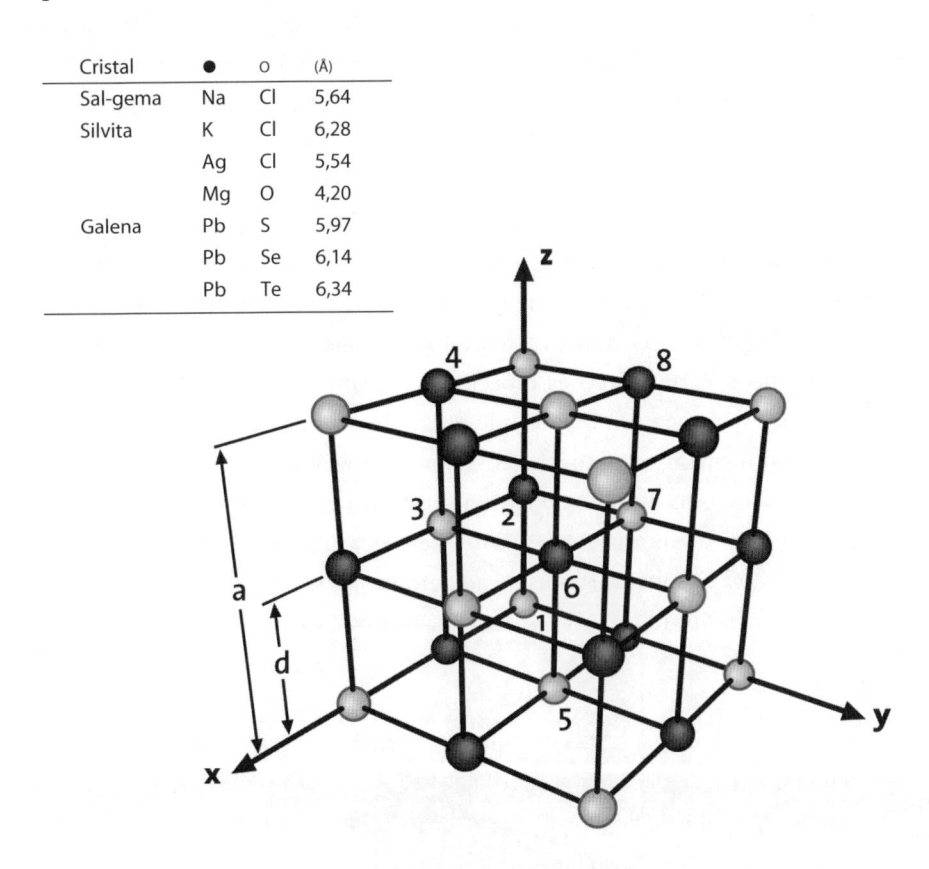

Cristal	●	○	(Å)
Sal-gema	Na	Cl	5,64
Silvita	K	Cl	6,28
	Ag	Cl	5,54
	Mg	O	4,20
Galena	Pb	S	5,97
	Pb	Se	6,14
	Pb	Te	6,34

FIGURA 1-7 Distância do vizinho mais próximo, D= a/2.

Retornando à nossa discussão da solução e precipitação, se aumentarmos a temperatura da solução de sal, a taxa em que átomos são retirados aumentará, bem como a taxa em que átomos são trazidos de volta. Descobre-se que é muito difícil, em geral, prever que rumo será tomado, se mais ou menos do sólido se dissolverá. A maioria das substâncias se dissolve mais, porém algumas substâncias se dissolvem menos, à medida que a temperatura aumenta.

1.4 Reações químicas

Em todos os processos descritos até agora, os átomos e os íons não mudaram de parceiros, mas é claro que há circunstâncias em que os átomos mudam de combinação, formando novas moléculas. Isto é mostrado na Figura 1-8. Um processo em que ocorre um rearranjo dos parceiros atômicos denomina-se uma *reação química*. Os outros processos já descritos chamam-se processos físicos, mas não há uma distinção rígida entre ambos. (A natureza não se importa com nomes, ela simplesmente continua agindo.) Esta figura pretende representar o carbono queimando em oxigênio. No caso do oxigênio, *dois* átomos de oxigênio unem-se com muita força. (Por que não se unem *três* ou mesmo *quatro*? Esta é uma das características peculiares de tais processos atômicos. Os átomos são muito especiais: gostam de certos parceiros específicos, certas direções específicas e assim por diante. Cabe à física analisar por que cada um quer o que quer. De qualquer modo, dois átomos de oxigênio formam, saturados e felizes, uma molécula.)

Supõe-se que os átomos de carbono estejam em um cristal sólido (que poderia ser grafite ou diamante[1]). Por exemplo, uma das moléculas de oxigênio pode agarrar um carbono e cada átomo pode apanhar um átomo de

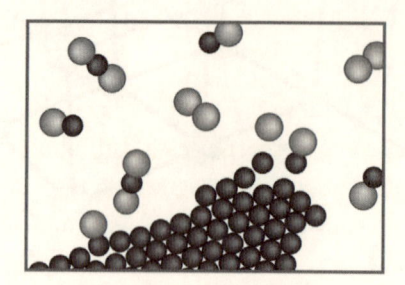

FIGURA 1-8 Carbono queimando em oxigênio.

---

[1] *Pode-se* queimar um diamante no ar.

carbono e sair em uma nova combinação – "oxigênio-carbono" –, que é uma molécula do gás denominada monóxido de carbono. Ela recebe o nome químico CO. É muito simples: as letras "CO" são praticamente uma representação daquela molécula. Mas carbono atrai oxigênio muito mais do que oxigênio atrai oxigênio ou carbono atrai carbono. Portanto, nesse processo, o oxigênio pode chegar com pouca energia, mas oxigênio e carbono se juntarão com tremenda violência e comoção e tudo ao redor captará a energia. Grande quantidade de energia de movimento, energia cinética, será assim gerada. Isto é claramente *combustão*; obtemos *calor* da combinação de oxigênio e carbono. O calor costuma estar na forma de movimento molecular do gás quente, mas em certas circunstâncias pode ser tão enorme que gera *luz*. É assim que se obtêm *chamas*.

Além disso, o monóxido de carbono não está totalmente satisfeito. Ele pode atrair outro oxigênio, de modo que podemos ter uma reação muito mais complicada em que o oxigênio está se combinando com o carbono, ao mesmo tempo em que ocorre uma colisão com uma molécula de monóxido de carbono. Um átomo de oxigênio poderia se ligar ao CO e acabar formando uma molécula, composta de um carbono e dois oxigênios, designada como CO_2 e denominada dióxido de carbono. Se queimarmos o carbono com pouquíssimo oxigênio em uma reação muito rápida (por exemplo, em um motor de automóvel, onde a explosão é tão rápida que não dá tempo para formar dióxido de carbono), uma quantidade considerável de monóxido de carbono se formará. Em muitos desses rearranjos, é liberada uma enorme quantidade de energia, formando explosões, chamas etc., dependendo das reações. Os químicos têm estudado esses arranjos dos átomos e descoberto que toda substância é um certo tipo de *arranjo de átomos*.

Para ilustrar esta ideia, consideremos outro exemplo. Se entrarmos num campo de pequenas violetas, saberemos o que é "seu odor". É algum tipo de *molécula*, ou arranjo de átomos, que percorreu o caminho até nosso nariz. Antes de mais nada, *como* percorreu esse caminho? É fácil. Se o odor for algum tipo de molécula no ar, ziguezagueando e sendo atingida pelo caminho, poderá *acidentalmente* ter percorrido o caminho até o nariz. Sem dúvida, ela não tem um desejo específico de chegar ao nosso nariz. É apenas uma parte impotente de uma multidão de moléculas que se acotovelam umas às outras e, em suas andanças sem rumo, esse naco específico de material por acaso se encontra no nariz.

Os químicos conseguem pegar moléculas especiais como o odor de violetas, analisá-las e descobrir o *arranjo exato* dos átomos no espaço. Sabemos que a molécula de dióxido de carbono é reta e simétrica: O–C–O. (Isto também pode ser facilmente determinado por métodos físicos.) Contudo, mesmo para arranjos de átomos muito mais complicados que existem na química, pode-se, através de um longo e notável processo de trabalho de detetive, descobrir os arranjos dos átomos. A Figura 1-9 é um retrato do ar na vizinhança de uma violeta; de novo, encontramos nitrogênio e oxigênio no ar, além de vapor d'água. (Por que vapor d'água? Porque a violeta é *úmida*. Todas as plantas transpiram.) Entretanto, vemos também um "monstro" composto de átomos de carbono, átomos de hidrogênio e átomos de oxigênio, que tomaram certo padrão específico como seu arranjo. É um arranjo muito mais complicado do que o do dióxido de carbono; na verdade, um arranjo complicadíssimo. Infelizmente, não podemos representar tudo que se conhece quimicamente a respeito, porque o arranjo exato de todos os átomos é na verdade em três dimensões, ao passo que nossa figura tem apenas duas dimensões. Os seis carbonos que formam um anel não formam um anel plano, mas uma espécie de anel "franzido". Todos os ângulos e distâncias são conhecidos. Assim, uma *fórmula* química não passa de representação de tal molécula. Quando o químico escreve tal coisa no quadro-negro, está tentando "desenhar", por assim dizer, em duas dimensões. Por exemplo, vemos um "anel" de seis carbonos e uma "cadeia" de carbonos pendurados na ponta, com um oxigênio na penúltima posição, três hidrogênios ligados ao último carbono, dois carbonos e três hidrogênios destacando-se aqui etc.

Como é que o químico descobre qual é o arranjo? Ele mistura garrafas cheias de material e, se o resultado for vermelho, saberá que consiste em um

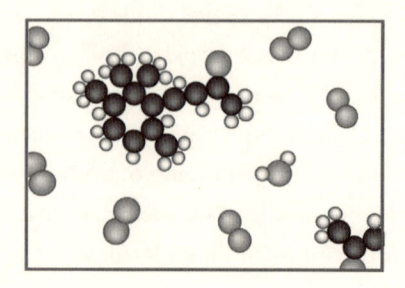

FIGURA 1-9 **Odor de violetas.**

hidrogênio e dois carbonos associados; mas se for azul, não é nada disso. Trata-se de um dos mais fantásticos trabalhos de detetive já realizados – a química orgânica. Para descobrir o arranjo dos átomos nessas formações complicadíssimas, o químico examina o que acontece ao misturar duas substâncias diferentes. O físico não conseguia acreditar que o químico sabia o que estava dizendo ao descrever o arranjo dos átomos. Por cerca de vinte anos, tem sido possível, em alguns casos, examinar tais moléculas (não tão complicadas quanto esta, mas algumas que contêm partes dela) através de um método físico e localizar cada átomo, não examinando as cores, mas *medindo onde estão*. E pasmem! Os químicos estão quase sempre certos.

De fato, constata-se que no odor das violetas existem três moléculas ligeiramente diferentes, que diferem apenas no arranjo dos átomos de hidrogênio.

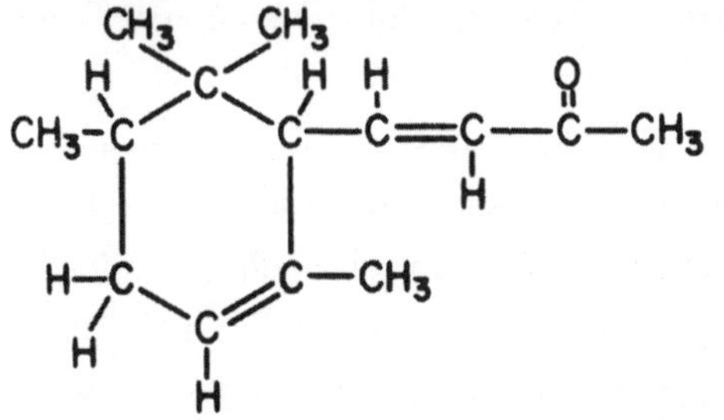

FIGURA 1-10 A substância representada é α-irone (alfa-ferro).

Um problema da química é nomear uma substância para que saibamos o que é. Encontre um nome para a forma da Figura 1-10! O nome, além de descrever a forma, deve dizer que aqui está um átomo de oxigênio, ali um de hidrogênio – exatamente qual é cada átomo e onde está. Assim, compreende-se que os nomes químicos tenham de ser complexos para que sejam completos. O nome da substância da figura, na forma mais completa que informará sua estrutura, é 4-(2,2,3,6 tetrametil-5-ciclohexanil)-3-buteno-2-um, e ele informa que este é o arranjo. Entendem-se as dificuldades dos químicos e a razão de nomes tão compridos. Não é que queiram ser obscuros, mas enfrentam um problema dificílimo de tentar descrever as moléculas por meio de palavras!

Como *sabemos* que existem átomos? Por um dos truques já mencionados: formulamos a *hipótese* de que existem átomos e, um após o outro, os resultados surgirão da forma prevista, como deve acontecer caso as coisas *sejam* constituídas de átomos. Há também indícios mais diretos, dos quais um bom exemplo é: os átomos são tão pequenos que não são visíveis por um microscópio comum – na verdade, sequer por um microscópio *eletrônico*. (Um microscópio comum permite ver apenas coisas bem maiores.) Ora, se os átomos vivem em movimento, digamos, na água, e pusermos uma grande bola de algo na água, uma bola bem maior do que os átomos, esta ziguezagueará de um lado para o outro – como num jogo em que uma grande bola é arremessada para lá e para cá por um monte de pessoas. As pessoas empurram a bola em várias direções e esta se move pelo campo de forma irregular. Do mesmo modo, a "grande bola" se moverá, devido às desigualdades das colisões, de um lado para o outro, de um momento para o outro. Portanto, se examinarmos partículas minúsculas (coloides) na água por meio de um excelente microscópio, veremos um perpétuo ziguezaguear das partículas, resultante do bombardeio dos átomos. Isto se chama *movimento browniano*.

Podemos ver outros indícios dos átomos na estrutura dos cristais. Em muitos casos, as estruturas obtidas pela análise de raios X estão de acordo, em suas "formas" espaciais, com as formas realmente exibidas por cristais como ocorrem na natureza. Os ângulos entre as várias "faces" de um cristal estão de acordo, com uma precisão de segundos de arco, com os ângulos obtidos a partir da hipótese de que um cristal se constitui de várias "camadas" de átomos.

Tudo é composto de átomos. Esta é a hipótese-chave. A hipótese mais importante em toda a biologia, por exemplo, é que *tudo que os animais fazem os átomos também fazem.* Em outras palavras, *não há nada que os seres vivos façam que não possa ser compreendido do ponto de vista de que eles se constituem de átomos, se comportando de acordo com as leis da física.* Isto não era sabido desde o início: foi preciso certa experimentação e teorização para sugerir esta hipótese, mas agora ela é aceita e é a teoria mais útil para produzir novas ideias no campo da biologia.

Se um pedaço de aço ou de sal, constituído de átomos uns junto aos outros, pode ter propriedades tão interessantes; se a água – que não passa dessas pequenas bolhas, quilômetro após quilômetro da mesma coisa sobre a Terra – pode formar ondas e espuma e rumorejar e formar padrões estranhos ao fluir sobre o cimento; se tudo isso, toda a vida de uma corrente d'água, pode não passar de uma pilha de átomos, *quão mais é possível*? Se em vez de dispor os átomos em certo padrão definido, repetidamente e para todo o sempre, ou mesmo formar pequenos blocos de complexidade, como o odor de violetas, fizermos um arranjo que é *sempre diferente* de lugar para lugar, com diferentes tipos de átomos dispostos de várias maneiras e em contínua mudança, sem se repetir, quão mais maravilhosamente será possível que essa coisa se comporte? É possível que aquela "coisa" que anda para lá e para cá diante de você, conversando com você, seja uma grande massa desses átomos em um arranjo tão complexo que confunda a imaginação quanto ao que pode fazer? Quando dizemos que somos uma pilha de átomos, não queremos dizer que somos *meramente* uma pilha de átomos, porque uma pilha de átomos que não se repete de uma para a outra poderia muito bem ter as possibilidades que você vê diante de si no espelho.

2 | Física básica

2.1 Introdução

Neste capítulo, examinaremos as ideias mais fundamentais que temos sobre a física – a natureza das coisas como as vemos na atualidade. Não discutiremos a história de como sabemos que todas essas ideias são verdadeiras; esses detalhes serão aprendidos no devido tempo.

As coisas com que nos preocupamos na ciência aparecem em inúmeras formas e com uma profusão de atributos. Por exemplo, se estivermos na praia olhando o mar, veremos a água, as ondas arrebentando, a espuma, o movimento agitado da água, o som, o ar, o vento e as nuvens, o Sol e o céu azul e a luz; há areia e rochas de diferentes durezas, firmezas, cores e texturas. Há animais e algas, fome e doença, e o observador na praia; pode até haver felicidade e pensamento. Qualquer outro lugar na natureza possuirá a mesma variedade de coisas e influências. É sempre tão complicado assim, qualquer que seja o lugar. A curiosidade exige que formulemos perguntas, que tentemos reunir as coisas e compreender essa multidão de aspectos como talvez resultante da ação de um número relativamente pequeno de coisas e forças elementares agindo em uma variedade infinita de combinações.

Por exemplo: a areia difere das rochas? Ou seja, será que a areia não passa de um grande número de pedras pequeninas? Será a Lua uma grande rocha? Se compreendermos as rochas, compreenderemos também a areia e a Lua? Será o vento um movimento do ar análogo ao movimento da água no mar? Que aspectos comuns são compartilhados por diferentes movimentos? O que é comum a diferentes tipos de sons? Quantas cores diferentes existem? E assim por diante. Desse modo, tentamos gradualmente analisar todas as coisas, reunir coisas que à primeira vista parecem diferentes, na esperança de sermos capazes de *reduzir* o número de coisas *diferentes* e, assim, compreendê-las melhor.

Poucas centenas de anos atrás, foi concebido um método para encontrar respostas parciais a tais questões. *Observação, razão* e *experiência* constituem o que denominamos *método científico*. Teremos de nos limitar a uma descrição mínima de nossa visão básica do que às vezes se denomina *física fundamental*, ou ideias fundamentais surgidas da aplicação do método científico.

O que queremos dizer por "compreender" algo? Podemos imaginar que esse arranjo complicado de coisas em movimento que constitui "o mundo" seja algo como uma grande partida de xadrez jogada pelos deuses, e nós somos observadores do jogo. Não conhecemos as regras do jogo; tudo que podemos fazer é *observar* o jogo. É claro que, se o observarmos por um bom tempo, acabaremos captando algumas das regras. As *regras do jogo* são o que queremos dizer por *física fundamental*. Porém, mesmo que conhecêssemos todas as regras, poderíamos não entender a razão de um lance específico do jogo, devido à sua imensa complexidade e à limitação de nossas mentes. Quem joga xadrez deve saber que, embora seja fácil aprender todas as regras, muitas vezes é dificílimo escolher o melhor lance ou entender por que um jogador realiza determinado movimento. O mesmo se dá na natureza, só que em grau muito maior; mas podemos ser capazes pelo menos de descobrir todas as regras. Na verdade, ainda não dispomos de todas elas. (De vez em quando, ocorre algo como o roque, que ainda não compreendemos.) Além de não conhecermos todas as regras, o que realmente podemos explicar em termos dessas regras é muito limitado, pois quase todas as situações são tão complicadas que não conseguimos seguir os lances do jogo usando as regras e muito menos prever o que ocorrerá a seguir. Temos, portanto, de nos limitar à questão mais básica das regras do jogo. Se conhecermos as regras, consideraremos que "entendemos" o mundo.

Como saber se as regras a que "chegamos" estão realmente certas se não conseguimos analisar muito bem o jogo? Em linhas gerais, três são as maneiras. Primeiro, pode haver situações em que a natureza se organizou, ou nós organizamos a natureza, com tanta simplicidade e com tão poucas partes que conseguimos prever exatamente o que ocorrerá e, assim, verificar como funcionam nossas regras. (Em um canto do tabuleiro apenas poucas peças de xadrez podem estar em ação, e isto podemos entender perfeitamente.)

Uma segunda boa maneira de verificar regras é em termos de regras menos específicas delas derivadas. Por exemplo, a regra do movimento de um bispo no tabuleiro de xadrez é que o movimento ocorre apenas na diagonal. Pode-se deduzir, não importa quantos movimentos possam ser feitos, que determinado bispo estará sempre em uma casa branca. Assim, embora incapazes de seguir os detalhes, podemos sempre verificar nossa ideia sobre o movimento do bispo descobrindo se está sempre em uma casa branca. É claro que estará por um longo tempo, até de repente descobrirmos que está em uma casa *preta* (o que aconteceu, na verdade, é que nesse ínterim ele foi capturado, outro peão atravessou o tabuleiro e foi promovido a bispo em uma casa preta). É assim que ocorre na física. Por um longo tempo, teremos uma regra que funciona à perfeição de forma geral, ainda que não consigamos seguir os detalhes, até que em certo momento poderemos descobrir uma *nova regra*. Do ponto de vista da física básica, os fenômenos mais interessantes estão, sem dúvida, nos *novos* lugares, os lugares onde as regras não funcionam – não os lugares onde *funcionam*! É assim que descobrimos novas regras.

A terceira forma de saber se nossas ideias estão certas é relativamente grosseira, mas provavelmente a mais poderosa de todas: por mera *aproximação*. Embora não consigamos discernir por que Alekhine move *esta peça específica*, talvez possamos entender *mais ou menos* que ele está reunindo suas peças ao redor do rei para protegê-lo, pois esta é a ação sensata nas circunstâncias. Da mesma forma, podemos muitas vezes entender mais ou menos a natureza, sem que consigamos ver o que *cada pequena peça* está fazendo, em termos de nossa compreensão do jogo.

De início, os fenômenos da natureza eram divididos *grosso modo* em classes, como calor, eletricidade, mecânica, magnetismo, propriedades das substâncias, fenômenos químicos, luz ou óptica, raios X, física nuclear, gravitação, fenômenos dos mésons etc. Contudo, o objetivo é ver a *natureza completa* como aspectos diferentes de *um só conjunto* de fenômenos. Este é o problema atual da física teórica básica – *encontrar as leis por trás do experimento; amalgamar essas classes*. Historicamente, sempre conseguimos amalgamá-las, mas no decorrer do tempo novas coisas são descobertas. Vínhamos amalgamando muito bem, quando de repente foram descobertos os raios X. Então, amalgamamos um pouco mais e os mésons foram descobertos. Portanto, em qualquer estágio do jogo, ele sempre parece um tanto confuso. Muita coisa é amalgamada, mas há sempre muitos fios ou linhas pendendo em todas as direções. É esta a situação atual que tentaremos descrever.

Eis alguns exemplos históricos de amalgamação: primeiro, tomemos o *calor* e a *mecânica*. Quando os átomos estão em movimento, quanto mais movimento, mais calor o sistema conterá, de modo que o *calor e todos os efeitos da temperatura podem ser representados pelas leis da mecânica*. Outra tremenda amalgamação foi a descoberta da relação entre a eletricidade, o magnetismo e a luz, que se descobriu serem aspectos diferentes da mesma coisa, o atualmente denominado *campo eletromagnético*. Outra amalgamação é a unificação dos fenômenos químicos, das diferentes propriedades de diferentes substâncias e do comportamento das partículas atômicas na *mecânica quântica da química*.

A questão é, claro, se será possível amalgamar *tudo* e meramente descobrir que este mundo representa diferentes aspectos de *uma só* coisa. Ninguém sabe. Tudo que sabemos é que, à medida que avançamos, descobrimos que podemos amalgamar peças e, depois, descobrimos algumas peças que não se encaixam e continuamos tentando montar o quebra-cabeça. Se há um número finito de peças – e se o quebra-cabeça tem limites –, constitui-se um mistério. Só saberemos quando terminarmos o quadro, se é que terminaremos. Pretendemos aqui examinar até onde foi esse processo de amalgamação e qual é a situação atual na compreensão dos fenômenos básicos em termos do menor conjunto de princípios. Para expressá-lo em termos simples, *de que se constituem as coisas e quão poucos elementos existem*?

2.2 A física antes de 1920

É um pouco difícil começar de chofre com a visão atual, de modo que veremos primeiro como eram as coisas por volta de 1920 e, depois, extrairemos algumas coisas daquele quadro. Antes de 1920, nossa visão do mundo era algo assim: o "palco" em que o universo atua é o *espaço* tridimensional da geometria, como descrito por Euclides, e as coisas mudam em um meio chamado *tempo*. Os elementos no palco são *partículas,* a exemplo dos átomos, com certas *propriedades*. Primeiro, a propriedade da inércia: se uma partícula estiver se movendo, continuará se movendo na mesma direção a menos que as *forças* atuem sobre ela. O segundo elemento, então, são *forças*, que se pensava serem de duas variedades: primeiro, um tipo de força de interação enormemente complicada e detalhada, que mantinha os diferentes átomos em diferentes combinações de uma forma complicada, que determinava se o sal dissolveria mais rápido ou devagar quando aumentamos a temperatura. A outra força conhecida era uma interação de longo alcance – uma atração suave e tranquila –, que variava na razão inversa do quadrado da distância e se chamava *gravitação*. Essa lei era conhecida e era muito simples. *Por que* as coisas permanecem em movimento quando se movem ou *por que* existe uma lei da gravitação era, é claro, desconhecido.

Uma descrição da natureza é o que nos interessa aqui. Desse ponto de vista, um gás – e aliás *toda* a matéria – é uma miríade de partículas em movimento. Assim, muitas das coisas que vimos quando estávamos sentados na praia podem ser imediatamente relacionadas. Primeiro, a pressão: resulta das colisões dos átomos com as paredes ou qualquer outra coisa; o deslocamento dos átomos, caso se movam todos em média na mesma direção, é vento; os movimentos internos *aleatórios* são o calor. Existem ondas de densidade em excesso, onde partículas demais se acumularam, e, ao se dispersarem, empurram pilhas de partículas e assim por diante. Essa onda de densidade em excesso é o *som*. É um grande progresso ser capaz de entender tanto. Algumas destas coisas foram descritas no capítulo anterior.

Que *tipos* de partículas existem? Naquela época, considerava-se que fossem 92: haviam sido descobertos 92 tipos diferentes de átomo. Tinham diferentes nomes associados às suas propriedades químicas.

A próxima parte do problema era: *quais são as forças de curto alcance?* Por que o carbono atrai um oxigênio ou talvez dois oxigênios, mas não três oxigênios? Qual o mecanismo de interação entre átomos? É gravitacional? A resposta é não. A gravidade é fraca demais. Mas imagine uma força análoga à gravidade, variando na razão inversa do quadrado da distância, mas muito mais poderosa e com uma diferença. Na gravidade tudo atrai todo o resto, mas agora imagine que há *duas espécies* de "coisas" e que essa nova força (que é a força elétrica, é claro) tem a propriedade de que as semelhantes *repelem*, mas as desiguais *atraem*. A "coisa" que conduz essa interação forte denomina-se *carga*.

O que temos, então? Suponhamos que temos dois desiguais que se atraem, um positivo e outro negativo, e que se mantêm muito proximamente unidos. Suponhamos que temos outra carga a certa distância. Ela sentiria alguma atração? Não sentiria *praticamente nenhuma*, porque, se as duas primeiras forem do mesmo tamanho, a atração de uma e a repulsão da outra se anularão. Portanto, há pouquíssima força a qualquer distância apreciável. Por outro lado, se chegarmos *muito perto* com a carga extra, surgirá *atração*, porque a repulsão das semelhantes e a atração das desiguais tenderão a aproximar as desiguais e distanciar as semelhantes. Então, a repulsão será *menor* do que a atração. Esta é a razão pela qual os átomos, que são constituídos de cargas elétricas positivas e negativas, sentem pouquíssima força quando separados por uma distância apreciável (afora a gravidade). Quando se aproximam, podem "olhar para dentro" uns dos outros e rearranjar suas cargas, resultando daí uma fortíssima interação. A base derradeira de uma interação entre os átomos é *elétrica*. Devido à enormidade dessa força, todos os positivos e todos os negativos normalmente se juntarão na mais íntima combinação possível. Todas as coisas, inclusive nós, constituem-se de partes positivas e negativas finamente granuladas e em fortíssima interação, todas perfeitamente equilibradas. Uma vez ou outra, por acaso, podemos expulsar alguns negativos ou alguns positivos (em geral, é mais fácil expulsar negativos), circunstância em que achamos a força da eletricidade *desequilibrada* e podemos ver os efeitos dessas atrações elétricas.

Para dar uma ideia de quão mais forte é a eletricidade do que a gravitação, consideremos dois grãos de areia, com um milímetro de diâmetro e a 30 metros de distância. Se a força entre eles não estivesse equilibrada, se tudo atraísse todo o resto em vez de os semelhantes se repelirem, de modo que não houvesse cancelamento, quanta força haveria? Haveria uma força de *três milhões de toneladas* entre os dois! Veja bem, existe *pouquíssimo* excesso ou déficit do número de cargas negativas ou positivas necessárias para produzir efeitos elétricos apreciáveis. Esta é, claro, a razão pela qual não se consegue ver a diferença entre algo eletricamente carregado ou não – tão poucas partículas estão envolvidas que mal fazem diferença no peso ou no tamanho de um objeto.

Com esse quadro, foi mais fácil entender os átomos. Achou-se que teriam um "núcleo" no centro, com carga elétrica positiva, muito maciço e cercado por certo número de "elétrons" muito leves e negativamente carregados. Avancemos um pouco em nossa história para observar que no próprio núcleo foram encontradas duas espécies de partículas, prótons e nêutrons, quase do mesmo peso e muito pesadas. Os prótons são eletricamente carregados e os nêutrons são neutros. Se tivermos um átomo com seis prótons dentro do núcleo, e este estiver cercado por seis elétrons (as partículas negativas no mundo normal da matéria são todas elétrons, e estes são levíssimos comparados com os prótons e os nêutrons que compõem os núcleos), será o átomo número seis na tabela química, denominado carbono. O átomo número oito se denomina oxigênio etc., porque as propriedades químicas dependem dos elétrons de *fora*, e na verdade apenas do *número* de elétrons existente. Assim, as propriedades *químicas* de uma substância dependem apenas de um número, o número de elétrons. (Toda a lista de elementos dos químicos poderia realmente ter se chamado 1, 2, 3, 4, 5 etc. Em vez de dizer "carbono", poderíamos dizer "elemento seis", significando seis elétrons, mas é claro que, quando os elementos foram originalmente descobertos, não se sabia que poderiam ser numerados dessa maneira e, em segundo lugar, isso faria com que tudo parecesse complicado. É melhor ter nomes e símbolos para essas coisas, em vez de chamar tudo por um número.)

Descobriu-se mais sobre a força elétrica. A interpretação natural da interação elétrica é que dois objetos simplesmente se atraem um ao outro: positivo contra negativo. No entanto, descobriu-se que esta era uma representação inadequada. Uma representação mais adequada da situação é dizer que a existência da carga positiva, em certo sentido, distorce, ou cria uma "condição" no espaço, de modo que quando introduzimos nele a carga negativa ela sente uma força. Essa potencialidade de produzir uma força denomina-se *campo elétrico*. Ao colocarmos um elétron em um campo elétrico, dizemos que é "puxado". Temos então duas regras: (a) cargas produzem um campo e (b) cargas em campos têm forças contidas sobre elas e se movem. A razão disso se tornará clara quando discutirmos o seguinte fenômeno: se carregarmos eletricamente um corpo – por exemplo, um pente – e, depois, pusermos um pedaço de papel carregado a certa distância e movermos o pente para lá e para cá, o papel reagirá apontando sempre para o pente. Se o sacudirmos mais rápido, veremos que o papel estará um pouco atrasado, *haverá um retardo* na ação. (No primeiro estágio, quando movemos o pente mais lentamente, encontramos uma complicação que é o *magnetismo*. Influências magnéticas estão associadas a *cargas em movimento relativo,* de modo que forças magnéticas e forças elétricas podem realmente ser atribuídas ao mesmo campo, como dois aspectos diferentes exatamente da mesma coisa. Um campo elétrico variando não pode existir sem magnetismo.) Se afastarmos ainda mais o papel carregado, o retardo será maior. Então, algo interessante será observado. Embora as forças entre dois objetos carregados devessem ser inversamente proporcionais ao *quadrado* da distância, descobre-se, ao agitar uma carga, que a influência se estende *para muito mais longe* do que imaginaríamos à primeira vista. Ou seja, o efeito diminui mais lentamente do que o inverso do quadrado.

Eis uma analogia: se estivermos em uma piscina e uma rolha estiver flutuando bem perto, poderemos deslocá-la "diretamente" impelindo a água com outra rolha. Se olhássemos apenas para as duas *rolhas,* tudo que veríamos seria que uma se deslocou imediatamente em resposta ao movimento da outra – há um certo tipo de "interação" entre elas. Claro está que o que realmente fazemos é mexer a *água,* e *esta* mexe então a outra rolha. Poderíamos formular uma "lei" de que, se impelíssemos a água um pouco, um objeto próximo na água se deslocaria. Se estivesse mais distante, é claro que a segunda rolha mal se moveria, pois deslocamos a água *localmente.* Por outro lado, se agitarmos a rolha, um novo fenômeno estará envolvido em que o movimento da água desloca a água ali etc. e *ondas* se afastam; assim, pela agitação, há uma influência *de muito maior alcance*, uma influência oscilatória que não pode ser entendida com base na interação direta. Portanto, a ideia de interação direta deve ser substituída pela existência da água ou, no caso elétrico, pelo que denominamos *campo eletromagnético.*

O campo eletromagnético pode transportar ondas; algumas dessas ondas são *luz,* outras são usadas em *transmissões de rádio,* mas o nome geral é *ondas eletromagnéticas.* Essas ondas oscilatórias podem ter várias *frequências.* A única diferença real de uma onda para outra é a *frequência da oscilação.* Se sacudirmos uma carga para lá e para cá cada vez mais rapidamente e observarmos os efeitos, obteremos toda uma série de diferentes tipos de efeitos, todos unificados pela especificação de um só número, o número de oscilações por segundo. A "captação" normal das correntes elétricas nos circuitos nas paredes de um prédio têm uma frequência de aproximadamente cem ciclos por segundo. Se aumentarmos a frequência para 500 ou 1.000 quilociclos (1 quilociclo = 1.000 ciclos) por segundo, estaremos "no ar", pois esta é a faixa de frequência usada para transmissões de rádio. (Claro que não tem nada a ver com o *ar*! Podemos ter transmissões de rádio sem nenhum ar.) Se aumentarmos de novo a frequência, entraremos na faixa usada para transmissões em FM e de TV. Avançando ainda mais, usamos certas ondas curtas, por exemplo, para o *radar*. Ainda mais alto e não precisamos de um instrumento para "ver" o material, podendo vê-lo com o olho humano. Na faixa de frequência de 5×10^{14} a 5×10^{15} ciclos por segundo, nossos olhos veriam a oscilação do pente carregado, se conseguíssemos sacudi-lo nessa velocidade, como luz vermelha, azul ou violeta, dependendo da frequência. As frequências abaixo dessa faixa denominam-se infravermelhas, e acima, ultravioleta. O fato de podermos enxergar em uma faixa de frequência específica não torna essa parte do espectro eletromagnético mais impressionante do que as demais do ponto de vista do físico, embora do ponto de vista humano *seja* sem dúvida mais interessante. Se aumentarmos ainda mais a frequência, obteremos raios X. Os raios X não passam de luz de frequência muito alta. Aumentando ainda mais, obteremos raios gama. Estes dois termos, radiação e raios gama, são usados quase como sinônimos. Geralmente, radiação eletromagnética advinda de núcleos denomina-se radiação gama, ao passo que os de alta energia de átomos são chamados raios X, mas à mesma frequência são fisicamente indistinguíveis, qualquer que seja a origem. Se formos para frequências ainda mais altas, digamos, 10^{24} ciclos por segundo, descobriremos que podemos produzir tais ondas artificialmente, por exemplo, com o síncrotron aqui em Caltech. Podemos encontrar ondas eletromagnéticas com frequências estupendamente altas – com oscilação até mil vezes mais rápida – nas ondas encontradas em *raios cósmicos*. Essas ondas não são controláveis por nós.

TABELA 2-1 – O espectro eletromagnético

Frequência em oscilações/s.	Nome	Comportamento aproximado
10^2	Interferência elétrica	Campo
$5 \times 10^5 - 10^6$	Transmissão de rádio	
10^8	FM-TV	Ondas
10^{10}	Radar	
$5 \times 10^{14} - 10^{15}$	Luz	
10^{18}	Raios X	
10^{21}	Raios γ nucleares	Partículas
10^{24}	Raios γ "artificiais"	
10^{27}	Raios γ em raios cósmicos	

2.3 Física quântica

Tendo exposto a ideia do campo eletromagnético e que esse campo pode conduzir ondas, logo descobrimos que essas ondas na verdade se comportam de uma forma estranha que parece muito pouco ondulatória. Em frequências maiores, comportam-se muito mais como *partículas*! É a *mecânica quântica*, descoberta logo após 1920, que explica esse estranho comportamento. Nos anos anteriores a 1920, a imagem do espaço como tridimensional e do tempo como algo separado foi modificada por Einstein, primeiro em uma combinação que denominamos espaço-tempo e depois em um espaço-tempo *curvo* para representar a gravitação. Assim, o "palco" torna-se o espaço-tempo e a gravitação é presumivelmente uma modificação do espaço-tempo. Depois, descobriu-se também que as regras dos movimentos de partículas estavam incorretas. As regras mecânicas de "inércia" e "forças" estão *erradas* – as leis de Newton estão *erradas* – no mundo dos átomos. Ao contrário, descobriu-se que as coisas em uma escala pequena *não se comportam* como as coisas em uma escala grande. É isso que torna a física difícil – e muito interessante. É difícil porque o modo como as coisas se comportam em uma escala pequena é totalmente "antinatural"; não temos experiência direta com isso. As coisas não se comportam como nada que conhecemos, e esse comportamento só pode ser descrito analiticamente. É difícil e requer muita imaginação.

A mecânica quântica tem vários aspectos. Em primeiro lugar, a ideia de que uma partícula tem uma localização e uma velocidade definidas não é mais permitida; está errada. Para dar um exemplo de quão errada está a física clássica, existe uma regra na mecânica quântica que diz que não se pode saber simultaneamente onde algo está e com que velocidade se move. A incerteza no momento e a incerteza na posição são complementares, e o produto das duas é constante. Podemos formular a lei assim: $\Delta x \, \Delta p \geq h/2\pi$, mas a explicaremos detalhadamente adiante. Esta regra é a explicação de misterioso paradoxo: se os átomos se compõem de cargas positivas e negativas, por que as cargas negativas simplesmente não ficam sobre as cargas positivas (elas se atraem mutuamente) e se aproximam até cancelá-las por completo? *Por que os átomos são tão grandes?* Por que o núcleo está no centro com os elétrons ao redor? De início, pensava-se que era devido ao tamanho do núcleo; só que o núcleo é *muito pequeno*. Um átomo tem um diâmetro de cerca de 10^{-8} cm. O núcleo tem um diâmetro de cerca de 10^{-13} cm. Se tivéssemos um átomo e quiséssemos ver o núcleo, teríamos de ampliá-lo até que o átomo todo tivesse o tamanho de um aposento grande; mesmo assim, o núcleo seria um pontinho que mal se conseguiria enxergar, mas quase *todo o peso* do átomo está no *núcleo* infinitesimal. O que impede os elétrons de simplesmente cair? Este princípio: se estivessem no núcleo, saberíamos precisamente sua posição, e o princípio da incerteza exigiria então que tivessem um momento *imenso* (mas incerto), ou seja, uma imensa *energia cinética*. Com essa energia, escapariam do núcleo. Eles fazem um acordo: deixam para si um pouco de espaço para essa incerteza e depois ziguezagueiam com um mínimo de movimento de acordo com essa regra. (Lembre-se de que quando um cristal é esfriado a zero absoluto, dissemos que os átomos não param de se mover, eles continuam ziguezagueando. Por quê? Se parassem de se mover, saberíamos onde estariam e que teriam movimento zero, o que contraria o princípio da incerteza. Não podemos saber onde estão e com que velocidade estão se movendo, de modo que precisam estar constantemente ziguezagueando ali!)

Outra mudança interessantíssima nas ideias e na filosofia da ciência trazida pela mecânica quântica é: não é possível prever *exatamente* o que acontecerá em qualquer circunstância. Por exemplo, é possível arrumar um átomo pronto para emitir luz, e podemos medir quando emitiu luz captando uma partícula de fóton, que descreveremos em breve. Não podemos, porém, prever *quando* emitirá a luz ou, com vários átomos, *qual deles* o fará. Pode-se pensar que isto se deve a certas "engrenagens" internas que ainda não examinamos detidamente. Não, *não há* engrenagens internas; a natureza, como a entendemos hoje, comporta-se de tal modo que é *fundamentalmente impossível* fazer uma previsão exata do *que acontecerá exatamente* em uma dada experiência. Trata-se de algo terrível; na verdade, os filósofos afirmaram antes que um dos requisitos fundamentais da ciência é que, sempre que se estabelecem as mesmas condições, deve ocorrer a mesma coisa. Isto simplesmente *não é verdade, não* é uma condição fundamental da ciência. O fato é que a mesma coisa não acontece, que só podemos encontrar uma média, estatisticamente, do que acontece. Não obstante, a ciência não desmoronou por completo. Os filósofos, aliás, dizem muita coisa sobre o que é *absolutamente necessário* para a ciência, mas é sempre, pelo que se pode ver, bastante ingênuo e provavelmente errado. Por exemplo, um ou outro filósofo afirmou que é fundamental para o trabalho científico que, se uma experiência for realizada, digamos, em Estocolmo, e repetida em, digamos, Quito, deverão ocorrer os *mesmos resultados*. Trata-se de uma falsidade. Não é necessário que a *ciência* faça isso; poderá ser um *fato da experiência*, mas não é necessário. Por exemplo, se uma das experiências for olhar para o céu e observar a aurora boreal em Estocolmo, você não a verá em Quito; é um fenômeno diferente. "Mas", você retrucará, "isto é algo que se deve ao ambiente externo; se você se trancar em uma cabine em Estocolmo e fechar a cortina, obterá alguma diferença?" Sem dúvida. Se tomarmos um pêndulo em uma junta universal e o pusermos em movimento, ele oscilará quase em um plano, mas não totalmente. Lentamente, o plano irá mudar em Estocolmo, mas não em Quito. As cortinas também estão fechadas. O fato de que isso aconteceu não implica a destruição da ciência. Qual *é* a hipótese fundamental da ciência, a filosofia fundamental? Nós a enunciamos no primeiro capítulo: *o único teste de validade de qualquer ideia é a experiência*. Caso se revele que a maioria das experiências funciona em Quito do mesmo modo que em Estocolmo, então essa "maioria das experiências" será usada para formular alguma lei geral, e diremos que as experiências que não funcionaram igual foram um resultado do ambiente perto de Estocolmo. Inventaremos algum modo de sintetizar os resultados da experiência, e não precisamos ser informados de antemão como será. Se nos disserem que a mesma experiência sempre produzirá o mesmo resultado, tudo bem, mas se no teste isso *não* acontecer, então *não* acontece. Simplesmente temos de tomar o que vemos e, depois, formular o resto de nossas ideias em termos de nossa experiência real.

Voltando à mecânica quântica e à física fundamental, não podemos entrar nos detalhes dos princípios da mecânica quântica agora, pois são bastante difíceis de compreender. Suporemos sua existência e descreveremos algumas das consequências. Uma das consequências é que coisas que costumávamos considerar como ondas também se comportam como partículas, e partículas se comportam como ondas; na verdade, tudo se comporta da mesma maneira. Não há distinção entre uma onda e uma partícula. Desse modo, a mecânica quântica *unifica* a ideia do campo e suas ondas e as partículas numa ideia só. É verdade que, quando a frequência é baixa, o aspecto de campo do fenômeno é mais evidente, ou mais útil como uma descrição aproximada em termos das experiências do dia a dia. Mas com o aumento da frequência, os aspectos de partícula do fenômeno tornam-se mais evidentes com o equipamento com que costumamos fazer as medidas. Na verdade, embora mencionássemos várias frequências, nenhum fenômeno envolvendo diretamente uma frequência já foi detectado acima de cerca de 10^{12} ciclos por segundo. Apenas *obtemos* as frequências maiores da energia das partículas por uma regra que supõe que a ideia de partícula-onda da mecânica quântica é válida.

Assim, temos uma nova visão da interação eletromagnética. Temos um novo tipo de *partícula* a acrescentar ao elétron, ao próton e ao nêutron. Essa nova partícula chama-se *fóton*. A nova visão da interação de elétrons e prótons que é teoria eletromagnética – mas com tudo correto da perspectiva da mecânica quântica – chama-se *eletrodinâmica quântica*. Essa teoria fundamental da interação de luz e matéria, ou campo elétrico e cargas, é nosso maior sucesso até agora na física. Nessa única teoria, temos as regras básicas para todos os fenômenos comuns, exceto a gravitação e os processos nucleares. Por exemplo, da eletrodinâmica quântica advêm todas as leis elétricas, mecânicas e químicas conhecidas: as leis para a colisão de bolas de bilhar, o movimento de fios em campos magnéticos, o calor específico do monóxido de carbono, a cor de letreiros de néon, a densidade do sal e as reações de hidrogênio e oxigênio para formar água são todas consequências dessa lei específica. Todos esses detalhes podem ser calculados se a situação for suficientemente simples para que façamos uma aproximação, o que quase nunca é, mas com frequência podemos compreender mais ou menos o que está acontecendo. Atualmente, nenhuma exceção é encontrada às leis da eletrodinâmica quântica fora do núcleo, e ali não sabemos se há uma exceção, pois simplesmente não sabemos o que está acontecendo no núcleo.

Em princípio, então, a eletrodinâmica quântica é a teoria de toda a química, e da vida, se a vida for fundamentalmente reduzida à química e, portanto, simplesmente à física, porque a química já está reduzida (a parte da física envolvida na química já sendo conhecida). Além disso, a mesma eletrodinâmica quântica, essa maravilha, prevê muitas coisas novas. Em primeiro lugar, informa as propriedades de fótons de energia elevadíssima, raios gama etc. Previu outra coisa notável: além do elétron, deveria haver outra partícula de mesma massa, mas de carga oposta, denominada *pósitron*, e as duas, ao se encontrarem, deveriam se aniquilar mutuamente com a emissão de luz ou raios gama. (Afinal, luz e raios gama são a mesma coisa, não passando de diferentes pontos em uma escala de frequência.) A generalização de que para cada partícula existe uma antipartícula se revela verdadeira. No caso dos elétrons, a antipartícula possui outro nome – chama-se pósitron, mas para a maioria das outras partículas, chama-se anti tal e tal, como antipróton ou antinêutron. Na eletrodinâmica quântica, supõe-se que dois números são dados e a maior parte dos outros números do mundo decorrem destes. Esses dois números são a massa do elétron e a carga do elétron. Na verdade, isto não é totalmente verdadeiro, pois temos todo um conjunto de números na química que informa o peso dos núcleos. Isso nos leva à próxima parte.

2.4 Núcleos e partículas

De que se constitui o núcleo e a que se deve sua coesão? Descobriu-se que a coesão do núcleo se deve a forças enormes. Quando liberadas, a energia emitida é tremenda comparada com a energia química, na mesma razão da explosão da bomba atômica para uma explosão de dinamite, pois a bomba atômica diz respeito a mudanças dentro do núcleo, ao passo que a explosão de dinamite diz respeito a mudanças dos elétrons no exterior dos átomos. A questão é: quais são as forças que mantêm coesos os prótons e os nêutrons no núcleo? Assim como a interação elétrica pode ser associada a uma partícula, um fóton, Yukawa sugeriu que as forças entre nêutrons e prótons também têm alguma espécie de campo e que, quando esse campo se agita, se comporta como uma partícula. Desse modo, poderia haver outras partículas no mundo além de prótons e nêutrons, e ele foi capaz de deduzir as propriedades dessas partículas a partir das características já conhecidas das forças nucleares. Por exemplo, previu que deveriam ter uma massa duzentas ou trezentas vezes superior à do elétron; e eis que nos raios cósmicos foi descoberta uma partícula com a massa certa! Mais tarde, porém, descobriu-se que era a partícula errada. Foi denominada méson μ ou múon.

Entretanto, pouco depois, em 1947 ou 1948, outra partícula foi encontrada, o méson π ou píon, que satisfez o critério de Yukawa. Portanto, além do próton e do nêutron, para obter forças nucleares precisamos acrescentar o píon. O leitor exclamará: "Ótimo! Com esta teoria faremos a nucleodinâmica quântica usando os píons exatamente como Yukawa queria, veremos se funciona e tudo será explicado." Má sorte. Acontece que os cálculos envolvidos nesta teoria são tão difíceis que ninguém jamais conseguiu descobrir as consequências da teoria ou verificá-la experimentalmente, e isto vem se estendendo por quase vinte anos!

Assim, estamos às voltas com uma teoria sem saber se está certa ou errada, mas sabemos que é um *pouco* errada ou pelo menos incompleta. Enquanto estávamos vagando teoricamente, tentando calcular as consequências dessa teoria, os físicos experimentais têm feito algumas descobertas. Por exemplo, já haviam descoberto esse méson μ ou múon, e ainda não sabemos onde se encaixa. Além disso, nos raios cósmicos, grande número de outras partículas "extras" foi encontrado. Atualmente, temos aproximadamente trinta partículas e é muito difícil entender as relações entre todas elas, para que a natureza as quer ou quais são as conexões entre elas. Não compreendemos hoje essas várias partículas como aspectos diferentes da mesma coisa, e o fato de termos tantas partículas desconexas é uma representação do fato de que temos tantas informações desconexas sem uma boa teoria. Após os grandes sucessos da eletrodinâmica quântica, há certa quantidade de conhecimentos da física nuclear que são conhecimentos aproximados, uma espécie de meia experiência e meia teoria, presumindo um tipo de força entre prótons e nêutrons e vendo o que acontecerá, mas sem realmente entender a origem dessas forças. Afora isso, temos feito pouquíssimo progresso. Acumulamos um número enorme de elementos químicos. No caso químico, apareceu de repente uma relação entre esses elementos que era inesperada e que se corporifica na tabela periódica de Mendeleiev. Por exemplo, o sódio e o potássio são mais ou menos semelhantes em suas propriedades químicas e se encontram na mesma coluna na tabela de Mendeleiev. Temos procurado uma tabela como a de Mendeleiev para as novas partículas. Uma dessas tabelas das novas partículas foi preparada independentemente por Gell-Mann, nos Estados Unidos, e Nishijima, no Japão. A base de sua classificação é um novo número, como a carga elétrica, atribuível a cada partícula e denominada sua "estranheza" [*strangeness*], S. Esse número é conservado, como a carga elétrica, em reações que ocorrem por forças nucleares.

Na Tabela 2-2, estão listadas todas as partículas. Não podemos discuti-las muito neste estágio, mas a tabela mostrará pelo menos o quanto ignoramos. Abaixo de cada partícula está sua massa em uma certa unidade denominada MeV. Um MeV equivale a 1,782 x 10^{-27} gramas. A razão da escolha dessa unidade é histórica e não a examinaremos agora. Partículas mais maciças figuram na parte superior da tabela; vemos que um nêutron e um próton têm quase a mesma massa. Nas colunas verticais, colocamos as partículas com

TABELA 2-2 Partículas elementares

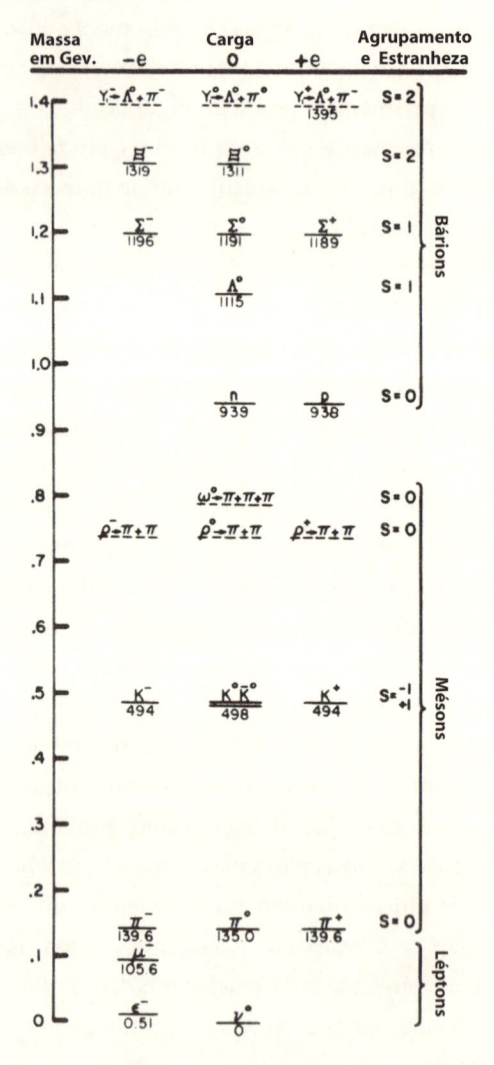

Massa em Gev.	Carga −e	Carga 0	Carga +e	Agrupamento e Estranheza	
1.4	$Y^{-}\doteq\Lambda^{0}+\pi^{-}$	$Y^{0}\doteq\Lambda^{0}+\pi^{0}$	$Y^{+}\doteq\Lambda^{0}+\pi^{+}$ 1395	S = 2	Bárions
1.3	Ξ^{-} 1319	Ξ^{0} 1311		S = 2	
1.2	Σ^{-} 1196	Σ^{0} 1191	Σ^{+} 1189	S = 1	
1.1		Λ^{0} 1115		S = 1	
1.0					
.9		n 939	p 938	S = 0	
.8		$\omega^{0}\doteq\pi+\pi+\pi$		S = 0	Mésons
.7	$\varrho^{-}\doteq\pi\pm\pi$	$\varrho^{0}\doteq\pi\pm\pi$	$\varrho^{+}\doteq\pi\pm\pi$	S = 0	
.6					
.5	K^{-} 494	$K^{0}\overline{K}^{0}$ 498	K^{+} 494	S = −1, +1	
.4					
.3					
.2					
.1	π^{-} 139.6	π^{0} 135.0	π^{+} 139.6	S = 0	Léptons
	μ^{-} 105.6				
0	e^{-} 0.51	ν^{0} 0			

mesma carga elétrica: todos os objetos neutros na coluna do meio, os positivamente carregados à sua direita e os negativamente carregados à esquerda.

As partículas são mostradas com uma linha cheia e as "ressonâncias" com uma linha pontilhada. Várias partículas foram omitidas da tabela. Elas incluem as importantes partículas de massa zero e carga zero, o fóton e o gráviton, que não se enquadram no sistema de classificação bárion-méson-lépton, bem como algumas das ressonâncias mais novas $\left(K^{*},\varphi,\eta\right)$. As antipartículas dos mésons são listadas na tabela, mas as antipartículas dos léptons e dos bárions teriam de ser listadas em outra tabela, que teria exatamente o aspecto desta refletida na coluna de carga zero. Embora todas as partículas, exceto elétron, neutrino, fóton, gráviton e próton, sejam instáveis, os produtos da desintegração só foram mostrados para as ressonâncias. A estranheza não é aplicável aos léptons, por não interagirem fortemente com os núcleos.

Todas as partículas que estão juntas com os nêutrons e os prótons denominam-se *bárions*, e existem as seguintes: uma "lambda" com massa de 1.154 Me$^\text{V}$ e três outras denominadas sigmas, negativa, neutra e positiva, com várias massas quase iguais. Há grupos ou multipletos com quase a mesma massa, em uma margem de 1% ou 2%. Todas as partículas em um multipleto possuem a mesma estranheza. O primeiro multipleto é o par próton-nêutron, depois vem um singleto (lambda), depois o tripleto sigma e, finalmente, o dubleto xi. Em 1961, algumas novas partículas foram descobertas. *Serão* mesmo partículas? Sua vida é tão breve, desintegrando-se quase instantaneamente assim que se formam, que não sabemos se devem ser consideradas novas partículas ou algum tipo de interação de "ressonância" de certa energia definida entre os produtos Λ e π em que se desintegram.

Além dos bárions, as outras partículas envolvidas na interação nuclear chamam-se *mésons*. Primeiro há os píons, que vêm em três variedades: positivo, negativo e neutro; eles formam outro multipleto. Descobrimos também umas coisas novas chamadas mésons K, que ocorrem como um dubleto, K^+ e K^0. Além disso, cada partícula tem sua antipartícula, a não ser que uma partícula *seja sua própria* antipartícula. Por exemplo, o π^- e o π^+ são antipartículas, mas o π^0 é sua própria antipartícula. O K^- e o K^+ são antipartículas, bem como o K^0 e o $\overline{K^0}$. Além disso, em 1961, descobrimos também alguns outros mésons ou *talvez* mésons que se desintegram quase imediatamente. Uma coisa chamada ω que se transforma em três píons tem uma massa de 780 nesta escala, e um pouco mais incerto é um objeto que se desintegra em dois píons. Essas partículas, chamadas mésons e bárions, e as antipartículas dos mésons estão na mesma tabela, mas as antipartículas dos bárions devem ser postas em outra tabela, "refletidas" através da coluna de carga zero.

Assim como a tabela de Mendeleiev era ótima, exceto pelo fato de que alguns elementos de terras-raras ficavam soltos, temos várias coisas soltas nesta tabela – partículas que não interagem fortemente nos núcleos, sem nenhuma relação com uma interação nuclear e sem uma interação forte (refiro-me ao tipo de interação poderosa da energia nuclear). Denominam-se léptons e são os seguintes: o elétron, com uma massa muito pequena nessa escala, apenas 0,510 Me^V. Depois há o méson μ, ou múon, com uma massa muito maior, 206 vezes mais pesado do que um elétron. Por todas as experiências até agora, a única diferença entre o elétron e o múon é a massa. Tudo funciona exatamente igual para o múon e o elétron, exceto que um é mais pesado do que o outro. Por que existe outra partícula mais pesada e qual sua utilidade? Não sabemos. Além disso, existe um lépton neutro, chamado neutrino, e essa partícula possui massa zero. Na verdade, sabe-se agora que há *dois* tipos diferentes de neutrinos, um relacionado aos elétrons, e o outro, aos múons.

Finalmente, temos duas outras partículas que não interagem fortemente com as nucleares: uma é o fóton, e talvez, se o campo da gravidade também tiver uma correspondência na mecânica quântica (uma teoria da gravitação quântica está por ser elaborada), haverá uma partícula, um gráviton, que terá massa zero.

O que é essa "massa zero"? As massas dadas aqui são as das partículas *em repouso*. O fato de que uma partícula possui massa zero significa, de certa forma, que não pode *estar* em *repouso*. Um fóton nunca está em repouso, está sempre se movendo a 300 mil quilômetros por segundo. Entenderemos melhor o que significa a massa quando compreendemos a teoria da relatividade, que virá no devido tempo.

Assim, defrontamo-nos com um grande número de partículas, que em conjunto parecem ser os constituintes fundamentais da matéria. Felizmente, essas partículas não são *todas* diferentes em suas *interações* mútuas. Na verdade, parece haver apenas *quatro tipos* de interações entre partículas, que, em ordem decrescente de força, são a força nuclear, as interações elétricas, a interação da desintegração beta e a gravidade. O fóton está acoplado a todas as partículas carregadas e a força da interação é medida por um certo número, que é 1/137. A lei detalhada desse acoplamento é conhecida: trata-se de eletrodinâmica quântica. A gravidade está acoplada a toda *energia*, mas seu acoplamento é fraquíssimo, muito mais fraco do que o da eletricidade. Essa lei também é conhecida. Depois existem os denominados decaimentos fracos – desintegração beta, que faz o nêutron se desintegrar em próton, elétron e neutrino relativamente devagar. Essa lei só é conhecida em parte. A chamada interação forte, a interação méson-bárion, tem uma força de 1 nessa escala, e a lei é completamente desconhecida, embora se conheçam algumas regras, como a de que o número de bárions não se altera em qualquer reação.

TABELA 2-3 Interações elementares

Acoplamento entre	Intensidade[2]	Lei
Fóton e partículas carregadas	~10^{-2}	Lei conhecida
Gravidade e toda energia	~10^{-40}	Lei conhecida
Desintegrações fracas	~10^{-5}	Lei parcialmente conhecida
Mésons e bárions	~1	Lei desconhecida (algumas regras conhecidas)

Esta é, portanto, a terrível condição de nossa física atual. Para sintetizá-la, eu diria isto: fora do núcleo, parecemos conhecer tudo; dentro dele, a mecânica quântica é válida – os princípios da mecânica quântica não parecem falhar. O palco onde colocamos todo o nosso conhecimento, diríamos, é o espaço--tempo relativístico; talvez a gravidade esteja envolvida no espaço-tempo. Não sabemos como começou o universo e nunca efetuamos experiências que verifiquem nossas ideias de espaço e tempo precisamente, abaixo de certa distância minúscula, de modo que *sabemos* apenas que nossas ideias funcionam acima dessa distância. Devemos acrescentar também que as regras do jogo são os princípios da mecânica quântica, e esses princípios aplicam-se, ao que nos consta, às novas partículas tanto quanto às antigas. A origem dessas forças nos núcleos leva-nos a novas partículas, mas infelizmente elas aparecem em grande profusão e falta-nos uma compreensão completa de sua inter-relação, embora já conheçamos algumas relações surpreendentes entre elas. Parecemos gradualmente tatear rumo a uma compreensão do mundo das partículas subatômicas, mas na verdade não sabemos até onde ainda temos de ir nessa tarefa.

---

[2] A "intensidade" é uma medida adimensional da constante de acoplamento envolvida em cada interação (~ significa "aproximadamente").

3 | A relação da física com outras ciências

3.1 Introdução

A física é a mais fundamental e abrangente das ciências e exerceu um profundo efeito em todo o desenvolvimento científico. Na verdade, a física é o correspondente atual ao que costumava se chamar *filosofia natural*, da qual emergiu a maioria de nossas ciências modernas. Estudantes de vários campos veem-se estudando física devido ao papel básico que ela desempenha em todos os fenômenos. Neste capítulo, tentaremos explicar quais são os problemas fundamentais nas outras ciências, mas é claramente impossível, em um espaço tão exíguo, lidar de fato com os temas complexos, sutis e bonitos desses outros campos. A falta de espaço também nos impede de discutir a relação da física com engenharia, indústria, sociedade e guerra, ou mesmo a relação incrível entre matemática e física. (A matemática não é uma ciência de nosso ponto de vista, no sentido de que não é uma ciência *natural*. O teste de sua validade não é a experiência.) Temos, aliás, de deixar claro desde o princípio que algo que não é uma ciência não é necessariamente ruim. Por exemplo, o amor não é uma ciência. Assim, se algo não for considerado uma ciência, isso não significa que tenha algo de errado; significa apenas que não é uma ciência.

3.2 Química

A ciência talvez mais profundamente afetada pela física seja a química. Historicamente, a química, em seus primórdios, lidava quase por completo com a agora denominada química inorgânica, a química das substâncias não associadas a seres vivos. Uma análise considerável foi necessária para descobrir a existência dos diferentes elementos e suas relações – como constituem os diferentes compostos relativamente simples encontrados nas rochas, na terra etc. Essa química inicial foi importantíssima para a física. A interação entre as duas ciências foi muito grande porque a teoria dos átomos foi concretizada em grande parte por experiências na química. A teoria da química, ou seja, das próprias reações, foi sintetizada em grande parte na tabela periódica de Mendeleiev, que traz à luz muitas relações estranhas entre os diferentes elementos, e foi o conjunto de regras sobre que substância se combina com outra e como constituiu a química inorgânica. Todas essas regras acabaram explicadas em princípio pela mecânica quântica, de modo que a química teórica é, na verdade, física. Por outro lado, convém enfatizar que essa explicação é *em princípio*. Já discutimos a diferença entre conhecer as regras do jogo de xadrez e saber jogar. Assim, pode ser que conheçamos as regras, mas não saibamos jogar muito bem. Revela-se muito difícil prever precisamente o que ocorrerá em uma dada reação química; não obstante, a parte mais profunda da química teórica tem de acabar na mecânica quântica.

Existe também um ramo da física e da química desenvolvido conjuntamente por ambas as ciências e de extrema importância. É o método da estatística aplicado em uma situação em que há leis mecânicas, apropriadamente denominado *mecânica estatística*. Em qualquer situação química, está envolvido um grande número de átomos, e vimos que os átomos estão todos ziguezagueando de forma muito aleatória e complicada. Se pudéssemos analisar cada colisão e seguir em detalhe o movimento de cada molécula, talvez conseguíssemos descobrir o que aconteceria; porém, os muitos números necessários para rastrear todas essas moléculas excedem tão enormemente a capacidade de qualquer computador e, sem dúvida, a capacidade da mente, que foi importante desenvolver um método para lidar com situações assim complicadas. A mecânica estatística, então, é a ciência dos fenômenos do calor, ou termodinâmica. A química inorgânica, como uma ciência, reduz-se agora essencialmente às denominadas físico-química e química quântica; físico-química para estudar as velocidades em que ocorrem as reações e o que acontece em detalhe (como as moléculas colidem, que partes se desprendem primeiro etc.), e química quântica, para nos ajudar a entender o que acontece em termos das leis físicas.

O outro ramo da química é a *química orgânica*, a química das substâncias associadas aos seres vivos. Por algum tempo, acreditou-se que as substâncias associadas aos seres vivos eram tão maravilhosas que não poderiam ser feitas à mão a partir de materiais inorgânicos. Mas isto não é verdade – elas são idênticas às substâncias criadas na química inorgânica, só que com arranjos de átomos mais complicados. A química orgânica obviamente tem uma relação muito íntima com a biologia, que fornece suas substâncias, e com a indústria; além disso, grande parte da físico-química e da mecânica quântica pode ser aplicada aos compostos orgânicos tanto quanto aos inorgânicos. Porém, os problemas principais da química orgânica não estão nesses aspectos, mas na análise e na síntese das substâncias formadas em sistemas biológicos, em seres vivos. Isto nos leva paulatina e imperceptivelmente à bioquímica e, depois, à própria biologia ou biologia molecular.

3.3 Biologia

Assim, chegamos à ciência da *biologia*, o estudo dos seres vivos. Nos primórdios da biologia, os biólogos tiveram de lidar com o problema puramente descritivo de descobrir *que* tipos de seres vivos havia; para isso, tinham de contar coisas como os pelos dos membros das pulgas. Depois que essas questões foram solucionadas com grande interesse, os biólogos passaram para a *maquinaria* dentro dos corpos vivos, primeiro de um ponto de vista total, naturalmente, pois chegar aos detalhes mais apurados requer certo esforço.

Houve uma interessante relação inicial entre a física e a biologia, em que a biologia ajudou a física na descoberta da *conservação da energia*, demonstrada inicialmente por Mayer em conexão com a quantidade de calor recebida e emitida por um ser vivo.

Se examinarmos mais detidamente os processos biológicos dos animais, veremos *muitos* fenômenos físicos: a circulação do sangue, bombas, pressão etc. Há nervos: sabemos o que está ocorrendo ao pisarmos em uma pedra afiada e que, de certo modo, a informação segue perna acima. É interessante como isso acontece. Em seu estudo dos nervos, os biólogos concluíram que eles são tubos finíssimos com uma parede complexa que é muito fina; através dessa parede a célula bombeia íons, de modo que há íons positivos no exterior e íons negativos no interior, como um capacitor. Essa membrana possui uma propriedade interessante; se ela "se descarregar" num lugar, isto é, se alguns dos íons forem capazes de se deslocar por um lugar de modo que a voltagem elétrica seja reduzida ali, aquela influência elétrica se fará sentir nos íons na vizinhança e afetará a membrana de tal forma que deixará os íons passarem por pontos vizinhos também. Isto por sua vez a afetará ainda mais longe etc., de modo a haver uma onda de "penetrabilidade" da membrana que percorre a fibra quando "excitada" em uma extremidade, ao se pisar na pedra afiada. Essa onda assemelha-se a uma longa sequência de dominós verticais; se o último for derrubado, derrubará o próximo e assim por diante. É claro que isto só transmitirá uma mensagem, a não ser que os dominós sejam levantados de novo; e similarmente, na célula nervosa, há processos que bombeiam os íons lentamente para fora de novo a fim de preparar o nervo para o próximo impulso. É assim que sabemos o que estamos fazendo (ou pelo menos onde estamos). Sem dúvida, os efeitos elétricos associados a esse impulso nervoso podem ser captados com instrumentos elétricos, e porque *há* efeitos elétricos, obviamente a física dos efeitos elétricos teve uma enorme influência na compreensão do fenômeno.

O efeito inverso é que, de algum ponto do cérebro, uma mensagem é enviada para fora através de um nervo. O que acontece na extremidade do nervo? Ali o nervo se ramifica em coisinhas finas, ligadas a uma estrutura próxima de um músculo, chamadas placas terminais. Por razões ainda não exatamente compreendidas, quando o impulso atinge o fim do nervo, pequenos feixes de uma substância química chamada acetilcolina são disparados (cinco ou dez moléculas de cada vez) e afetam a fibra do músculo, fazendo-a contrair-se – tão simples! O que faz um músculo contrair-se? Um músculo é um grande número de fibras próximas entre si, contendo duas substâncias diferentes, miosina e actomiosina, mas o mecanismo pelo qual a reação química induzida pela acetilcolina pode modificar as dimensões da molécula ainda não é conhecido. Assim, os processos fundamentais no músculo que provocam movimentos mecânicos não são conhecidos.

A biologia é um campo tão vasto que há uma enormidade de outros problemas que simplesmente não podemos mencionar – problemas de como funciona a visão (o efeito da luz no olho), como funciona a audição etc. (Como funciona o *pensamento* será discutido adiante com a psicologia.) De um ponto de vista biológico, esses temas da biologia que acabamos de discutir não são realmente fundamentais, não estão na base da vida, no sentido de que mesmo que os entendêssemos continuaríamos sem entender a própria vida. Para ilustrar: os homens que estudam os nervos acham seu trabalho muito importante, pois afinal não pode haver animais sem nervos. Mas *pode* haver *vida* sem nervos. As plantas não têm nervos nem músculos, mas estão funcionando, estão vivas do mesmo modo. Assim, para chegarmos aos problemas fundamentais da biologia, temos de olhar mais fundo; ao fazê-lo, descobrimos que todos os seres vivos têm muitas características comuns. A mais comum é constituírem-se de *células*, cada uma com um mecanismo complexo para efetuar coisa quimicamente. Nas células das plantas, por exemplo, um mecanismo capta a luz e gera sacarose, consumida no escuro para manter a planta viva. Quando a planta é comida, a própria sacarose gera no animal uma série de reações químicas muito intimamente relacionadas à fotossíntese (e seu efeito oposto no escuro) nas plantas.

Nas células de sistemas vivos ocorrem muitas reações químicas elaboradas em que um composto é transformado em outro e ainda outro. Para dar uma ideia dos imensos esforços no estudo da bioquímica, o diagrama na Figura 3-1 sintetiza nosso conhecimento atual de apenas uma pequena parte das várias séries de reações que ocorrem nas células, talvez 1% delas.

Aqui vemos toda uma série de moléculas que se transformam uma na outra em uma sequência ou um ciclo de etapas bem pequenas. Chama-se ciclo de Krebs, o ciclo respiratório. Cada uma das substâncias químicas e cada uma das etapas é razoavelmente simples em termos da mudança efetuada na molécula, mas – e esta é uma descoberta importantíssima na bioquímica – essas mudanças são *relativamente difíceis de obter em laboratório*. Se tivermos uma substância e outra substância muito semelhante, uma não se transformará simplesmente na outra, porque as duas formas costumam estar separadas por uma barreira de energia ou "monte". Vejamos uma analogia: se quiséssemos levar um objeto de um lugar para outro, no mesmo nível mas do outro lado de um monte, poderíamos empurrá-lo por cima do monte, mas isso requer o acréscimo de certa energia. Assim, a maioria das reações químicas não ocorre, devido à denominada *energia de ativação* obstruindo a passagem. O acréscimo de um átomo extra à nossa substância química requer que o *aproximemos* o suficiente para que possa ocorrer uma reorganização; então ele aderirá. Mas se não conseguirmos dotá-lo de energia suficiente para que se aproxime o bastante, não irá até o fim, mas simplesmente subirá um trecho do "monte" e descerá de novo. Contudo, se pudéssemos literalmente pegar as moléculas em nossas mãos e empurrar e puxar os átomos de modo a abrir um buraco para deixar o novo átomo entrar, e depois deixá-lo saltar de volta, teríamos encontrado outro caminho *ao redor* do monte que não requereria energia extra, e a reação ocorreria facilmente. Ora, na verdade *existem* nas células moléculas *muito* grandes, bem maiores do que aquelas cujas mudanças vimos descrevendo, que de certa forma complicada mantêm as moléculas menores da forma certa para que a reação possa ocorrer com facilidade. Essas coisas enormes e complicadas denominam-se *enzimas*. (Elas foram primeiro chamadas de fermentos, porque originalmente foram descobertas na fermentação do açúcar. Na verdade, algumas das primeiras reações do ciclo foram descobertas ali.) Na presença de uma enzima, a reação ocorrerá.

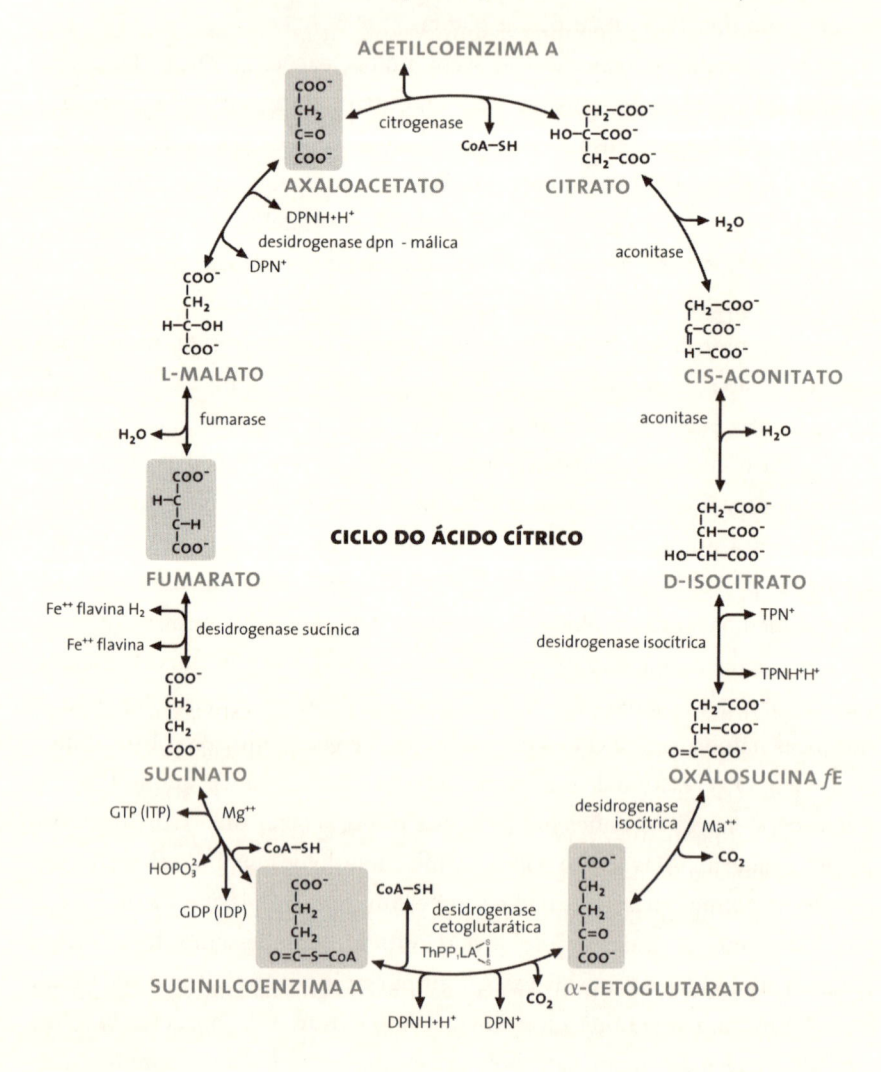

FIGURA 3-1 O ciclo de Krebs.

Uma enzima é feita de uma outra substância chamada *proteína*. As enzimas são enormes e complicadas e cada uma é diferente, cada uma formada para controlar certa reação especial. Os nomes das enzimas estão escritos, na Figura 3-1, em cada reação. (Às vezes, a mesma enzima pode controlar duas reações.) Enfatizamos que as próprias enzimas não estão envolvidas diretamente na reação. Elas não se transformam; apenas deixam um átomo ir de um lugar para outro. Feito isso, a enzima está pronta para fazê-lo com a próxima molécula, como uma máquina em uma fábrica. Sem dúvida, deve haver um suprimento de certos átomos e uma forma de desfazer-se de outros átomos. Tomemos o hidrogênio, por exemplo: enzimas com unidades especiais transportam o hidrogênio para todas as reações químicas. Por exemplo, três ou quatro enzimas redutoras de hidrogênio são usadas em todo o nosso ciclo em diferentes locais. É interessante que o mecanismo que libera certo hidrogênio em um lugar tomará esse hidrogênio e o usará em outro lugar.

A característica mais importante do ciclo da Figura 3-1 é a transformação de GDP em GTP (guanadina-difosfato em guanadina-trifosfato), porque a segunda substância tem muito mais energia do que a primeira. Assim como há uma "caixa" em certas enzimas para transportar átomos de hidrogênio, existem caixas especiais transportadoras de *energia* que envolvem o grupo trifosfato. Assim, GTP possui mais energia do que GDP e, se o ciclo evoluir em uma direção, estaremos produzindo moléculas com energia extra e que poderão impelir algum outro ciclo que *requeira* energia, a exemplo da contração do músculo. O músculo só se contrairá se houver GTP. Se tomarmos fibra de músculo, mergulharmos na água e adicionarmos GTP, as fibras se contrairão, transformando GTP em GDP se as enzimas certas estiverem presentes. Assim, o verdadeiro sistema está na transformação GDP-GTP; no escuro, o GTP armazenado durante o dia é usado para acionar todo o ciclo na direção contrária. Uma enzima, veja bem, não se importa com a direção da reação, pois isso violaria uma das leis da física.

A física é de grande importância na biologia e em outras ciências por ainda outra razão associada às *técnicas experimentais*. Na verdade, não fosse o grande desenvolvimento da física experimental, essas tabelas bioquímicas não seriam conhecidas atualmente. A razão é que a ferramenta mais útil para analisar esse sistema fantasticamente complexo é *marcar* os átomos usados nas reações. Assim, se pudéssemos introduzir no ciclo algum dióxido de carbono com uma "marca verde" e, depois, medir sua localização após três segundos, dez segundos etc., conseguiríamos rastrear o desenrolar das reações. Que são as "marcas verdes"? São diferentes *isótopos*. Lembremos que as propriedades químicas dos átomos são determinadas pelo número de *elétrons*, e não pela massa do núcleo. Mas, por exemplo, o carbono pode ter seis nêutrons ou sete nêutrons, junto com os seis prótons que todos os núcleos de carbono possuem. Quimicamente, os dois átomos C^{12} e C^{13} são idênticos, mas diferem no peso e têm diferentes propriedades nucleares, de modo que são distinguíveis. Usando esses isótopos de diferentes pesos, ou mesmo isótopos radioativos como C^{14}, que oferecem um meio mais sensível de rastrear quantidades muito pequenas, é possível rastrear as reações.

Agora, retornemos à descrição de enzimas e proteínas. Nem toda proteína é uma enzima, mas todas as enzimas são proteínas. Há muitas proteínas, como as proteínas nos músculos, as proteínas estruturais presentes, por exemplo, em cartilagens, cabelos, pele etc., que não são elas próprias enzimas. Contudo, as proteínas são uma substância muito característica da vida: em primeiro lugar, constituem todas as enzimas e, segundo, constituem grande parte do resto do material vivo. As proteínas têm uma estrutura muito interessante e simples. São uma série, ou cadeia, de diferentes *aminoácidos*. Há vinte diferentes aminoácidos, e todos podem se combinar entre si para formar cadeias cuja espinha dorsal é CO-NH etc. As proteínas não passam de cadeias de vários desses vinte aminoácidos. Cada um dos aminoácidos provavelmente tem um propósito especial. Alguns, por exemplo, possuem um átomo de enxofre em certo lugar; quando dois átomos de enxofre estão na mesma proteína, formam um elo, ou seja, fecham a cadeia em dois pontos e formam um circuito. Outro possui átomos extras de oxigênio que o tornam uma substância ácida, outro tem uma característica básica. Alguns deles têm grandes grupos pendendo para um lado, de modo que ocupam muito espaço. Um dos aminoácidos, denominado prolene, não é realmente um aminoácido, mas um iminoácido. Há uma ligeira diferença, com o resultado de que quando prolene está na cadeia, há uma torção nela. Se quiséssemos produzir uma proteína específica, daríamos estas instruções: ponha um desses ganchos de enxofre aqui; depois, acrescente algo para tomar espaço; em seguida anexe algo para pôr uma torção na cadeia. Desse modo, obteremos uma cadeia de aspecto complicado, presa por um gancho e com certa estrutura complexa;

esta é supostamente a maneira como todas as diferentes enzimas se constituem. Um dos grandes triunfos nos tempos recentes (desde 1960) foi descobrir enfim o arranjo atômico espacial de certas proteínas, que envolve cerca de 56 ou 60 aminoácidos em uma fileira. Mais de mil átomos (exatamente mais de dois mil, se contarmos os átomos de hidrogênio) foram localizados em um padrão complexo em duas proteínas. A primeira foi a hemoglobina. Um dos aspectos tristes dessa descoberta é que não conseguimos concluir nada do padrão; não entendemos por que funciona do modo que funciona. Sem dúvida, esse será o próximo problema a ser abordado.

Outro problema é: como as enzimas sabem o que devem ser? Uma mosca de olhos vermelhos gera um bebê mosca de olhos vermelhos; assim, a informação para todo o padrão de enzimas de produzir pigmento vermelho deve ser transmitida de uma mosca para a próxima. Isto se dá através de uma substância no núcleo da célula, que não é uma proteína, chamada DNA (ácido desoxirribonucleico). Trata-se da substância-chave passada de uma célula para outra (por exemplo, as células do espermatozoide consistem em grande parte em DNA) e que transmite a informação de como produzir as enzimas. O DNA é o "projeto". Qual o aspecto do projeto e como funciona? Primeiro, o projeto deve ser capaz de se reproduzir. Segundo, deve ser capaz de instruir a proteína. Quanto à reprodução, podemos pensar que se assemelha à reprodução celular. As células simplesmente crescem e, depois, dividem-se pela metade. Será que as moléculas de DNA também crescem e se dividem pela metade? Claro que um *átomo* não cresce nem se divide pela metade! Não, uma molécula só pode ser reproduzida por um modo mais engenhoso.

A estrutura da substância DNA foi estudada por muito tempo, primeiro quimicamente, para se descobrir a composição, e, depois, com raios X, para se descobrir o padrão no espaço. O resultado foi uma descoberta notável: a molécula de DNA é um par de cadeias, enlaçadas uma na outra. A espinha dorsal de cada uma dessas cadeias, análogas às cadeias de proteínas, embora quimicamente diferentes, é uma série de grupos de açúcar e fosfato, como mostra a Figura 3-2. Agora vemos como a cadeia consegue conter instruções, pois se pudéssemos dividir esta cadeia ao meio, teríamos uma série *BAADC...* e todo ser vivo poderia ter uma série diferente. Assim talvez, de certa forma, as *instruções* específicas para a produção de proteínas estão contidas na *série* específica do DNA.

Associados a cada açúcar ao longo da linha e ligando as duas cadeias entre si estão certos pares de elos transversais. Porém, não são todos da mesma espécie; há quatro espécies, chamadas adenina, timina, citosina e guanina, mas as chamemos de A, B, C e D. O interessante é que apenas certos pares podem estar juntos, por exemplo: A com B e C com D. Esses pares são dispostos nas duas cadeias de modo a "combinar entre si" e têm uma forte energia de interação. C, porém, não combina com A e B não combina com C; eles só combinam em pares, A com B e C com D. Portanto, se um for C, o outro terá de ser D etc. Quaisquer que sejam as letras em uma cadeia, cada uma deverá ter sua letra complementar específica na outra cadeia.

E quanto à reprodução? Suponhamos que dividimos essa cadeia em duas. Como produzir outra exatamente igual? Se, nas substâncias das células, houver um departamento de fabricação que produza fosfato, açúcar e unidades A, B, C, D não associadas em uma cadeia, as únicas que se adaptarão à nossa cadeia dividida serão as corretas, os complementos de $BAADC$..., quais sejam, $ABBCD$... Assim, o que ocorre é que a cadeia se divide pela metade durante a divisão da célula, metade ficando com uma célula, a outra metade indo parar na outra célula; quando separadas, uma nova cadeia complementar é produzida por cada semicadeia.

Depois vem a pergunta: precisamente, como a ordem das unidades A, B, C, D determina o arranjo dos aminoácidos na proteína? Este é o principal problema não resolvido até hoje na biologia. As primeiras pistas, ou fragmentos de informação, são: a célula contém partículas minúsculas chamadas microssomos, e sabe-se agora que é o lugar onde as proteínas são produzidas. Mas os microssomos não estão no núcleo, onde estão o DNA e suas instruções. Algo parece estar errado. Contudo, sabe-se também que pequenos fragmentos de molécula desprendem-se do DNA – não tão longos como a grande molécula DNA que carrega todas as informações, mas como uma pequena seção dela. Denomina-se RNA, mas isso não é essencial. É uma espécie de cópia do DNA, uma cópia pequena. O RNA, que de algum modo conduz uma mensagem do tipo de proteína a produzir, passa para o microssomo; isto se sabe. Ao chegar lá, a proteína é sintetizada no microssomo. Isto também se sabe. Entretanto, ainda são desconhecidos os detalhes de como os aminoácidos entram e são dispostos de acordo com um código que está no RNA. Não sabemos interpretá-lo. Se conhecêssemos, por exemplo, a sequência A, B, C, C, A, não saberíamos dizer que proteína deve ser produzida.

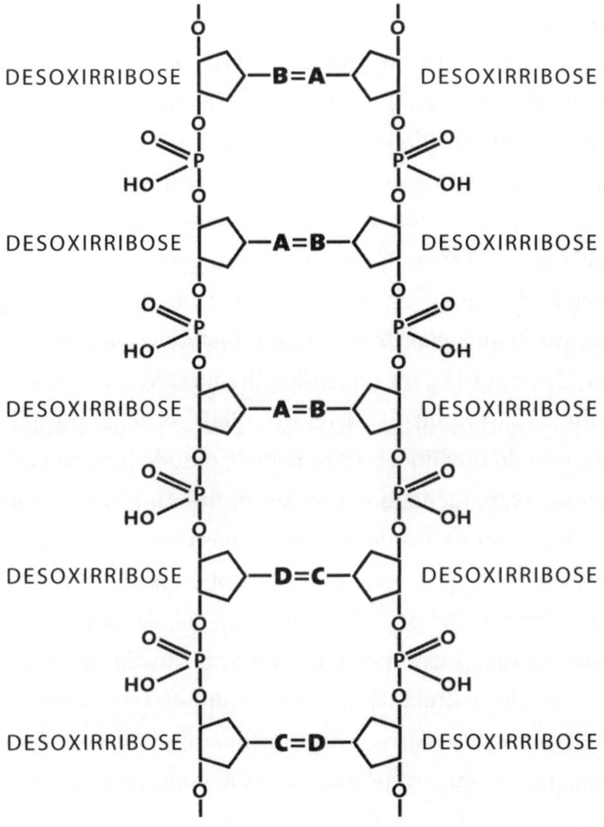

FIGURA 3-2 Diagrama esquemático do DNA.

Decerto, nenhuma disciplina ou campo realiza mais progresso em tantas frentes no presente momento do que a biologia, e se apontássemos a mais poderosa de todas as hipóteses, que nos faz avançar cada vez mais na tentativa de entender a vida, seria a de que *todas as coisas se constituem de átomos* e que todas as ações dos seres vivos podem ser compreendidas em termos do zigue-zague e da agitação dos átomos.

3.4 Astronomia

Nesta explicação a jato do mundo inteiro, devemos nos voltar agora à astronomia. É mais antiga do que a física. Na verdade, deu origem à física ao revelar a bela simplicidade do movimento das estrelas e dos planetas, cuja compreensão foi o *início* da física. A mais notável descoberta, porém, em toda a astronomia é o fato de que *as estrelas se constituem de átomos da mesma espécie dos da Terra.*[3] Como se chegou a isso? Os átomos liberam luz com frequências definidas, algo como o timbre de um instrumento musical, que tem tons ou frequências de som definidos. Ao ouvirmos diferentes tons, conseguimos distingui-los, mas quando olhamos para uma mistura de cores, não conseguimos distinguir as partes das quais foi feita, porque o olho está longe da precisão do ouvido a esse respeito. Contudo, um espectroscópio *permite-nos* analisar as frequências das ondas luminosas e, desse modo, podemos discernir as melodias dos átomos que estão nas diferentes estrelas. Na verdade, dois dos elementos químicos foram descobertos em uma estrela antes de detectados na Terra. O hélio foi descoberto no Sol, daí seu nome, e o tecnécio foi descoberto em certas estrelas frias. Isto sem dúvida permite-nos avançar na compreensão das estrelas, por serem compostas dos mesmos tipos de átomo que estão sobre a Terra. Mas sabemos muita coisa sobre os átomos, sobretudo quanto ao seu comportamento sob condições de alta temperatura mas densidade não muito grande, o que permite analisar por meio da mecânica estatística o comportamento da substância estelar. Embora não possamos reproduzir as condições na Terra, as leis físicas básicas muitas vezes permitem prever precisamente, ou quase, o que acontecerá. É assim que a física ajuda a astronomia. Por estranho que pareça, entendemos a distribuição de matéria

---

[3] Uau, que pressa! Quanta coisa contém nesta breve história. "As estrelas são feitas dos mesmos átomos que a Terra." Normalmente, escolho um pequeno tema como este para dar uma palestra. Dizem os poetas que a ciência retira a beleza das estrelas – meros globos de átomos de gás. Nada é "mero". Também sei contemplar as estrelas em uma noite no deserto e senti-las. Será que vejo menos ou mais? A vastidão do firmamento expande minha imaginação – preso neste carrossel, meu olhinho consegue captar luz com um milhão de anos. Um vasto padrão – do qual faço parte –, talvez minha matéria tenha sido expelida por alguma estrela esquecida, como uma está expelindo ali. Ou vê-las com o olho maior do observatório de Palomar, afastando-se céleres de algum ponto inicial comum onde estiveram talvez todas reunidas. Qual o padrão, o significado, o *porquê*? Não prejudica o mistério saber um pouco sobre ele. Pois a verdade é mui mais maravilhosa do que qualquer artista do passado imaginou! Por que os poetas do presente não falam a respeito? Que poetas são esses capazes de falar de Júpiter como se fosse um homem, mas que se for uma imensa esfera girante de metano e amônia têm de se calar?

no interior do Sol bem melhor do que entendemos o interior da Terra. O que acontece *dentro* de uma estrela é mais bem compreendido do que se poderia imaginar pela dificuldade de examinar um pontinho de luz com o auxílio de um telescópio, pois na maioria das circunstâncias podemos *calcular* o que os átomos nas estrelas deveriam fazer.

Uma das descobertas mais impressionantes foi a origem da energia das estrelas, o que as faz continuar a queimar. Um dos autores da descoberta passeava com a namorada à noite após perceber que deviam estar ocorrendo *reações nucleares* nas estrelas para fazê-las brilhar. Observou a namorada: "Olhe como está bonito o brilho das estrelas!" Respondeu ele: "Sim, e neste momento, sou o único homem do mundo que sabe *por que* elas brilham." Ela simplesmente riu-se dele, sem se impressionar com o fato de estar saindo com o único homem que, naquele momento, sabia por que as estrelas brilham. Bem, é triste estar só, mas o mundo é assim.

É a "queima" nuclear de hidrogênio que fornece a energia do Sol; o hidrogênio converte-se em hélio. Além disso, em última análise, a produção de vários elementos químicos ocorre nos centros das estrelas, a partir do hidrogênio. O material de que *nós* somos constituídos foi "cozido" outrora em uma estrela e expelido. Como sabemos? Devido a uma pista. A proporção dos diferentes isótopos – que quantidade de C^{12}, de C^{13} etc. é algo nunca modificado por reações *químicas*, porque estas são idênticas em ambos. As proporções são puramente o resultado de reações *nucleares*. Examinando as proporções dos isótopos nas cinzas frias e mortas que nós somos, podemos descobrir como foi a *fornalha* em que se formou o material de que somos constituídos. Essa fornalha foi como as estrelas, sendo portanto muito provável que nossos elementos fossem "produzidos" nas estrelas e expelidos nas explosões que denominamos novas e supernovas. A astronomia está tão próxima da física que estudaremos vários fatos astronômicos ao avançarmos.

3.5 Geologia

Voltemo-nos agora às chamadas *ciências da terra* ou *geologia*. Primeiro, a meteorologia e o tempo. É claro que os *instrumentos* da meteorologia são instrumentos físicos, e o desenvolvimento da física experimental tornou possíveis esses instrumentos, como já foi explicado. No entanto, a teoria da meteorologia nunca foi satisfatoriamente formulada pelos físicos. "Bem", observará o leitor, "não há nada a não ser ar, e conhecemos as equações dos movimentos do ar". Conhecemos, sim. "Assim, se conhecemos a condição do ar hoje, por que não conseguimos descobrir a condição do ar amanhã?" Primeiro, não sabemos *realmente* qual é a condição hoje, pois o ar está rodopiando e serpenteando por toda parte. Ele se revela muito sensível e mesmo instável. Se você já viu água fluindo suavemente sobre uma represa e, depois, transformar-se em um grande número de bolhas e gotas ao cair, entenderá o que quero dizer por instável. Você conhece a condição da água antes de transpor o vertedouro; ela está totalmente tranquila; mas no momento em que começa a cair, onde começam as gotas? O que determina quão grandes serão as massas d'água e onde estarão? Isto não se sabe, porque a água é instável. Mesmo uma massa de ar em movimento suave sobre uma montanha transforma-se em complexos redemoinhos e turbilhões. Em muitos campos encontramos essa situação de *fluxo turbulento* que não sabemos analisar. Rapidamente, deixemos o tema do clima para discutir geologia!

A questão básica da geologia é: o que faz a Terra ser do jeito que é? Os processos mais óbvios estão diante de nossos próprios olhos, os processos de erosão dos rios, dos ventos etc. É fácil entendê-los, mas para cada bocado de erosão ocorre uma quantidade igual de outra coisa. As montanhas não são mais baixas atualmente, em média, do que no passado. Deve haver processos de *formação* de montanhas. Quem estudar geologia descobrirá que *há* processos formadores de montanhas e vulcanismo que ninguém compreende, mas que constituem metade da geologia. O fenômeno dos vulcões realmente não é compreendido. O que provoca um terremoto em última análise não é compreendido. Sabe-se que, se algo estiver empurrando outra coisa, esta se desprenderá e deslizará – até aqui, tudo bem. Mas o que empurra e por quê? A teoria é que existem correntes dentro da Terra – correntes em circulação, devido à diferença de temperatura dentro e fora – que, em seu movimento, empurram ligeiramente a superfície. Assim, se houver duas circulações opostas próximas entre si, a matéria se acumulará na região onde elas se encontram e formará faixas de montanhas em terríveis condições de pressão, produzindo assim vulcões e terremotos.

E quanto ao interior da Terra? Muito se sabe sobre a velocidade das ondas de terremotos através da Terra e a densidade de distribuição da Terra. Contudo, os físicos não conseguiram obter uma boa teoria de quão densa uma substância deveria ser às pressões esperadas no centro da Terra. Em outras palavras, não conseguimos deslindar muito bem as propriedades da matéria nessas circunstâncias. Saímo-nos pior com a Terra do que com as condições da matéria nas estrelas. A matemática envolvida até agora parece um tanto difícil demais, mas talvez não decorra muito tempo até alguém perceber tratar-se de um problema importante e realmente solucioná-lo. O outro aspecto, claro, é que, mesmo que soubéssemos a densidade, não conseguiríamos entender as correntes em circulação. Tampouco conseguimos realmente formular as propriedades das rochas a alta pressão. Não sabemos com que rapidez as rochas devem "ceder"; tudo isso terá de ser descoberto por experiência.

3.6 Psicologia

Examinemos agora a ciência da *psicologia*. Por sinal, a psicanálise não é uma ciência; na melhor das hipóteses, é um processo médico, e talvez se aproxime mais do curandeirismo. Ela tem uma teoria sobre a causa da doença – vários "espíritos" diferentes etc. O curandeiro tem uma teoria de que uma doença como a malária é causada por um espírito que aparece no ar; ela não é curada agitando-se uma cobra sobre o paciente, mas o quinino pode ajudar. Assim, se você estiver doente, eu recomendaria que procurasse o curandeiro, pois se trata do homem na tribo que conhece melhor a doença; por outro lado, seu conhecimento não é ciência. A psicanálise não foi verificada cuidadosamente pela experiência e não há como obter uma lista do número de casos em que funciona, o número de casos em que não funciona etc.

Os outros ramos da psicologia, que envolvem coisas como a fisiologia da sensação – o que acontece no olho, no cérebro –, são, se você quiser, menos interessantes. Entretanto, algum progresso pequeno mas real tem sido feito no seu estudo. Um dos problemas técnicos mais interessantes pode ou não ser chamado de psicologia. O problema central da mente, se você quiser, ou do sistema nervoso, é este: quando um animal aprende algo, passa a fazer algo diferente de antes e sua célula cerebral deve ter mudado também, caso se constitua de átomos. *Qual a diferença na célula?* Não sabemos onde procurar ou o que procurar quando algo é memorizado. Não sabemos o que significa o aprendizado de um fato ou que mudança provoca no sistema nervoso. Trata-se de um problema muito importante ainda sem solução. Supondo, porém, que exista algum tipo de local da memória, o cérebro é uma massa tão enorme de fios e nervos interligados que provavelmente não poderá ser analisado de maneira direta. Há uma analogia disso com os computadores e os elementos da computação, também dotados de um emaranhado de linhas e algum tipo de elemento semelhante talvez à sinapse, a conexão de um nervo com outro. Este é um assunto interessantíssimo que não temos tempo de discutir mais detalhadamente – a relação entre o pensamento e os computadores. Deve-se reconhecer, é claro, que esse assunto pouco nos informará sobre as verdadeiras complexidades do comportamento humano normal. Todos os seres humanos são diferentes. Muito tempo passará até chegarmos lá. Temos de começar muito aquém. Se pudéssemos ao menos descobrir como funciona um *cão*, teríamos ido bem longe. Os cães são mais fáceis de entender, mas ninguém sabe ainda como funcionam os cães.

3.7 Como evoluíram as coisas?

Para que a física seja útil às outras ciências de forma *teórica*, e não apenas na invenção de instrumentos, a ciência em questão deve fornecer ao físico uma descrição do objeto em uma linguagem do físico. Se perguntarem "por que um sapo pula?", o físico não saberá responder. Mas se lhe disserem em que consiste um sapo, que há tantas moléculas, um nervo aqui etc., a situação será outra. Se nos disserem, mais ou menos, como é a Terra ou como são as estrelas, poderemos entendê-las. Para a teoria física ter alguma utilidade, precisamos saber onde se localizam os átomos. Para entender a química, precisamos saber exatamente que átomos estão presentes, senão não conseguiremos analisá-la. Esta é apenas uma das limitações, é claro.

Há outro *tipo* de problema nas ciências irmãs inexistente na física; poderíamos denominá-lo, na falta de um termo melhor, de questão histórica. Como evoluíram as coisas? Se entendermos tudo sobre biologia, quereremos saber como todas as coisas na Terra chegaram lá. Há a teoria da evolução, uma parte importante da biologia. Na geologia, queremos saber não apenas como as montanhas estão se formando, mas como a Terra toda se formou no início, a origem do sistema solar etc. Isto, é claro, nos faz querer saber que tipo de matéria havia no mundo. Como evoluíram as estrelas? Quais foram as condições iniciais? Este é o problema da história astronômica. Muita coisa foi descoberta sobre a formação das estrelas, a formação dos elementos de que fomos constituídos e mesmo um pouco sobre a origem do universo.

Não há questão histórica sendo estudada na física no presente momento. Não temos uma questão: "Eis as leis da física, como foi que evoluíram?" Não imaginamos, no momento, que as leis da física estejam de algum modo mudando com o tempo, que no passado foram diferentes do que são no presente. Claro que *podem* ser e, no momento em que descobrirmos que *são*, a questão histórica da física será pesquisada com o restante da história do universo e os físicos estarão falando dos mesmos problemas de astrônomos, geólogos e biólogos.

Finalmente, há um problema físico comum a vários campos, bem antigo e ainda sem solução. Não é o problema de encontrar novas partículas fundamentais, mas algo remanescente de muito tempo atrás – mais de cem anos. Ninguém em física conseguiu analisá-lo matematicamente de forma satisfatória, apesar de sua importância para as ciências irmãs. É a análise dos *fluidos circulantes ou turbulentos*. Se observarmos a evolução de uma estrela, chegará um ponto em que poderemos deduzir que ela iniciará a convecção, e a partir daí não conseguiremos mais deduzir o que deverá acontecer. Alguns milhões de anos depois, a estrela explodirá, mas não conseguimos descobrir a razão. Não conseguimos analisar o clima. Não conhecemos os padrões dos movimentos que deveriam existir dentro da Terra. A forma mais simples do problema é apanhar um tubo bem comprido e impelir água por ele a alta velocidade. Perguntamos: para impelir dada quantidade de água pelo tubo, quanta pressão é necessária? Ninguém consegue analisá-lo a partir de primeiros princípios e das propriedades da água. Se a água fluir devagarzinho, ou se usarmos uma substância viscosa como o mel, poderemos fazê-lo perfeitamente. Está em qualquer livro-texto. O que realmente não conseguimos é lidar com água real, molhada, correndo pelo tubo. Este é o problema central que deveríamos solucionar um dia e ainda não o fizemos.

Disse certa vez um poeta: "Todo o universo está em um copo de vinho." Provavelmente jamais saberemos o que ele quis dizer, pois os poetas não escrevem para ser entendidos. Mas é verdade que, se examinarmos um copo de vinho bem de perto, veremos todo o universo. Há as coisas da física: o líquido vivo que evapora dependendo do vento e do clima, os reflexos no copo e nossa imaginação acrescentam os átomos. O copo é uma destilação das rochas da Terra e, em sua composição, vemos os segredos da idade do universo e da evolução das estrelas. Que estranho arranjo de substâncias químicas está no vinho? Como vieram à existência? Há os fermentos, as enzimas, os substratos e os produtos. Ali no vinho encontra-se a maior generalização: toda vida é fermentação. Ninguém descobre a química do vinho sem perceber, como Louis Pasteur, a causa de muitas doenças. Como é vivo o clarete, impondo sua existência à consciência que o observa! Se nossas pequenas mentes, por alguma conveniência, dividem esse copo de vinho, o universo, em partes – física, biologia, geologia, astronomia, psicologia e assim por diante –, lembre-se de que a natureza não sabe disso! Assim, reunamos tudo de volta, sem esquecer para que serve, afinal. Que nos conceda mais um último prazer: bebê-lo e esquecer tudo isso!

4 | Conservação da energia

4.1 O que é energia?

Neste capítulo, começamos nosso estudo mais detalhado dos diferentes aspectos da física, tendo terminado nossa descrição de coisas em geral. Para ilustrar as ideias e o tipo de raciocínio que poderiam ser usados na física teórica, examinaremos agora uma das leis mais básicas da física, a conservação da energia.

Existe um fato ou, se você preferir, uma *lei* que governa todos os fenômenos naturais conhecidos até agora. Não se conhece nenhuma exceção a essa lei – ela é exata, pelo que sabemos. A lei chama-se *conservação da energia*. Segundo ela, há certa quantidade, denominada energia, que não muda nas múltiplas modificações pelas quais passa a natureza. Trata-se de uma ideia extremamente abstrata, por ser um princípio matemático; diz que há uma grandeza numérica que não se altera quando algo acontece. Não é a descrição de um mecanismo ou de algo concreto; é apenas um fato estranho de que podemos calcular certo número e, quando terminamos de observar a natureza em suas peripécias e calculamos o número de novo, ele é o mesmo. (Algo como o bispo na casa branca que, após um número de lances – cujos detalhes ignoramos –, continua na casa branca. É uma lei desta natureza.) Por ser uma ideia abstrata, ilustraremos seu significado por uma analogia.

Imagine uma criança, talvez "Dênis, o Pimentinha", que possui cubos absolutamente indestrutíveis e que não podem ser divididos em pedaços. Todos são idênticos. Suponhamos que possui 28 cubos. Sua mãe o coloca com seus 28 cubos em um quarto no início do dia. No final do dia, sendo curiosa, ela conta os cubos com cuidado e descobre uma lei fenomenal – não importa o que ele faça com os cubos, restam sempre 28! Isto prossegue por vários dias, até que um belo dia só há 27 cubos, mas uma pequena investigação mostra que um deles foi parar debaixo do tapete – ela tem de procurar por toda parte para se assegurar de que o número de cubos não mudou. Um dia, porém, o número parece mudar – só há 26 cubos. Uma investigação cuidadosa indica que a janela foi aberta e, após uma procura lá fora, os outros dois cubos são encontrados. Em outro dia, uma contagem cuidadosa indica que há trinta cubos! Isto causa uma consternação considerável, até que se descobre que Bruce fez uma visita, trazendo consigo seus cubos, e deixou alguns na casa de Dênis. Depois de se desfazer dos cubos extras, a mãe fecha a janela, não deixa Bruce entrar e, então, tudo vai às mil maravilhas, até que um dia ela conta os cubos e só encontra 25. Entretanto, há uma caixa no quarto, uma caixa de brinquedos, e, quando a mãe tenta abri-la, o menino protesta: "Não, não abra minha caixa de brinquedos." A mãe não pode abrir a caixa de brinquedos. Sendo extremamente curiosa e um tanto engenhosa, ela inventa um truque! Ela sabe que um cubo pesa 84 gramas; assim, pesa a caixa certa vez em que vê 28 cubos e descobre que seu peso são 448 gramas. Da próxima vez que quiser verificar o número de cubos, pesa a caixa de novo, subtrai 448 gramas e divide o resultado por 84. Descobre o seguinte:

$$\left(\begin{array}{c}\text{número de}\\ \text{cubos vistos}\end{array}\right) + \frac{\left(\text{peso da caixa}\right) - 448 \text{ gramas}}{84 \text{ gramas}} = \text{constante} \quad (4.1)$$

Passado algum tempo, parece haver novo desvio, mas um exame cuidadoso indica que a água suja na banheira está mudando de nível. O menino está jogando cubos na água e ela não consegue vê-los devido à sujeira, mas consegue descobrir quantos cubos há na água acrescentando outro termo à fórmula. Como a altura original da água era de 15 centímetros e cada cubo eleva a água meio centímetro, a nova fórmula seria:

$$\left(\begin{array}{c}\text{número de}\\ \text{cubos vistos}\end{array}\right) + \frac{\left(\text{peso da caixa}\right) - 448 \text{ gramas}}{84 \text{ gramas}} \\ + \frac{\left(\text{altura da água}\right) - 15 \text{ centímetros}}{1/2 \text{ centímetro}} = \text{constante} \quad (4.2)$$

Com o aumento gradual da complexidade de seu mundo, ela descobre toda uma série de termos representando meios de calcular quantos cubos estão em lugares onde ela não pode olhar. Como resultado, encontra uma fórmula complexa, uma quantidade que *tem de ser calculada* e que sempre permanece idêntica em sua situação.

Qual a analogia deste quadro com a conservação da energia? O aspecto mais notável a ser abstraído é que *não há cubos*. Se retirarmos os primeiros termos de (4.1) e (4.2), estaremos calculando coisas mais ou menos abstratas. A analogia tem os seguintes pontos. Primeiro, quando calculamos a energia, às vezes parte dela deixa o sistema e vai embora ou, outras vezes, alguma entra no sistema. Para verificar a conservação da energia, é preciso ter cuidado para não colocar ou retirar energia. Segundo, a energia tem um grande número de *formas diferentes*, e há uma fórmula para cada uma. Elas são: energia gravitacional, energia cinética, energia térmica, energia elástica, energia elétrica, energia química, energia radiante, energia nuclear, energia da massa. Se totalizarmos as fórmulas para cada uma dessas contribuições, ela não mudará, exceto quanto à energia que entra e sai.

É importante perceber que, na física atual, ignoramos o que *é* energia. Não temos um quadro de que a energia vem em pequenas gotas de magnitude definida. Não é assim. Há fórmulas, porém, para calcular certa grandeza numérica e, ao somarmos tudo, o resultado é "28" – sempre o mesmo número. É algo abstrato por não nos informar o mecanismo ou as *razões* para as diferentes fórmulas.

4.2 Energia potencial gravitacional

A conservação da energia só poderá ser compreendida se tivermos a fórmula para todas as suas formas. Gostaria de discutir a fórmula para a energia gravitacional perto da superfície da Terra e de deduzir essa fórmula de uma forma que não tem nenhuma relação com a história, mas que é simplesmente uma linha de raciocínio inventada para esta palestra específica, a fim de ilustrar o fato notável de que muito sobre a natureza pode ser extraído de uns poucos fatos e um raciocínio cuidadoso. É uma ilustração do tipo de trabalho com que se envolvem os físicos teóricos. Baseia-se no excelente argumento de Carnot da eficiência das máquinas a vapor.[4]

---

[4] O que nos interessa aqui é menos o resultado (4.3), que o leitor talvez já conheça, do que a possibilidade de chegar a ele por argumentação teórica.

Consideremos as máquinas de levantar peso – máquinas que têm a propriedade de levantar um peso abaixando outro. Formulemos uma hipótese: *não existe algo como moto-perpétuo* com essas máquinas de levantar peso. (Na verdade, que não existe nenhum moto-perpétuo é um enunciado geral da lei da conservação da energia.) Precisamos ter cuidado ao definir moto-perpétuo. Primeiro, façamo-lo para máquinas de levantar peso. Se, quando tivermos levantado e abaixado uma série de pesos e restaurado a máquina à condição original, descobrirmos que o resultado final foi o *levantamento de um peso*, teremos uma máquina de moto-perpétuo, pois poderemos usar aquele peso levantado para acionar outra coisa. Ou seja, *contanto que* a máquina que levantou o peso seja trazida de volta à *condição original* exata e, além disso, que seja completamente *independente* – que não tenha recebido de alguma fonte externa a energia para levantar aquele peso, a exemplo dos cubos de Bruce.

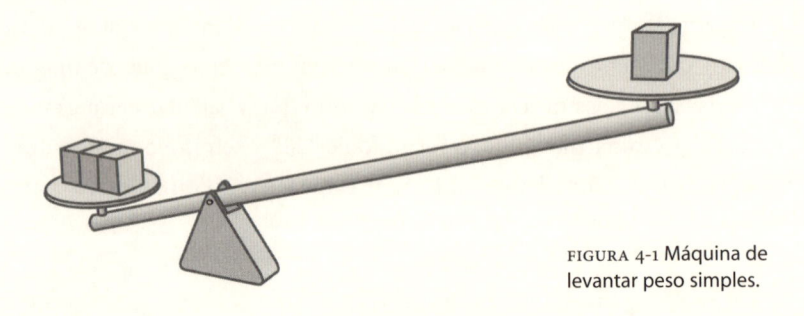

FIGURA 4-1 Máquina de levantar peso simples.

Uma máquina de levantar peso muito simples é mostrada na Figura 4-1. Esta máquina levanta pesos "fortes" de três unidades. Colocamos três unidades em um prato da balança e uma unidade no outro. Entretanto, para que funcione realmente, temos de tirar um pequeno peso do prato da esquerda. Por outro lado, poderíamos tirar um peso de uma unidade abaixando o peso de três unidades, se recorrêssemos ao expediente de tirar um pequeno peso do outro prato. Percebemos que, com qualquer máquina de levantar peso *real*, temos de acrescentar um pequeno peso extra para fazê-la funcionar. Desprezaremos este fato *temporariamente*. Máquinas ideais, embora não existam, não necessitam de nada extra. Uma máquina que realmente usemos pode ser, em certo sentido, *quase* reversível: ou seja, se levantar o peso de três abaixando um peso de um, também levantará quase o peso de um à mesma altura abaixando o peso de três.

Imaginemos que há duas classes de máquinas, as *não* reversíveis, que incluem todas as máquinas reais, e as que *são* reversíveis, que na verdade não são obteníveis, por mais cuidadosamente que projetemos nossos mancais, alavancas etc. Suponhamos, porém, que existe tal coisa – uma máquina reversível –, que abaixa uma unidade de peso (um quilo ou qualquer outra unidade) por uma unidade de distância e, ao mesmo tempo, levanta um peso de três unidades. Denominemos essa máquina reversível de máquina A. Suponhamos que essa máquina reversível específica levante o peso de três unidades por uma distância X. Depois, suponhamos que temos outra máquina, a máquina B, que não é necessariamente reversível e que também abaixa um peso unitário por uma distância unitária, mas que levanta três unidades por uma distância Y. Podemos agora provar que Y não é mais alto do que X; ou seja, é impossível construir uma máquina que levante um peso *mais alto* do que será levantado por uma máquina reversível. Vejamos por quê. Suponhamos que Y fosse mais alto do que X. Tomamos um peso de uma unidade e o abaixamos por uma altura de uma unidade com a máquina B, o que levanta o peso de três unidades por uma distância Y. Então, poderíamos abaixar o peso de Y para X, *obtendo energia grátis*, e usar a máquina A reversível, funcionando ao contrário, para abaixar o peso de três unidades por uma distância X e levantar o peso de uma unidade por uma altura de uma unidade. Isto retornará o peso de uma unidade ao local anterior e deixará ambas as máquinas prontas para serem usadas de novo! Portanto, se Y fosse mais alto do que X, teríamos o moto-perpétuo, que consideramos impossível. Com essas suposições, deduzimos então que *Y não é mais alto do que X*, de modo que, de todas as máquinas que podem ser projetadas, a reversível é a melhor.

Podemos também observar que todas as máquinas reversíveis têm de levantar *exatamente à mesma altura*. Suponhamos que B também fosse realmente reversível. O argumento de que Y não é mais alto do que X continua igualmente válido, mas podemos também inverter o argumento, usando as máquinas na ordem oposta, e provar que *X não é mais alto do que Y*. Trata-se de uma observação incrível, pois nos permite analisar a altura em que diferentes máquinas levantarão algo *sem examinarmos o mecanismo interior*. Sabemos de cara que, se alguém produzir uma série elaboradíssima de alavancas que levantam três unidades por certa distância abaixando uma unidade por uma distância unitária e a compararmos com uma alavanca simples que faz a mesma coisa e é fundamentalmente reversível, sua máquina não as levantará mais alto, mas talvez mais baixo. Se sua máquina é reversível, podemos saber exatamente *quão* alto ela levantará. Em síntese: toda máquina reversível, não importa como funcione, que abaixa um quilo por um metro e levanta um peso de três quilos, sempre o elevará à mesma distância, X. Trata-se claramente de uma lei universal de grande utilidade. A próxima pergunta é: o que é X?

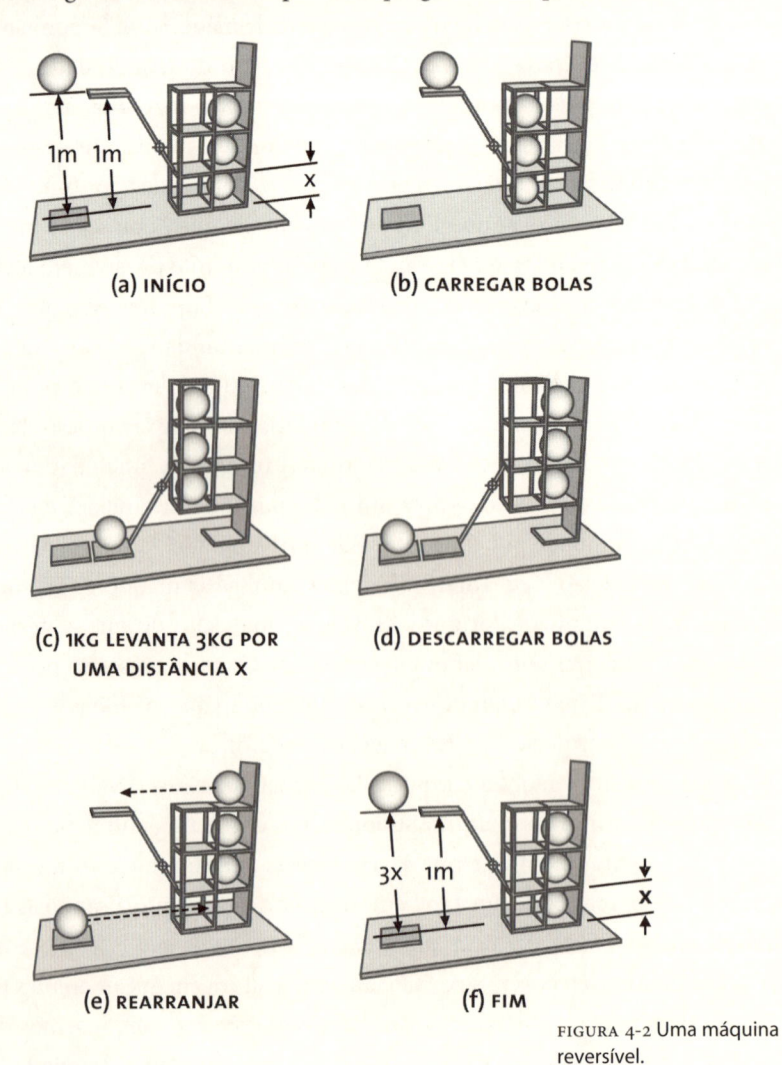

(a) INÍCIO

(b) CARREGAR BOLAS

(c) 1KG LEVANTA 3KG POR UMA DISTÂNCIA X

(d) DESCARREGAR BOLAS

(e) REARRANJAR

(f) FIM

FIGURA 4-2 Uma máquina reversível.

Suponhamos que temos uma máquina reversível que levantará três pesos a essa distância X, abaixando um. Dispomos três bolas em um compartimento fixo, como mostra a Figura 4-2. Uma bola é mantida em uma plataforma a uma distância de um metro acima do piso. A máquina consegue levantar três bolas, abaixando uma por uma distância de 1. Fizemos com que a plataforma que contém três bolas tenha um piso e duas prateleiras, espaçadas exatamente por uma distância X e, além disso, que o compartimento que contém as bolas esteja à distância X (a). Primeiro, rolamos as bolas horizontalmente do compartimento para as prateleiras (b) e supomos que isso não consome nenhuma energia por não mudarmos a altura. A máquina reversível passa então a funcionar: abaixa a bola individual até o piso e levanta o compartimento por uma distância X (c). Ora, dispusemos o compartimento engenhosamente de modo que as bolas estejam de novo niveladas com as plataformas. Assim, descarregamos as bolas para dentro do compartimento (d); tendo descarregado as bolas, podemos restaurar a máquina à condição original. Agora, temos três bolas nas três prateleiras superiores e uma no piso. Mas o estranho é que, em certo sentido, não levantamos *duas* delas porque, afinal, já havia bolas antes, nas prateleiras 2 e 3. O efeito resultante foi levantar *uma bola* por uma distância $3X$. Ora, se $3X$ exceder um metro, poderemos *abaixar* a bola para reverter a máquina à condição inicial (f) e fazer o aparato funcionar de novo. Por conseguinte, $3X$ não pode exceder um metro, senão poderemos criar um moto-perpétuo. De forma semelhante, podemos provar que *um metro não pode exceder* $3X$, fazendo a máquina toda funcionar ao inverso, pois é uma máquina reversível. Por conseguinte, $3X$ não é *maior nem menor do que um metro*, e descobrimos então, por argumento tão somente, a lei de que $X = 1/3$ metro. A generalização é clara: um quilo cai certa distância na operação de uma máquina reversível; depois, a máquina pode levantar p quilos por essa distância dividida por p. Outra maneira de formular o resultado é que três quilos vezes a altura elevada, que em nosso problema foi X, representam um quilo vezes a distância abaixada, que é um metro neste caso. Se tomarmos todos os pesos e os multiplicarmos pelas alturas em que estão agora, acima do piso, deixarmos a máquina funcionar e, depois, multiplicarmos todos os pesos por todas as alturas de novo, *não haverá mudança alguma*. (Temos de generalizar o exemplo em que deslocamos apenas um peso para o caso em que, quando abaixamos um, levantamos vários diferentes – mas isto é fácil.)

Denominamos a soma dos pesos vezes as alturas de *energia potencial gravitacional* – a energia de um objeto devido a sua posição no espaço relativo à Terra. A fórmula da energia gravitacional, então, enquanto não estivermos longe demais da Terra (a força diminui à medida que subimos), é:

energia potencial
gravitacional = (peso) x (altura)   (4.3)
para um objeto

É uma belíssima linha de raciocínio. O único problema é que talvez não seja verdadeira. (Afinal, a natureza *não tem de* concordar com nosso raciocínio.) Por exemplo, talvez o moto-perpétuo seja, de fato, possível. Algumas das hipóteses podem estar erradas ou podemos ter cometido um *erro* de raciocínio, de modo que é sempre necessário verificar. *Experimentalmente*, a fórmula revela-se de fato verdadeira.

O nome geral da energia relacionada à posição relativa a outra coisa é energia *potencial*. Neste caso específico, é claro, denomina-se *energia potencial gravitacional*. Se for uma questão de forças elétricas contra as quais estamos trabalhando, em vez de forças gravitacionais, se estivermos "levantando" cargas para longe de outras cargas com numerosas alavancas, então o conteúdo de energia se denominará *energia potencial elétrica*. O princípio geral é que a mudança na energia é a força vezes a distância em que a força é impelida, e que se trata de uma mudança na energia em geral:

(mudança na energia) = (força) x (distância na qual age a força)   (4.4)

Voltaremos a muitos desses outros tipos de energia à medida que prosseguirmos o curso.

O princípio da conservação da energia é muito útil para deduzir o que acontecerá em várias circunstâncias. No ensino médio, aprendemos várias leis sobre roldanas e alavancas usadas de diferentes formas. Vemos agora que essas "leis" são *todas a mesma coisa* e que não precisávamos memorizar 75 regras para descobri-la. Um exemplo simples é um plano inclinado uniforme que é, felizmente, um triângulo de três por quatro por cinco (Figura 4-3). Penduramos um peso de um quilo com uma roldana no plano inclinado e do outro lado da roldana, um peso *P*. Queremos saber quão pesado deve ser *P* para equilibrar o peso de um quilo no plano. Como descobri-lo? Se dissermos que está exatamente equilibrado, será reversível e, assim, poderá subir e descer, e poderemos considerar a seguinte situação. Na circunstância inicial (a), o peso de um quilo está embaixo e o peso *P*, em cima. Quando *P* deslizou para baixo de forma reversível, temos um peso de um quilo em cima e o peso *P* percorreu a distância da inclinação (b), ou cinco metros, do plano em que estava antes. *Levantamos* o peso de um quilo apenas *três* metros e abaixamos *P* quilos por *cinco* metros.

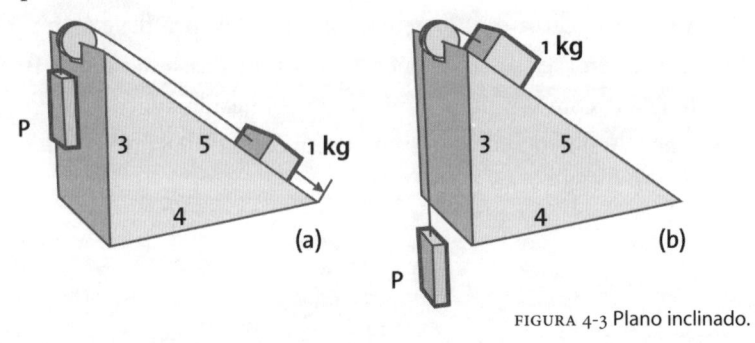

FIGURA 4-3 Plano inclinado.

Por conseguinte, *P* = 3/5 de um quilo. Observe que deduzimos este resultado da *conservação da energia*, e não de componentes da força. A perspicácia, porém, é relativa. Este resultado pode ser obtido de uma forma ainda mais brilhante, descoberta por Stevinus e gravada em sua lápide. A Figura 4-4 explica que tem de ser 3/5 de um quilo, porque a corrente não roda. É evidente que a parte inferior da corrente está equilibrada por si mesma, de modo que o puxão dos cinco pesos de um lado deve contrabalançar o puxão dos três

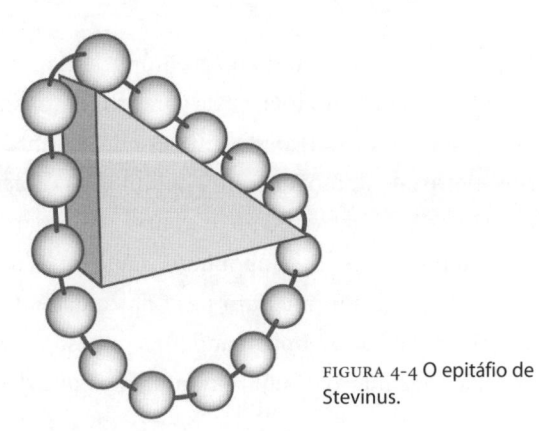

FIGURA 4-4 O epitáfio de Stevinus.

pesos do outro, ou qualquer que seja a relação entre os lados. Este diagrama mostra que *P* deve ter 3/5 de quilo. (Se você conseguir um epitáfio deste em sua lápide, bom sinal!)

Ilustremos agora o princípio da energia com um problema mais complicado: o macaco de rosca mostrado na Figura 4-5. Uma alavanca com vinte centímetros de comprimento é usada para girar o parafuso, que tem dez roscas por centímetro. Gostaríamos de saber quanta força seria necessária na alavanca para levantar uma tonelada (mil quilos). Se quisermos levantar a tonelada um centímetro, digamos, teremos de girar a alavanca dez vezes. Ao girar uma vez, ela percorre cerca de 126 centímetros. A alavanca deve assim percorrer 1.260 centímetros e, se usássemos várias roldanas, estaríamos levantando nossa tonelada com um peso *P* menor desconhecido aplicado à extremidade da alavanca. Assim, descobrimos que *P* tem cerca de 0,8 quilo. Trata-se de um resultado da conservação da energia.

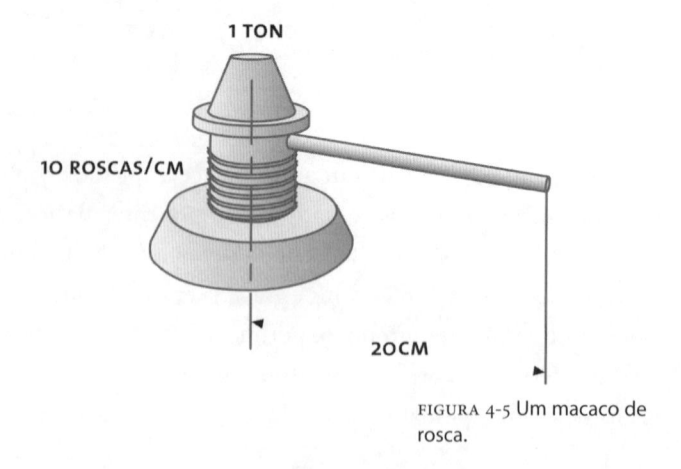

FIGURA 4-5 Um macaco de rosca.

Vejamos agora o exemplo mais complicado mostrado na Figura 4-6. Uma haste ou barra, com oito metros de comprimento, está apoiada em uma extremidade. No meio da barra está um peso de sessenta quilos e, a uma distância de dois metros do apoio, encontra-se um peso de cem quilos. Com que força temos de erguer a extremidade da barra para mantê-la equilibrada, desprezando-se o peso da barra? Suponhamos que instalamos uma roldana em uma extremidade e penduramos um peso na roldana. Qual teria de ser o peso *P* para equilibrar a barra? Imaginando que o peso cai a qualquer distância arbitrária – para facilitar o cálculo, suponhamos que desce quatro centímetros –, a que altura subiriam os dois pesos? O peso central sobe dois centímetros, e o ponto a um quarto de distância da extremidade fixa sobe um centímetro. Portanto, o princípio de que a soma das alturas vezes os pesos não se altera informa-nos que a soma do peso P vezes quatro centímetros para baixo, mais sessenta quilos vezes dois centímetros para cima, mais cem quilos vezes um centímetro deve ser igual a zero:

$$- 4P + (2)(60) + (1)(100) = 0; P = 55 \text{ kg} \qquad (4.5)$$

Assim, precisamos de um peso de 55 quilos para equilibrar a barra. Desse modo, podemos calcular as leis do "equilíbrio" – a estática de estruturas de pontes complicadas e assim por diante. Este enfoque denomina-se *princípio do trabalho virtual*, porque, para aplicar este argumento, tivemos de *imaginar* que a estrutura se desloca um pouco – embora não esteja *realmente* se movendo nem tampouco seja *móvel*. Usamos um pequeníssimo movimento imaginário para aplicar o princípio da conservação da energia.

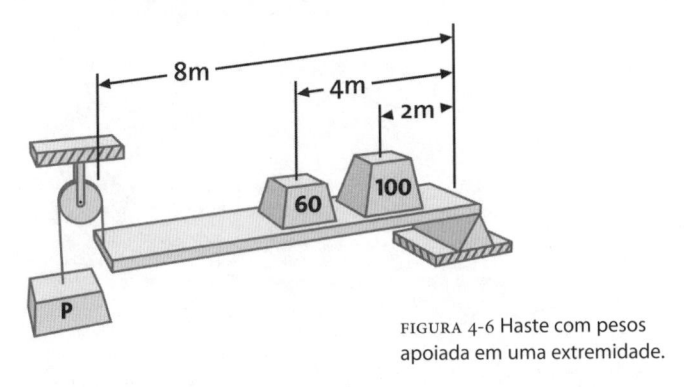

FIGURA 4-6 Haste com pesos apoiada em uma extremidade.

4.3 Energia cinética

Para ilustrar outro tipo de energia, consideremos um pêndulo (Figura 4-7). Se puxarmos a massa para o lado e a soltarmos, balançará de um lado para o outro. Em seu movimento, perderá altura ao ir de qualquer extremidade para o centro. Para onde vai a energia potencial? A energia gravitacional desaparece quando está embaixo; não obstante, ela subirá de novo. A energia gravitacional deve ter assumido outra forma. Evidentemente, é em virtude de seu *movimento* que consegue subir de novo, de modo que temos a conversão de energia gravitacional em alguma outra forma quando atinge a parte inferior.

Precisamos obter uma fórmula para a energia do movimento. Lembrando nossos argumentos sobre máquinas reversíveis, vemos facilmente que no movimento na parte inferior deve haver uma quantidade de energia que lhe permita subir a certa altura e sem nenhuma relação com o *mecanismo* ou o *caminho* pelo qual ela sobe. Assim, temos uma fórmula de equivalência semelhante à que redigimos para os cubos da criança. Temos outra forma de representar a energia. É fácil dizer qual é. A energia cinética na parte inferior equivale ao peso vezes a altura que poderia atingir, correspondendo à sua velocidade: E.C. = PA. O que precisamos é da fórmula que nos informe a altura por alguma regra relacionada ao movimento de objetos. Se pusermos algo em marcha com certa velocidade, digamos direto para cima, atingirá certa altura; não a conhecemos ainda, mas depende da velocidade – há uma fórmula para isso.

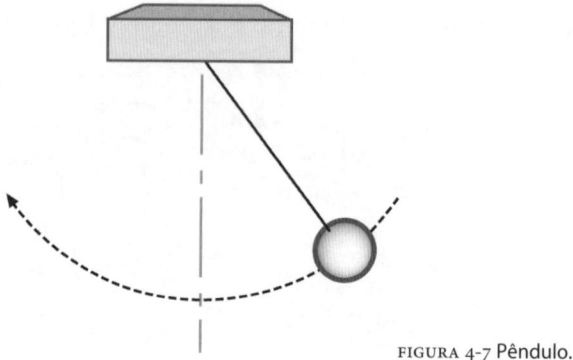

FIGURA 4-7 Pêndulo.

Então, para encontrar a fórmula da energia cinética de um objeto que se move com velocidade V, precisamos calcular a altura que poderia atingir e multiplicá-la pelo peso. Logo, descobriremos que podemos escrevê-la assim:

E.C. = $PV^2/2g$. (4.6)

Claro está que o fato de o movimento possuir energia nada tem a ver com o fato de que estamos em um campo gravitacional. Não faz diferença *de onde* veio o movimento. Esta é uma fórmula geral para diferentes velocidades. Tanto (4.3) como (4.6) são fórmulas aproximadas, a primeira por ser incorreta a grandes alturas, ou seja, a alturas em que a gravidade se enfraquece; a segunda, devido à correção relativística a altas velocidades. Contudo, quando obtivermos finalmente a fórmula exata para a energia, a lei da conservação da energia estará correta.

4.4 Outras formas de energia

Podemos continuar neste rumo para ilustrar a existência de outras formas de energia. Primeiro, consideremos a energia elástica. Se puxarmos para baixo uma mola, teremos de realizar algum trabalho, pois, quando embaixo, poderemos levantar pesos com ela. Portanto, em sua condição esticada, ela tem uma possibilidade de realizar algum trabalho. Se calcularmos as somas dos pesos vezes as alturas, o resultado não se mostraria correto – temos de acrescentar algo mais para explicar o fato de que a mola está sob tensão. A energia elástica é a fórmula para uma mola quando esticada. Qual a quantidade dessa energia? Se soltarmos a mola, quando esta passar pelo ponto de equilíbrio, a energia elástica será convertida em energia cinética e oscilará entre a compressão ou o esticamento da mola e a energia cinética do movimento. (Existe também certa energia gravitacional entrando e saindo, mas poderemos fazer essa experiência "à parte", se quisermos.) Isso vai se repetindo até as perdas – ah-ha! O tempo todo recorremos a expedientes, acrescentando pequenos pesos para mover coisas ou dizendo que as máquinas são reversíveis ou continuam para sempre, mas podemos ver que as coisas acabam parando. Onde está a energia depois que a mola para de se mover para cima e para baixo? Isto introduz outra forma de energia: a *energia térmica*.

Dentro de uma mola ou alavanca há cristais constituídos de inúmeros átomos, e com grande cuidado e delicadeza no arranjo das partes pode-se tentar ajustar as coisas para que, quando algo rodar sobre outra coisa, nenhum átomo se agite. Mas é preciso muito cuidado. Normalmente, quando as coisas rodam, há choques e agitação devido às irregularidades do material que fazem os átomos começar a agitar-se no interior. Assim, perdemos de vista aquela energia; descobrimos que os átomos estão se agitando por dentro de maneira aleatória e confusa depois que o movimento diminui. Continua havendo energia cinética, mas não está associada a um movimento visível. Que fantasia! Como *sabemos* que ainda há energia cinética? Acontece que, com termômetros, pode-se descobrir que, na verdade, a mola ou alavanca está *mais quente* e há realmente um aumento da energia cinética em uma quantidade definida. Denominamos essa forma de energia de *energia térmica*, mas sabemos que não é de fato uma nova forma, é apenas energia cinética – movimento interno. (Uma das dificuldades de todas essas experiências com a matéria realizadas em larga escala é que não conseguimos realmente demonstrar a conservação da energia nem conseguimos realmente confeccionar nossas máquinas reversíveis, pois sempre que deslocamos um grande pedaço de matéria, os átomos não permanecem totalmente não perturbados e, assim, certa quantidade de movimento aleatório penetra no sistema atômico. Não podemos vê-lo, mas podemos medi-lo com termômetros etc.)

Há muitas outras formas de energia e é claro que não podemos descrevê-las em detalhes agora. Há energia elétrica, associada à atração e à propulsão por cargas elétricas. Há energia radiante, a energia da luz, que conhecemos em forma de energia elétrica porque a luz pode ser representada como agitações no campo eletromagnético. Há energia química, a energia liberada em reações químicas. Na verdade, a energia elástica assemelha-se, até certo ponto, à energia química, porque ambas são a energia da atração dos átomos uns pelos outros. Nossa compreensão atual é: a energia química possui duas partes, energia cinética dos elétrons dentro dos átomos, de modo que parte dela é cinética, e energia elétrica da interação de elétrons e prótons – o resto dela, portanto, é elétrico. Depois chegamos na energia nuclear, a energia relacionada à disposição de partículas dentro do núcleo, para a qual dispomos de fórmulas, embora nos faltem as leis fundamentais. Sabemos que não é elétrica, nem gravitacional, nem puramente química, mas não sabemos o que é. Parece ser uma forma adicional de energia. Finalmente, associada à teoria da relatividade, há uma modificação nas leis da energia cinética, ou como quiser chamá-la, de modo que esta se combina com outra coisa denominada *energia da massa*. Um objeto tem energia de sua pura *existência*. Se eu tiver um pósitron e um elétron, parados, sem fazer nada – não importa a gravidade, não importa nada –, e eles se aproximarem e desaparecerem, será liberada energia radiante em uma quantidade definida que poderá ser calculada. Tudo de que precisamos saber é a massa do objeto. Ela não depende da natureza do objeto – fazemos duas coisas desaparecerem e obtemos certa quantidade de energia. A fórmula foi originalmente descoberta por Einstein; é $E = mc^2$.

Nossa discussão deixou claro que a lei da conservação da energia é utilíssima em análises, como mostramos em alguns exemplos sem conhecer todas as fórmulas. Se tivéssemos todas as fórmulas para todos os tipos de energia, poderíamos analisar o funcionamento de muitos processos sem ter de entrar em detalhes. Por isso, as leis da conservação são muito interessantes. Surge naturalmente a pergunta de que outras leis da conservação existem na física. Há duas outras leis da conservação semelhantes à conservação da energia. Uma se denomina conservação do momento linear, e a outra, conservação do momento angular. Descobriremos mais sobre elas adiante. Em última análise, não compreendemos profundamente as leis da conservação. Não compreendemos a conservação da energia. Não compreendemos a energia como sendo um determinado número de pacotinhos. Você pode ter ouvido que os fótons surgem em pacotes e que a energia de um fóton é a constante de Planck vezes a frequência. Isto é verdade, mas como a frequência da luz pode ser qualquer uma, não há uma lei segundo a qual a energia tem de ser certa quantidade definida. Ao contrário dos cubos de Dênis, pode haver qualquer quantidade de energia, pelo menos dentro da compreensão atual do problema. Assim, não entendemos essa energia como a contagem de algo no momento, mas apenas como uma grandeza matemática, uma circunstância abstrata e um tanto peculiar. A mecânica quântica mostra que a conservação da energia está intimamente relacionada a outra propriedade importante do mundo: *as coisas não dependem do tempo absoluto*. Se realizarmos uma experiência em dado momento e a repetirmos em um momento posterior, ela se comportará exatamente da mesma maneira. Não sabemos se isto é rigorosamente verdadeiro ou não. Se supusermos que *é* verdadeiro e acrescentarmos os princípios da mecânica quântica, então poderemos deduzir o princípio da conservação da energia. É algo um tanto sutil e interessante e não é fácil de explicar. As outras leis da conservação também estão inter-relacionadas. A conservação do momento está associada na mecânica quântica com a proposição de que, não importa *onde* se realize a experiência, os resultados serão sempre os mesmos. Assim como a independência no espaço se relaciona à conservação do momento, a independência do tempo se relaciona à conservação da energia; finalmente, se *virarmos* nosso aparato, isso não fará diferença, de modo que a invariância do mundo à orientação angular se relaciona à conservação do *momento angular*. Além dessas, há três outras leis da conservação que são exatas, pelo que sabemos atualmente, e muito mais simples de entender por serem da mesma natureza de cubos de contar.

A primeira das três é a *conservação da carga*, e significa meramente que o número de cargas positivas menos negativas que você tiver nunca se altera. Você pode se livrar de uma carga positiva por meio de uma negativa, mas não cria nenhum excesso líquido de cargas positivas em relação às negativas. Duas outras leis assemelham-se a esta – uma se chama a *conservação dos bárions*. Há certo número de partículas estranhas, de que o nêutron e o próton são exemplos, denominadas bárions. Em qualquer reação de qualquer natureza, o número de bárions[5] que entram em um processo é exatamente igual ao número de bárions que saem. Há outra lei, a *conservação dos léptons*. Podemos dizer que o grupo de partículas chamadas léptons são: elétron, méson mu e neutrino. Há um antielétron que é um pósitron, ou seja, um -1 lépton. A contagem do número total de léptons em uma reação revela que o número dos que entram é sempre igual ao dos que saem, pelo menos ao que sabemos no momento.

Essas são as seis leis de conservação, três delas sutis, envolvendo espaço e tempo, e três delas simples, no sentido de contar algo.

No tocante à conservação da energia, cabe observar que a energia *disponível* é outra questão – há muita agitação nos átomos da água do mar, porque o mar tem certa temperatura, mas é impossível arrebanhá-los em um movimento definido sem extrair energia de outro lugar. Ou seja, embora saibamos que a energia é conservada, a energia disponível para utilização humana não é conservada tão facilmente. As leis que controlam quanta energia está disponível denominam-se *leis da termodinâmica* e envolvem um conceito chamado entropia para processos termodinâmicos irreversíveis.

Por fim, uma observação sobre a questão de onde obter nossos suprimentos de energia atualmente. Nossos suprimentos de energia vêm do Sol, da chuva, do carvão, do urânio e do hidrogênio. O Sol produz a chuva e também o carvão, de modo que todos eles vêm do Sol. Embora a energia seja conservada, a natureza não parece interessada nela; ela libera uma profusão de energia do Sol, mas apenas uma parte em dois bilhões cai na Terra. A natureza tem conservação da energia, mas nem liga; despende grandes quantidades dela em todas as direções. Já conseguimos obter energia do urânio; podemos também obter energia do hidrogênio, mas no momento somente de forma explosiva

---

[5] Contando os antibárions como -1 bárion.

e perigosa. Se ela puder ser controlada em reações termonucleares, veremos que a energia que pode ser obtida de nove litros de água por segundo equivale a toda a energia elétrica gerada nos Estados Unidos. Com 570 litros de água corrente por minuto, tem-se combustível suficiente para suprir toda a energia usada nos Estados Unidos! Logo, cabe ao físico descobrir como nos libertar da necessidade de energia. É possível.

5 | A teoria da gravitação

5.1 Movimentos planetários

Neste capítulo, discutiremos uma das generalizações de mais longo alcance da mente humana. Enquanto admiramos a mente humana, devemos reservar algum tempo para nos assombrarmos com uma *natureza* que foi capaz de seguir com tamanha abrangência e generalidade um princípio tão elegantemente simples como a lei da gravitação. O que é essa lei da gravitação? É que cada objeto no universo atrai todos os outros objetos com uma força que, para dois corpos quaisquer, é proporcional à massa de cada um e varia inversamente com o quadrado da distância entre eles. Essa afirmação pode ser matematicamente expressa pela equação:

$$F = G \frac{mm'}{r^2}$$

Se acrescentarmos o fato de que um objeto responde a uma força acelerando na mesma direção e sentido, com uma intensidade que é inversamente proporcional à massa do objeto, teremos dito todo o necessário, pois um matemático com talento suficiente conseguiria então deduzir todas as consequências desses dois princípios. Contudo, como você ainda não é considerado suficientemente talentoso, discutiremos as consequências em detalhes, em vez de deixá-lo com apenas esses dois singelos princípios. Relataremos brevemente a história da descoberta da lei da gravitação e discutiremos algumas das consequências, seus efeitos sobre a história, os mistérios que tal lei encerra e alguns refinamentos da lei realizados por Einstein; discutiremos também as relações da lei com outras leis da física. Tudo isso não cabe em um capítulo, mas esses temas serão tratados no devido tempo em capítulos posteriores.

A história começa com os antigos observando os movimentos dos planetas entre as estrelas e, finalmente, deduzindo que giravam em torno do Sol, fato redescoberto mais tarde por Copérnico. Exatamente *como* os planetas giravam em torno do Sol, com precisamente *que movimento*, levou um pouco mais de tempo para ser descoberto. No início do século XV, havia grandes debates sobre se realmente giravam em torno do Sol ou não. Tycho Brahe teve uma ideia diferente de qualquer coisa proposta pelos antigos: sua ideia foi que esses debates sobre a natureza dos movimentos dos planetas seriam mais bem resolvidos se as posições reais dos planetas no céu fossem medidas com precisão suficiente. Se a medição mostrasse exatamente como os planetas se moviam, talvez fosse possível estabelecer um ou outro ponto de vista. Foi uma ideia tremenda – de que, para descobrir algo, é melhor realizar algumas experiências cuidadosas do que prosseguir com profundos argumentos filosóficos. Perseguindo essa ideia, Tycho Brahe estudou as posições dos planetas durante vários anos em seu observatório na ilha de Hven, perto de Copenhague. Compilou tabelas volumosas, que foram depois estudadas pelo matemático Kepler, após a morte de Tycho. Kepler descobriu a partir dos dados algumas leis muito bonitas e notáveis, embora simples, sobre o movimento planetário.

5.2 Leis de Kepler

Em primeiro lugar, Kepler descobriu que cada planeta gira ao redor do Sol em uma curva chamada *elipse*, com o Sol em um dos focos da elipse. Uma elipse não é apenas uma oval, mas uma curva muito específica e precisa que pode ser obtida usando-se duas tachinhas, uma em cada foco, um pedaço de barbante e um lápis; de forma mais matemática, é o lugar geométrico de todos os pontos cuja soma das distâncias a dois pontos fixos (os focos) é uma constante. Ou, se você preferir, é um círculo encurtado (Figura 5-1).

A segunda observação de Kepler foi que os planetas não giram ao redor do Sol com velocidade uniforme, porém movem-se mais rápido quanto mais próximos do Sol e mais devagar quanto mais longe dele, exatamente deste modo: suponha que um planeta seja observado em dois momentos sucessivos quaisquer, digamos, com uma diferença de uma semana, e que se trace o raio vetor[6] até o planeta para cada posição observada. O arco de órbita percorrido pelo planeta durante a semana e os dois raios vetores delimitam certa área plana, a área sombreada mostrada na Figura 5-2. Caso se realizem duas observações

---

[6] Um raio vetor é uma linha traçada do Sol a qualquer ponto na órbita de um planeta.

semelhantes com uma semana de distância em uma parte da órbita mais distante do Sol (onde o planeta se desloca mais lentamente), a área delimitada igualmente será exatamente igual à do primeiro caso. Assim, de acordo com a segunda lei, a velocidade orbital de cada planeta é tal que o raio "varre" áreas iguais em períodos iguais.

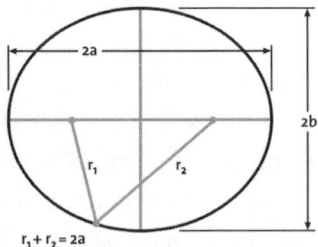

FIGURA 5-1 Uma elipse.

Finalmente, uma terceira lei foi descoberta por Kepler muito depois. É uma lei de categoria diferente das outras duas, por lidar não apenas com um planeta individual, mas relacionar um planeta a outro. Essa lei diz que, quando se comparam o período orbital e o tamanho da órbita de dois planetas quaisquer, os períodos são proporcionais à potência 3/2 do tamanho da órbita. Nesta afirmação, o período é o intervalo de tempo que um planeta leva para percorrer completamente sua órbita e o tamanho é medido pelo comprimento do maior diâmetro da órbita elíptica, tecnicamente conhecido como o eixo maior. Mais simplesmente, se os planetas girassem em círculos, como quase fazem, o tempo necessário para percorrer o círculo seria proporcional à potência 3/2 do diâmetro (ou raio). Assim, as três leis de Kepler são:

I. Cada planeta se desloca ao redor do Sol em uma elipse, com o Sol em um foco.
II. O raio vetor do Sol ao planeta percorre áreas iguais em intervalos de tempo iguais.
III. Os quadrados dos períodos de dois planetas quaisquer são proporcionais aos cubos dos semieixos maiores de suas respectivas órbitas: $T \sim a^{3/2}$

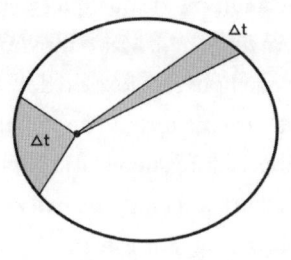

FIGURA 5-2 Leis das áreas de Kepler.

5.3 Desenvolvimento da dinâmica

Enquanto Kepler descobria essas leis, Galileu estudava as leis do movimento. O problema era: o que faz os planetas girarem? (Naquela época, uma das teorias propostas era que os planetas giravam porque anjos invisíveis atrás deles batiam asas e os impeliam para a frente. Você verá que essa teoria está agora modificada! Ao que se revela, para manter os planetas em movimento, os anjos invisíveis devem voar em uma direção diferente e eles não têm asas. Afora isso, é uma teoria bem parecida!) Galileu descobriu um fato notável sobre o movimento, que foi essencial para a compreensão dessas leis. Trata-se do princípio da *inércia* – se algo estiver se movendo, sem nada o tocando e totalmente imperturbado, prosseguirá para sempre, com velocidade uniforme e em linha reta. (*Por que* prossegue? Não sabemos, mas é o que acontece.)

Newton modificou essa ideia, dizendo que o único modo de mudar o movimento de um corpo é aplicar *força*. Se o corpo se acelera, uma força foi aplicada *na direção do movimento*. Por outro lado, se seu movimento muda para uma nova *direção*, uma força foi aplicada *lateralmente*. Newton, assim, acrescentou a ideia de que é necessária uma força para mudar a velocidade *ou a direção* do movimento de um corpo. Por exemplo, se uma pedra estiver girando em círculo, presa a um barbante, será necessária uma força para mantê-la no círculo. Teremos de *puxar* o barbante. Na verdade, a lei é que a aceleração produzida pela força é inversamente proporcional à massa, ou a força é proporcional à massa vezes a aceleração. Quanto mais massivo um objeto, maior a força necessária para produzir dada aceleração. (A massa pode ser medida prendendo-se outras pedras na ponta do mesmo barbante e fazendo-as percorrer o mesmo círculo à mesma velocidade. Desse modo, descobre-se que mais ou menos força é necessária, o objeto mais massivo exigindo mais força.) A ideia brilhante resultante dessas considerações é que não é necessária nenhuma força *tangencial* para manter um planeta em órbita (os anjos não precisam voar tangencialmente), porque os planetas deslizariam naquela direção de qualquer maneira. Se nada o perturbasse, o planeta prosseguiria em *linha reta*. Mas o movimento real desvia-se da linha que o corpo percorreria se não houvesse força, o desvio sendo essencialmente *em ângulos retos* ao movimento, não na direção do movimento. Em outras palavras, devido ao princípio da inércia, a força necessária para controlar o movimento de um planeta ao redor do Sol não é uma força *ao redor do* Sol, mas *em direção* a ele. (Havendo uma força em direção ao Sol, este poderia ser o anjo, é claro!)

5.4 Lei da gravitação de Newton

A partir de sua melhor compreensão da teoria do movimento, Newton reconheceu que *o Sol* poderia ser a sede ou a organização das forças que governam o movimento dos planetas. Newton provou para si (e talvez consigamos prová-lo em breve) que o fato real de que áreas iguais são percorridas em tempos iguais é um sinal exato da proposição de que todos os desvios são exatamente *radiais* – que a lei das áreas é uma consequência direta da ideia de que todas as forças se dirigem exatamente *em direção ao Sol*.

Em seguida, analisando-se a terceira lei de Kepler, é possível mostrar que, quanto mais afastado o planeta, mais fracas são as forças. Comparando-se dois planetas a diferentes distâncias do Sol, a análise mostrará que as forças são inversamente proporcionais aos quadrados das respectivas distâncias. Com a combinação das duas leis, Newton concluiu que deve existir uma força, inversamente proporcional ao quadrado da distância, na direção de uma linha entre os dois objetos.

Sendo um homem com pendor especial para as generalidades, Newton deduziu que essa relação tinha aplicação mais geral do que apenas ao Sol segurando os planetas. Já se sabia, por exemplo, que o planeta Júpiter tinha luas girando à sua volta como a Lua da Terra gira em volta dela, e Newton teve certeza de que cada planeta prendia suas luas com uma força. Já conhecia a força que *nos* prende sobre a Terra, de modo que propôs que era uma força *universal* – *que tudo atrai todo o resto*.

O próximo problema foi se a atração da Terra sobre seus habitantes era a "mesma" que a sobre a Lua, ou seja, inversamente proporcional ao quadrado da distância. Se um objeto na superfície da Terra cai 4,9 metros no primeiro segundo após liberado do repouso, que distância cai a Lua no mesmo tempo? Poderíamos alegar que a Lua não cai. Mas se nenhuma força agisse sobre a Lua, ela se afastaria em linha reta; em vez disso, percorre um círculo, de modo que realmente *cai* em relação a onde estaria se nenhuma força atuasse. A partir do raio da órbita da Lua (de cerca de 380 mil quilômetros) e do tempo para circundar a Terra (aproximadamente 29 dias), podemos calcular que distância a Lua percorre em sua órbita em um segundo e, depois, quanto cai em um segundo.[7] Essa distância se revela como de cerca de 1,3 mm em um segundo.

---

[7] Ou seja, que distância o círculo da órbita da Lua fica abaixo da linha reta tangente a ele, no ponto onde a Lua estava um segundo antes.

Isso se ajusta bem à lei do inverso do quadrado, porque o raio da Terra é de 6.400 quilômetros e, se algo a 6.400 quilômetros do centro da Terra cai 4,9 metros em um segundo, algo equivalente a 386.000 quilômetros, ou sessenta vezes mais distante, deveria cair apenas 1/3.600 de 4,9 metros, que também é cerca de 1,3 mm. Querendo testar sua teoria da gravitação, Newton fez seus cálculos com muito cuidado e encontrou uma discrepância tão grande que considerou a teoria contrariada pelos fatos e não publicou os resultados. Seis anos depois, uma nova determinação do tamanho da Terra mostrou que os astrônomos vinham usando uma distância incorreta em relação à Lua. Sabendo disso, Newton refez os cálculos com os valores corretos e obteve uma bela concordância com sua teoria.

Essa ideia de que a Lua "cai" é um tanto desconcertante porque, como você vê, ela não chega mais *perto*. A ideia é interessante o suficiente para merecer uma explicação adicional: a Lua cai no sentido de que *se afasta da linha reta, que percorreria se não houvesse forças*. Tomemos um exemplo na superfície da Terra. Um objeto solto perto da superfície da Terra cairá 4,9 metros no primeiro segundo. Um objeto atirado *horizontalmente* também cairá 4,9 metros; embora esteja se deslocando horizontalmente, cai os mesmos 4,9 metros no mesmo tempo. A Figura 5-3 apresenta um dispositivo que demonstra isso. Na trilha horizontal está uma bola que será impelida a uma pequena distância à frente. Na mesma altura está uma bola que cairá verticalmente, e um circuito elétrico faz com que, no momento em que a primeira bola deixar a trilha, a segunda bola seja liberada. Que chegam à mesma altura no mesmo momento é testemunhado pelo fato de colidirem em pleno ar. Um objeto como uma bala, disparado horizontalmente, poderia ir longe em um segundo – talvez 600 metros –, mas continuará caindo 4,9 metros se apontado horizontalmente. O que acontece se dispararmos uma bala cada vez mais rápido? Não se esqueça de que a superfície da Terra é curva. Se a dispararmos com rapidez suficiente, ao cair 4,9 metros poderá estar exatamente à mesma altura anterior em relação ao solo. Como isso é possível? Ela continua caindo, mas a Terra, com sua curvatura, se afasta, fazendo com que a bala caia "em torno dela". A pergunta é: que distância ela deve percorrer em um segundo para que a Terra esteja 4,9 metros abaixo do horizonte? Na Figura 5-4, vemos a Terra com seu raio de 6.400 quilômetros e a trajetória tangencial, retilínea, que a bala percorreria se não houvesse força. Ora, se usarmos um daqueles maravilhosos teoremas da geometria, que diz que nossa tangente é a média proporcional entre as duas partes do diâmetro cortado por uma corda igual, veremos que a distância horizontal percorrida é a média proporcional entre os 4,9 metros caídos e os 12.800 quilômetros de diâmetro da Terra. A raiz quadrada de (4,9/1.000) x 12.800 aproxima-se bastante de 8 quilômetros. Assim, vemos que, se uma bala se deslocar a 8 quilômetros por segundo, continuará caindo em direção à Terra os mesmos 4,9 metros por segundo, mas jamais se aproximará dela porque a Terra, com sua curvatura, estará sempre se afastando da bala. Foi assim que Gagarin se manteve no espaço enquanto percorria 40.000 quilômetros ao redor da Terra a aproximadamente 8 quilômetros por segundo. (Ele levou um pouco mais de tempo porque estava um pouco mais alto.)

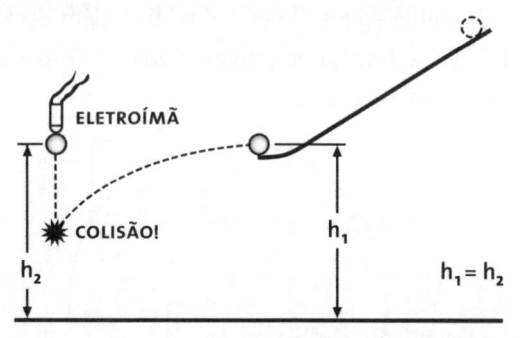

FIGURA 5-3 Dispositivo para mostrar a independência entre os movimentos horizontal e vertical.

Qualquer grande descoberta de uma nova lei só será útil se conseguirmos extrair mais do que introduzimos. Ora, Newton *usou* a segunda e a terceira leis de Kepler para deduzir sua lei da gravitação. O que ele *previu*? Primeiro, sua análise do movimento da Lua foi uma previsão, pois relacionou a queda de objetos na superfície da Terra com a da Lua. Segundo, a pergunta é: *a órbita é uma elipse?* Veremos em um capítulo posterior como é possível calcular exatamente o movimento, e de fato pode-se provar que deveria ser uma elipse,[8] de modo que nenhum fato extra é necessário para explicar a *primeira* lei de Kepler. Assim, Newton realizou sua primeira previsão poderosa.

A lei da gravitação explica muitos fenômenos antes não compreendidos. Por exemplo, a atração da Lua sobre a Terra causa as marés, até então miste-

---

[8] A comprovação não está incluída nesta palestra.

riosas. A Lua puxa a água para cima, por baixo, e provoca as marés – algumas pessoas já haviam pensado nisso antes, mas, não sendo tão argutas como Newton, acharam que deveria haver uma só maré durante o dia. O raciocínio era de que a Lua puxa a água para cima, por baixo, provocando uma maré alta e uma maré baixa, e como a Terra gira embaixo, a maré em um lugar sobe e desce a cada 24 horas. Na verdade, a maré sobe e desce em 12 horas. Outra escola de pensamento alegava que a maré alta deveria estar do outro lado da Terra, porque, assim argumentava, a Lua atrai a Terra para longe da água! Ambas essas teorias estão erradas. Na verdade, a coisa funciona assim: a atração da Lua sobre a Terra e sobre a água está "equilibrada" no centro. No entanto, a água mais próxima da Lua é atraída *mais* do que a média, e a água mais afastada é atraída *menos* do que a média. Além disso, a água consegue fluir, ao contrário da Terra, que é mais rígida. O verdadeiro quadro é uma combinação dessas duas coisas.

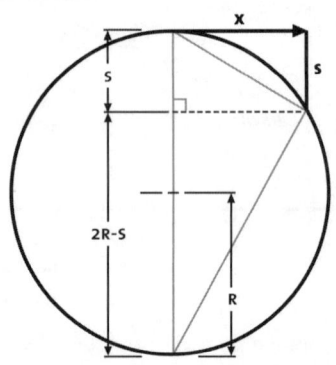

FIGURA 5-4 Aceleração em direção ao centro de uma trajetória circular. Da geometria plana, $x/s=(2R-S)/x \approx 2R/x$, em que R é o raio da Terra, de 6.400 quilômetros; x é a distância "percorrida horizontalmente" em um segundo; e S é a distância "de queda" em um segundo (4,9 metros).

O que queremos dizer por "equilibrado"? O que equilibra? Se a Lua atrai toda a Terra em sua direção, por que esta não cai direto "para cima" da Lua? Por que a Terra faz o mesmo truque da Lua, percorre um círculo ao redor de um ponto que está dentro da Terra, mas não no seu centro. A Lua não se limita a contornar a Terra; Terra e Lua giram ambas ao redor de uma posição central, cada qual caindo rumo a essa posição comum, como mostra a Figura 5-5. Esse movimento ao redor do centro comum é o que equilibra a queda de cada uma. Assim, a Terra tampouco percorre uma linha reta; ela se desloca em um círculo. A água do lado oposto está "desequilibrada" porque a atração da Lua ali é mais fraca do que no centro da Terra, onde ela contrabalança exatamente a "força centrífuga". O resultado desse desequilíbrio é que a água se eleva, afastando-se do centro da Terra. No lado próximo, a atração da Lua é mais forte e o desequilíbrio é na outra direção no espaço, mas de novo *afastando-se* do centro da Terra. O resultado líquido é obtermos *duas* protuberâncias de maré.

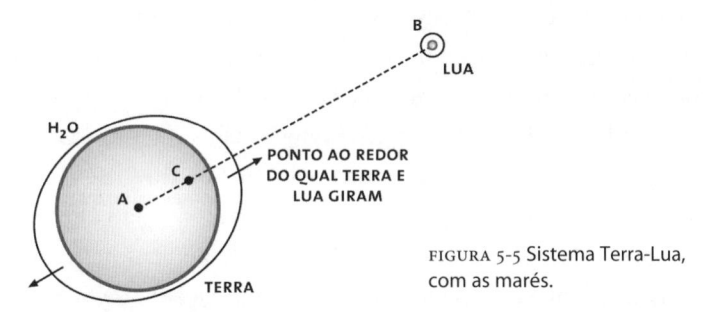

FIGURA 5-5 Sistema Terra-Lua, com as marés.

5.5 Gravitação universal

O que mais conseguimos compreender quando entendemos a gravidade? Todos sabem que a Terra é redonda. Por que a Terra é redonda? Isto é fácil: devido à gravitação. A Terra pode ser compreendida como redonda simplesmente porque tudo atrai todo o resto, fazendo com que tudo se junte o máximo possível! Se formos ainda mais longe, a Terra não é uma esfera exata porque está rodando, o que produz efeitos centrífugos que tendem a se opor à gravidade perto do equador. Descobre-se que a Terra deveria ser elíptica, e chegamos a obter a forma certa da elipse. Assim, baseados apenas na lei da gravitação, podemos deduzir que o Sol, a Lua e a Terra deveriam ser (quase) esferas.

O que mais se pode fazer com a lei da gravitação? Se examinarmos as luas de Júpiter, poderemos compreender tudo sobre o modo como giram ao redor do planeta. Aliás, houve certa dificuldade com as luas de Júpiter que vale a pena mencionar. Esses satélites foram estudados com muito cuidado por Roemer, que observou que as luas às vezes pareciam estar adiantadas e, outras vezes, atrasadas. (Podem-se descobrir seus programas esperando um longo tempo e descobrindo o tempo médio gasto pelas luas em suas órbitas.) Ora, elas estavam *adiantadas* quando Júpiter estava particularmente *próximo* da Terra, e *atrasadas* quando Júpiter estava *mais distante* da Terra. Isso seria dificílimo de explicar pela lei da gravitação – se não houvesse outra explicação, seria realmente o fim dessa maravilhosa teoria. Se uma lei não funciona ainda que em *um só lugar* onde deveria, está simplesmente errada. Mas a razão da discrepância foi muito simples e bonita: *ver* as luas de Júpiter demora um pouco devido ao tempo que a luz leva para viajar de Júpiter à Terra. Quando Júpiter está mais perto da Terra, o tempo é um pouco menor, e quando está mais distante, o tempo é maior. Por isso, as luas parecem estar, em média, um pouco adiantadas ou um pouco atrasadas, dependendo de estarem mais próximas ou mais distantes da Terra. Esse fenômeno mostrou que a luz não se desloca instantaneamente e forneceu a primeira estimativa da velocidade da luz. Isso se deu em 1656.

Se todos os planetas se atraem e impelem uns aos outros, a força que controla, digamos, a rotação de Júpiter ao redor do Sol não é apenas a do Sol; há também uma atração de, digamos, Saturno. Essa força não é realmente poderosa, pois o Sol é muito mais massivo do que Saturno, mas há *certa* atração que faz com que a órbita de Júpiter não deva ser uma elipse perfeita, o que de fato acontece; ela é ligeiramente diferente e "oscila" em torno da órbita elíptica correta. Tal movimento é um pouco mais complicado. Foram feitas tentativas para analisar os movimentos de Júpiter, Saturno e Urano com base na lei da gravitação. Os efeitos de cada um desses planetas sobre os outros foram calculados para se verificar se os minúsculos desvios e irregularidades nesses movimentos seriam totalmente compreensíveis com base nessa única lei. Para Júpiter e Saturno, tudo funcionou, mas Urano se mostrou "estranho". Comportava-se de forma muito peculiar. Não percorria uma elipse exata, o que era compreensível, devido às atrações de Júpiter e Saturno. Mas, mesmo levando em conta essas atrações, Urano *continuava* estranho, pondo em risco as leis da gravitação, possibilidade que não podia ser descartada. Dois homens, Adams e Leverrier, na Inglaterra e na França, chegaram independentemente a outra possibilidade: talvez houvesse *outro* planeta, escuro e invisível, que eles não tivessem percebido. Esse planeta, N, poderia atrair Urano. Calcularam onde tal planeta teria de estar para causar as perturbações observadas. Enviaram mensagens aos respectivos observatórios dizendo: "Cavalheiros, apontem seu telescópio para tal e tal lugar e verão um novo planeta." Nem sempre aqueles a quem nos dirigimos nos dão atenção. No caso de Leverrier, deram atenção; olharam e ali estava o planeta

N! O outro observatório, então, também olhou rapidamente após alguns dias e viu-o igualmente.

Essa descoberta mostra que as leis de Newton estão absolutamente certas no sistema solar; mas será que se estendem além das distâncias relativamente pequenas dos planetas mais próximos? O primeiro teste está na pergunta: as *estrelas* atraem-se *umas às outras* tanto quanto os planetas? Uma prova precisa de que se atraem são as *estrelas duplas*. A Figura 5-6 mostra uma estrela dupla – duas estrelas muito próximas entre si (há também uma terceira estrela para que saibamos que a fotografia não foi virada). As estrelas também são mostradas como apareceram vários anos depois. Vemos que, em relação à estrela "fixa", o eixo do par rodou, ou seja, as duas estrelas estão girando ao redor uma da outra. Será que giram segundo as leis de Newton? Medidas cuidadosas das posições relativas de um desses sistemas de estrela dupla são mostradas na Figura 5-7. Vemos ali uma bela elipse, as medidas começando em 1862 e indo até 1904 numa volta completa (agora, outra volta deve ter sido dada). Tudo coincide com as leis de Newton, exceto o fato de que a estrela Sirius A *não está no foco*. Por que isso acontece? Porque o plano da elipse não está no "plano do céu". Não estamos olhando para o plano da órbita em ângulos retos e, quando uma elipse é vista obliquamente, permanece uma elipse, mas o foco muda de lugar. Assim, podemos analisar estrelas duplas, deslocando-se uma ao redor da outra, de acordo com as exigências da lei gravitacional.

FIGURA 5-6 Sistema de estrela dupla.

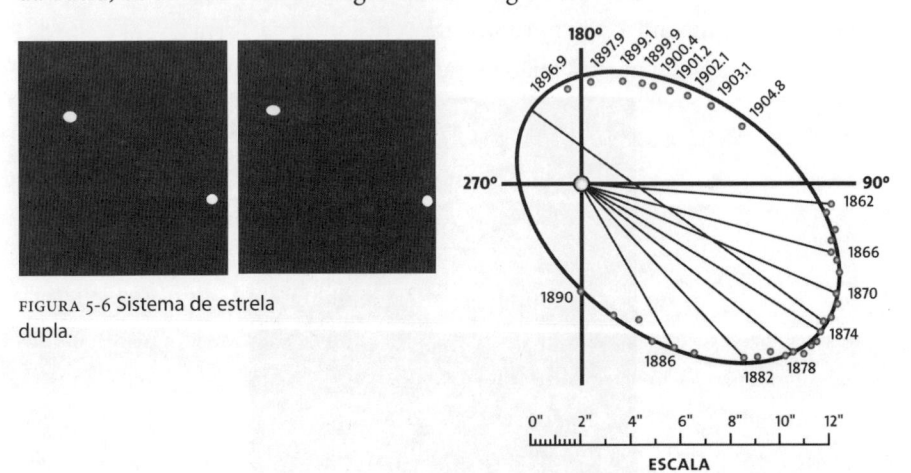

FIGURA 5-7 Órbita de Sirius B em relação a Sirius A.

Que a lei da gravitação é válida mesmo a distâncias maiores é indicado na Figura 5-8. Só os insensíveis não enxergam aqui a ação da gravitação. A figura mostra uma das coisas mais belas no céu – um aglomerado estelar globular. Todos os pontos são estrelas. Na verdade, as distâncias mesmo entre as estrelas mais centrais são enormes e é muito raro elas colidirem. Há mais estrelas no interior do que mais para longe e, ao nos movermos para fora, o número é cada vez menor. É óbvio que há uma atração entre essas estrelas. Está claro que a gravitação existe nessas enormes dimensões, talvez cem mil vezes o tamanho do sistema solar. Avancemos agora ainda mais, examinando uma *galáxia inteira*, mostrada na Figura 5-9. A forma dessa galáxia indica uma tendência óbvia de sua matéria de se aglomerar. Claro que não podemos provar que a lei aqui é precisamente o quadrado inverso, apenas que ainda há uma atração nessa enorme dimensão que mantém coeso todo o conjunto. Alguém poderia replicar: "Tudo isso é bem brilhante, mas por que ela não é simplesmente uma bola?" Porque está *girando* e possui *momento angular* que não pode abandonar ao se contrair; ela tem de se contrair na maior parte em um plano. (Aliás, se você estiver atrás de um bom problema, os detalhes exatos de como se formam os braços e o que determina as formas dessas galáxias ainda não foram calculados.) Entretanto, está claro que a forma da galáxia se deve à gravitação, embora as complexidades de sua estrutura ainda não nos permitissem analisá-la por completo. Em uma galáxia, temos uma escala de talvez cinquenta mil a cem mil anos-luz. A distância da Terra ao Sol é de 8 1/3 *minutos*-luz, o que mostra quão grandes são essas dimensões.

FIGURA 5-8 Aglomerado estelar globular.

A gravidade parece existir em dimensões ainda maiores, como indica a Figura 5-10, que mostra várias coisas "pequenas" aglomeradas. Trata-se de um *aglomerado de galáxias*, semelhante a um aglomerado estelar. Assim, as galáxias se atraem entre si a tais distâncias que também formam aglomerados. Talvez a gravitação exista até a distâncias de *dezenas de milhões* de anos-luz; ao que sabemos até agora, a gravidade parece estender-se para sempre com o inverso do quadrado da distância.

FIGURA 5-9 Uma galáxia.

Não apenas podemos compreender as nebulosas, mas da lei da gravitação podemos até obter algumas ideias sobre a origem das estrelas. Se tivermos uma grande nuvem de poeira e gás, como mostra a Figura 5-11, as atrações gravitacionais dos pedaços de poeira entre si poderiam fazê-los formar pequenos blocos. Mal visíveis na figura estão "pequenos" pontos negros que podem ser o começo das acumulações de poeira e gases que, devido à sua gravitação, começam a formar estrelas. Se já chegamos a ver a formação de uma estrela é discutível. A Figura 5-12 mostra um indício que faz acreditar que vimos. À esquerda vemos um retrato de uma região de gás com algumas estrelas dentro tirado em 1947, e à direita está outro retrato, tirado apenas sete anos depois, que mostra dois novos pontos brilhantes. Será que o gás se acumulou e a gravidade agiu com força o bastante para reuni-lo em uma bola grande o suficiente para que a reação nuclear estelar comece no interior e a transforme em uma estrela? Talvez sim, talvez não. Não é razoável que em apenas sete anos tivéssemos a sorte de ver uma estrela tornar-se visível; é ainda menos provável vermos *duas*!

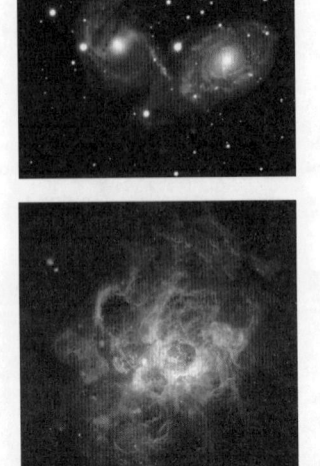

FIGURA 5-10 Aglomerado de galáxias.

FIGURA 5-11 Nuvem de poeira interestelar.

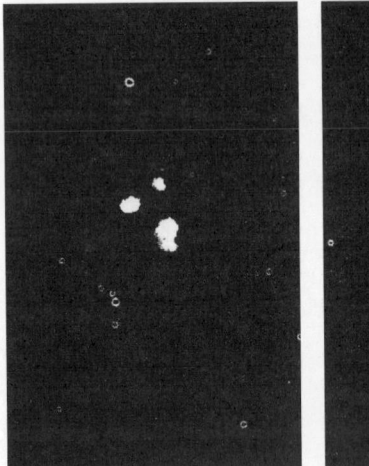

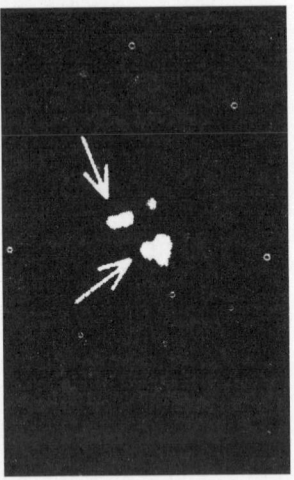

FIGURA 5-12 Formação de novas estrelas?

5.6 A experiência de Cavendish

A gravitação, portanto, estende-se por enormes distâncias. Mas se há uma força entre *qualquer* par de objetos, deveria ser possível medir a força entre nossos próprios objetos. Em vez de ter de observar os astros rodarem uns ao redor dos outros, por que não podemos tomar uma bola de chumbo e uma bolinha de gude e observar esta última ir ao encontro da primeira? A dificuldade dessa experiência quando realizada de forma tão simples é a própria fraqueza e delicadeza da força. Tem de ser realizada com extremo cuidado, o que significa cobrir o dispositivo a fim de manter o ar fora, certificar-se de que não está eletricamente carregado e assim por diante; então a força pode ser medida. Ela foi medida pela primeira vez por Cavendish, com um dispositivo como o mostrado esquematicamente na Figura 5-13. Essa experiência demonstrou pela primeira vez a força direta entre duas grandes bolas fixas de chumbo e duas bolas menores de chumbo nas extremidades de um braço preso por uma fibra finíssima, chamada fibra de torção. Medindo-se o grau de torção da fibra, pode-se medir a intensidade da força, examinar se é inversamente proporcional ao quadrado da distância e determiná-la. Assim, pode-se determinar precisamente o coeficiente G na fórmula

$$F = G\frac{mm'}{r^2}.$$

Todas as massas e distâncias são conhecidas. Você replicará: "Já sabíamos isso para a Terra." Sim, mas não conhecíamos a *massa* da Terra. Conhecendo G com base nessa experiência e conhecendo a força de atração da Terra, podemos descobrir indiretamente o valor da massa da Terra! Essa experiência tem sido denominada "pesagem da Terra". Cavendish alegou que estava pesando a Terra, mas o que estava medindo era o coeficiente G da lei da gravidade. Essa é a única forma de determinar a massa da Terra. G se revela como:

$$6{,}670 \times 10^{-11} \text{ newton.m}^2/\text{kg}^2$$

É difícil exagerar a importância do efeito sobre a história da ciência produzido por esse grande sucesso da teoria da gravitação. Compare a confusão, a falta de confiança, o conhecimento incompleto que prevaleceu nos períodos anteriores com seus incessantes debates e paradoxos, com a clareza e a simplicidade dessa lei – esse fato de que todas as luas, os planetas e as estrelas são governados por uma *regra tão simples* e que, além disso, o homem consegue *entendê-la* e deduzir como deveriam se deslocar os planetas! Essa é a razão do sucesso das ciências nos anos posteriores, pois deu esperança de que os outros fenômenos do mundo também fossem regidos por leis de tão bela simplicidade.

5.7 O que é gravidade?

Será que essa lei é tão simples assim? E quanto ao seu mecanismo? Tudo que fizemos foi descrever *como* a Terra se move ao redor do Sol, mas não dissemos *o que a faz se mover*. Newton não formulou nenhuma hipótese sobre isso; satisfez-se em descobrir *o que* ela fazia sem penetrar no seu mecanismo. *Ninguém desde então forneceu qualquer mecanismo*. As leis físicas têm essa característica abstrata. A lei da conservação da energia é um teorema envolvendo quantidades que têm de ser calculadas e somadas, sem menção ao mecanismo, e as grandes leis da mecânica também são leis matemáticas quantitativas para as quais nenhum mecanismo está disponível. Por que conseguimos usar a matemática para descrever a natureza sem um mecanismo subjacente? Ninguém sabe. Temos de continuar avançando porque assim fazemos mais descobertas.

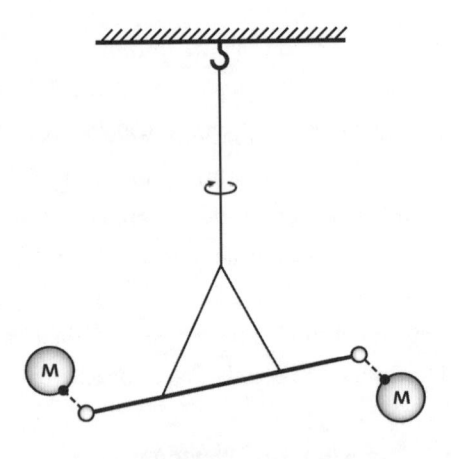

FIGURA 5-13 Diagrama simplificado do dispositivo usado por Cavendish para testar a lei da gravitação universal para pequenos objetos e medir a constante gravitacional G.

Muitos mecanismos para a gravitação têm sido sugeridos. É interessante examinar um deles, em que muitas pessoas têm pensado de tempos em tempos. De início, fica-se entusiasmado e contente ao "descobri-lo", mas logo se constata que não é correto. Foi descoberto originalmente em torno de 1750. Suponha que houvesse muitas partículas movendo-se pelo espaço a altíssima velocidade e em todas as direções, sendo apenas ligeiramente absorvidas ao atravessar a matéria. Quando *são* absorvidas, dão um impulso à Terra. Contudo, como o número de partículas em uma direção é o mesmo que na direção contrária, os impulsos se equilibram. Mas quando o Sol está próximo, as partículas vindas através dele em direção à Terra são parcialmente absorvidas, de modo que menos partículas vêm do Sol do que do outro lado. Portanto, a Terra sente um impulso total em direção ao Sol, e não é difícil ver que é inversamente proporcional ao quadrado da distância – devido à variação do ângulo sólido que o Sol subtende ao variarmos a distância. O que há de errado nesse mecanismo? Ele envolve algumas consequências novas que *não são verdadeiras*. Esta ideia específica traz o seguinte problema: a Terra, ao girar em torno do Sol, colidiria com mais partículas vindas da frente do que vindas de trás (quando você corre na chuva, as gotas no rosto são mais fortes do que na parte de trás da cabeça!). Portanto, a Terra receberia mais impulso da frente e sentiria uma *resistência ao movimento*, perdendo assim velocidade em sua órbita. Pode-se calcular quanto tempo a Terra levaria para parar como resultado dessa resistência, e em pouco tempo a Terra estaria parada na órbita, de modo que esse mecanismo não funciona. Jamais se inventou um mecanismo que "explique" a gravidade sem também prever algum outro fenômeno que *não* existe.

Agora, discutiremos a possível relação da gravitação com outras forças. Atualmente, não há nenhuma explicação da gravitação em termos de outras forças. Ela não é um aspecto da eletricidade ou de algo semelhante, de modo que não temos nenhuma explicação. Porém, a gravitação e outras forças são muito semelhantes, e é interessante observar analogias. Por exemplo, a força da eletricidade entre dois objetos carregados assemelha-se bastante à lei da gravitação: a força da eletricidade é uma constante, com um sinal negativo, vezes o produto das cargas, e varia inversamente com o quadrado da distância. É no sentido contrário – os semelhantes se repelem. Mesmo assim, não é notável que as duas leis envolvam a mesma função da distância? Talvez a gravitação e a eletricidade estejam muito mais intimamente relacionadas do que imaginamos. Várias foram as tentativas de unificá-las; a denominada teoria do campo unificado não passa de uma tentativa muito elegante de combinar eletricidade e gravitação, mas, ao se comparar a gravitação com a eletricidade, o mais interessante são as *intensidades relativas* das forças. Qualquer teoria que contenha ambas deve também contemplar quão forte a gravidade é.

Se tomarmos, em alguma unidade natural, a repulsão entre dois elétrons (carga universal da natureza) devido à eletricidade e a atração de dois elétrons devido às suas massas, poderemos medir a razão entre a repulsão elétrica e a atração gravitacional. A razão é independente da distância e é uma constante fundamental da natureza. Ela é mostrada na Figura 5-14. A atração gravitacional em relação à repulsão elétrica entre dois elétrons é 1 dividido por 4,17 x 10^{42}! A pergunta é: de onde vem um número tão grande? Não é acidental, como a razão entre o volume da Terra e o volume de uma pulga. Consideramos dois aspectos naturais do mesmo ente, um elétron. Esse número fantástico é uma constante natural, envolvendo portanto algo profundo na natureza. De onde poderia vir um número assim extraordinário? Há quem diga que descobriremos um dia a "equação universal", e uma de suas raízes será este número. É dificílimo encontrar uma equação com um número tão fantástico como raiz natural. Outras possibilidades foram imaginadas; uma é associá-lo à idade do universo. Claramente, temos de encontrar *outro* número grande algures. Mas nos referimos à idade do universo em *anos*? Não, porque os anos não são "naturais"; eles foram concebidos pelos homens. Como exemplo de algo natural, consideremos o tempo levado pela luz para atravessar um próton, 10^{-24} segundo. Se compararmos esse tempo com a *idade do universo*, 2 x 10^{10} anos, a resposta será 10^{-42}. O número de zeros é mais ou menos o mesmo, fazendo com que se propusesse que a constante gravitacional está relacionada à idade do universo. Se isso fosse verdade, a constante gravitacional mudaria com o tempo, pois, à medida que o universo envelhecesse, a razão entre a idade do universo e o tempo levado pela luz para atravessar um próton gradualmente aumentaria. É possível que a constante gravitacional *esteja* mudando com o tempo? Sem dúvida, as mudanças seriam tão pequenas que é difícil saber ao certo.

Um teste concebível é determinar qual teria sido o efeito da mudança nos últimos 10^9 anos, aproximadamente o período da vida terrestre mais primitiva até agora e um décimo da idade do universo. Nesse período, a constante gravitacional teria aumentado cerca de 10%. Ora, se considerarmos a estrutura do Sol – o equilíbrio entre o peso de seu material e o ritmo em que energia radiante é gerada dentro dele –, poderemos deduzir que, se a gravidade fosse 10% mais forte, o Sol seria muito mais do que 10% mais brilhante – à *sexta potência* da constante gravitacional!

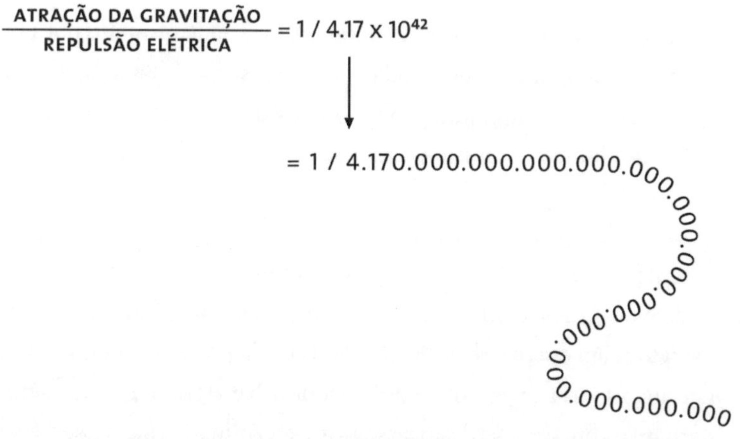

$$\frac{\text{ATRAÇÃO DA GRAVITAÇÃO}}{\text{REPULSÃO ELÉTRICA}} = 1 / 4.17 \times 10^{42}$$

$$= 1 / 4.170.000.000.000.000.000.000.000.000.000.000.000.000.000$$

FIGURA 5-14 As forças relativas das interações elétrica e gravitacional entre dois elétrons.

Se calcularmos o que acontece com a órbita da Terra quando a gravidade está mudando, descobriremos que a Terra estava então *mais próxima do Sol*. De modo geral, a Terra seria cerca de 100ºC mais quente, e toda a sua água, em vez de estar no mar, seria vapor no ar, de modo que a vida não teria começado no mar. Assim, *não* acreditamos agora que a constante gravitacional esteja mudando com a idade do universo. Mas argumentos como este último não são muito convincentes, e a discussão não está totalmente encerrada.

Constitui um fato que a força da gravitação é proporcional à *massa*, a quantidade que é fundamentalmente uma medida da inércia – de quão difícil é deter algo que está girando em círculo. Portanto, dois objetos, um pesado e o outro leve, girando em torno de um objeto maior no mesmo círculo e à mesma velocidade devido à gravidade, permanecerão juntos porque girar em círculo *requer* uma força que é mais forte para uma massa maior. Ou seja, a gravidade é mais forte para uma dada massa, *justamente na proporção certa* para que os dois objetos girem conjuntamente. Se um objeto estivesse dentro do outro, *permaneceria* dentro; é um equilíbrio perfeito. Portanto, Gagarin ou Titov achariam as coisas "sem peso" dentro de uma espaçonave; se por acaso soltassem um pedaço de giz, por exemplo, este giraria ao redor da Terra exatamente da mesma maneira que toda a espaçonave, parecendo portanto suspenso diante deles no espaço. É interessantíssimo que essa força seja *exatamente* proporcional à massa com grande exatidão, porque, do contrário, haveria certo efeito pelo qual inércia e peso difeririam. A ausência de tal efeito foi testada com grande precisão por uma experiência realizada primeiro por Eötvös, em 1909, e mais recentemente por Dicke. Para todas as substâncias testadas, as massas e os pesos são exatamente proporcionais dentro de uma tolerância de uma parte em um bilhão, ou menos. Trata-se de uma experiência notável.

5.8 Gravidade e relatividade

Outro tema que merece discussão é a modificação de Einstein da lei da gravitação de Newton. Não obstante todo o entusiasmo suscitado, a lei da gravitação de Newton não está correta! Ela foi modificada por Einstein no intuito de levar em conta a teoria da relatividade. Segundo Newton, o efeito gravitacional é instantâneo, ou seja, se deslocássemos determinada massa, sentiríamos imediatamente uma nova força devido à nova posição daquela massa; desse modo, poderíamos enviar sinais com velocidade infinita. Einstein apresentou argumentos de que *não podemos enviar sinais acima da velocidade da luz*, de modo que a lei da gravitação deve estar errada. Ao corrigi-la, no intuito de levar em conta as demoras, obtemos uma nova lei, denominada lei da gravitação de Einstein. Uma característica dessa nova lei, que é bem fácil de compreender, é: na teoria da relatividade de Einstein, tudo que tem *energia* tem massa – massa no sentido de ser gravitacionalmente atraído. Mesmo a luz, dotada de energia, possui "massa". Quando um feixe de luz, que contém energia, passa pelo Sol, é atraído por ele. Assim, a luz não segue reta, mas é desviada. Durante o eclipse do Sol, por exemplo, as estrelas ao seu redor devem aparecer deslocadas de onde estariam se o Sol não estivesse ali, fato que foi observado.

Finalmente, comparemos a gravitação com outras teorias. Nos últimos anos, descobrimos que toda massa é constituída de partículas minúsculas e que há várias formas de interações, tais como forças nucleares etc. Até agora, não se descobriu nenhuma explicação da gravitação baseada nessas forças nucleares ou elétricas. Os aspectos quânticos da natureza ainda não foram transportados para a gravitação. Quando a escala é tão pequena que precisamos dos efeitos quânticos, os efeitos gravitacionais são tão fracos que ainda não surgiu a necessidade de uma teoria quântica da gravitação. Por outro lado, para que nossas teorias físicas sejam consistentes, seria importante verificar se a lei de Newton modificada na lei de Einstein poderá ser ainda mais modificada para se tornar consistente com o princípio da incerteza. Esta última modificação ainda não foi levada a cabo.

6 | Comportamento quântico

6.1 Mecânica atômica

Nos últimos capítulos, tratamos das ideias essenciais para uma compreensão da maioria dos fenômenos importantes da luz – ou da radiação eletromagnética em geral. O que abordamos se denomina "teoria clássica" das ondas elétricas, que se revela uma descrição totalmente adequada da natureza para um grande número de efeitos. Ainda não tivemos de nos preocupar com o fato de que a energia luminosa vem em pacotes ou "fótons".

Como próximo tema, gostaríamos de abordar o problema do comportamento de pedaços relativamente grandes de matéria – suas propriedades mecânicas e térmicas, por exemplo. Na sua discussão, descobriremos que a teoria "clássica" (ou mais antiga) falha quase imediatamente, porque a matéria é realmente constituída de partículas de tamanho atômico. Mesmo assim, lidaremos apenas com a parte clássica, por ser a única parte que conseguimos entender usando a mecânica clássica que estivermos aprendendo. Mas não teremos muito sucesso. Descobriremos que, no caso da matéria, ao contrário do caso da luz, teremos dificuldades relativamente cedo. Poderíamos, é claro, contornar constantemente os efeitos atômicos, mas em vez disso interporemos aqui uma breve excursão em que descreveremos as ideias básicas das propriedades quânticas da matéria, ou seja, as ideias quânticas da física atômica, para que você sinta o que estamos deixando de fora. Pois teremos de deixar de fora alguns assuntos importantes de que não podemos evitar nos aproximar.

Portanto, daremos agora uma *introdução* ao tema da mecânica quântica, mas só conseguiremos realmente aprofundar o assunto mais adiante.

"Mecânica quântica" é a descrição do comportamento da matéria em todos os seus detalhes e, em particular, dos acontecimentos em uma escala atômica. As coisas em uma escala muito pequena não se comportam como nada de que você tenha alguma experiência direta. Não se comportam como ondas, não se comportam como partículas, não se comportam como nuvens, ou bolas de bilhar, ou pesos ou molas, ou como qualquer coisa que você já tenha visto.

Newton pensou que a luz fosse constituída de partículas, mas depois se descobriu, como vimos aqui, que se comporta como uma onda. Mais tarde, porém (no início do século XX), descobriu-se que a luz às vezes se comportava de fato como uma partícula. Historicamente, pensou-se que o elétron, por exemplo, se comportasse como uma partícula, mas depois se descobriu que em vários aspectos comportava-se como uma onda. Assim, não se comporta realmente como nenhum dos dois. Agora entregamos os pontos. Dizemos: "Não é *nenhum dos dois*."

Existe, porém, uma saída feliz – os elétrons comportam-se justamente como a luz. O comportamento quântico de objetos atômicos (elétrons, prótons, nêutrons, fótons e assim por diante) é o mesmo para todos; todos são "ondas de partículas", ou seja lá como quiser chamá-los. Assim, o que aprendermos sobre as propriedades dos elétrons (que usaremos em nossos exemplos) se aplicará também a todas as "partículas", inclusive fótons de luz.

O acúmulo gradual de informações sobre o comportamento atômico e de pequena escala durante o primeiro quarto do século XX, que forneceu algumas indicações de como se comporta o microcosmo, gerou uma confusão crescente enfim resolvida em 1926 e 1927 por Schrödinger, Heisenberg e Born. Eles finalmente obtiveram uma descrição coerente do comportamento da matéria em pequena escala. Abordamos os principais aspectos dessa descrição neste capítulo.

Devido ao fato de o comportamento atômico ser tão diferente da experiência comum, é muito difícil acostumar-se com ele, que parece peculiar e misterioso tanto ao leigo como ao físico experiente. Mesmo os especialistas não o compreendem da forma que gostariam, o que é perfeitamente razoável, pois toda experiência humana direta e a intuição humana aplicam-se a objetos grandes. Sabemos como agirão objetos grandes, mas as coisas em pequena escala simplesmente não se comportam assim. Portanto, temos de conhecê-las de certa forma abstrata e imaginativa, e não relacionadas à experiência direta.

Neste capítulo, abordaremos imediatamente o elemento básico do comportamento misterioso em sua forma mais estranha. Optamos por examinar um fenômeno que é impossível, *absolutamente* impossível de explicar de qualquer forma clássica e que encerra a essência da mecânica quântica. Não podemos explicar o mistério no sentido de "explicar" como funciona. *Narraremos* como funciona. Ao descrever como funciona, teremos narrado as peculiaridades básicas de toda a mecânica quântica.

6.2 Uma experiência com balas

Para tentar compreender o comportamento quântico dos elétrons, compararemos e contrastaremos seu comportamento, em uma estrutura experimental específica, com o comportamento mais familiar de partículas como balas e de ondas como as de água. Vejamos primeiro o comportamento das balas na estrutura experimental mostrada diagramaticamente na Figura 6-1. Temos uma metralhadora que atira uma rajada de balas. Não é uma arma muito boa, pois espalha as balas (aleatoriamente) por uma extensão angular bastante grande, como mostra a figura. Diante da metralhadora temos uma parede (de chapa blindada) com dois orifícios do tamanho exato para deixar passar uma bala. Além da parede está uma barreira (digamos, uma parede grossa de madeira) que "absorverá" as balas que lá chegarem. Na frente da parede temos um objeto que denominaremos um "detector" de balas. Pode ser uma caixa contendo areia. Qualquer bala que penetre no detector será detida e acumulada. Quando quisermos, podemos esvaziar a caixa e contar o número de balas captadas.

O detector pode ser deslocado para a frente e para trás (no que denominaremos de direção x). Com esse dispositivo, podemos responder experimentalmente à pergunta: "Qual a probabilidade de uma bala que atravesse os orifícios na parede atingir a barreira à distância x do centro?" Primeiro, perceba que devemos falar de probabilidades, pois não podemos dizer precisamente onde qualquer bala específica irá parar. Uma bala que chegue a atingir um dos orifícios pode ricochetear na parede do orifício e parar em qualquer lugar. Por "probabilidade" queremos dizer a chance de que a bala atinja o detector; podemos medi-la contando o número que atinge o detector em certo intervalo e, depois, calculando a razão entre esse número e o número *total* que atingiu a barreira durante esse intervalo. Ou, se supusermos que a metralhadora sempre dispara à mesma velocidade durante as medidas, a probabilidade que desejamos é justamente proporcional ao número que atinge o detector em algum intervalo-padrão de tempo.

Para nossos fins imediatos, gostaríamos de imaginar uma experiência um tanto idealizada em que as balas não são balas reais, mas balas indestrutíveis – elas não podem se partir pela metade. Em nossa experiência, descobrimos que balas sempre chegam em unidades, e quando encontramos algo no detector é sempre uma bala inteira. Se a velocidade da metralhadora for bastante diminuída, descobriremos que, a qualquer dado momento, ou bem nada chegará, ou bem uma, e somente uma – exatamente uma –, bala chegará à barreira. Além disso, o tamanho da unidade certamente não depende da velocidade da metralhadora. Diremos: "As balas *sempre* chegam em unidades idênticas." O que medimos com nosso detector é a probabilidade de chegada de uma unidade. E medimos a probabilidade como uma função de x. O resultado de tais medições com esse dispositivo (ainda não realizamos a experiência, de modo que estamos realmente imaginando o resultado) é traçado no gráfico da parte (c) da Figura 6-1. Ali, traçamos a probabilidade para a direita e x verticalmente, de modo que a escala x corresponda ao diagrama

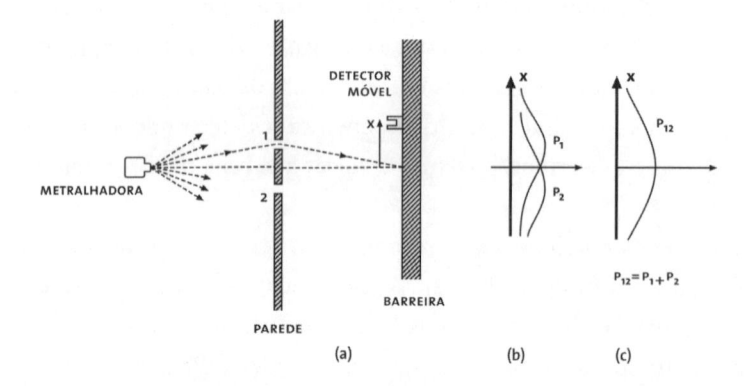

FIGURA 6-1 Experiência de interferência com balas.

do dispositivo. Denominamos a probabilidade P_{12}, porque as balas podem ter vindo através do orifício 1 ou do orifício 2. Você não se surpreenderá que P_{12} seja grande perto do meio do gráfico, e que diminua quando x é muito grande. No entanto, poderá se perguntar por que P_{12} tem seu valor máximo em $x = 0$. Podemos entender esse fato se repetirmos nossa experiência após cobrirmos o orifício 2 e, outra vez, após cobrirmos o orifício 1. Quando o orifício 2 está coberto, as balas só podem passar pelo orifício 1, e obtemos a curva marcada como P_1 na parte (b) da figura. Como seria de esperar, o máximo de P_1 ocorre no valor de x que está em linha reta com a metralhadora e o orifício 1. Quando o orifício 1 está fechado, obtemos a curva simétrica P_2 desenhada na figura. P_2 é a distribuição de probabilidade para balas que passam pelo orifício 2. Comparando as partes (b) e (c) da Figura 6-1, encontramos o importante resultado de que:

$$P_{12} = P_1 + P_2 \qquad (6.1)$$

As probabilidades simplesmente se somam uma à outra. O efeito com os dois orifícios abertos é a soma dos efeitos com cada orifício aberto isoladamente. Chamaremos esse resultado de uma observação de *não interferência*, por uma razão que você verá adiante. Chega de balas! Elas chegam em unidades, e sua probabilidade de chegada não revela interferência alguma.

6.3 Uma experiência com ondas

Agora, examinemos uma experiência com ondas de água. O dispositivo é mostrado diagramaticamente na Figura 6-2. Temos uma vala rasa de água. Um pequeno objeto rotulado de "fonte de ondas" é movido para cima e para baixo por um motor e produz ondas circulares. À direita da fonte, temos de novo uma parede com dois orifícios, e mais adiante está uma segunda parede, que, para manter a simplicidade, é um "absorvedor", impedindo a reflexão das ondas que chegam ali. Isso pode ser feito formando-se uma "praia" de

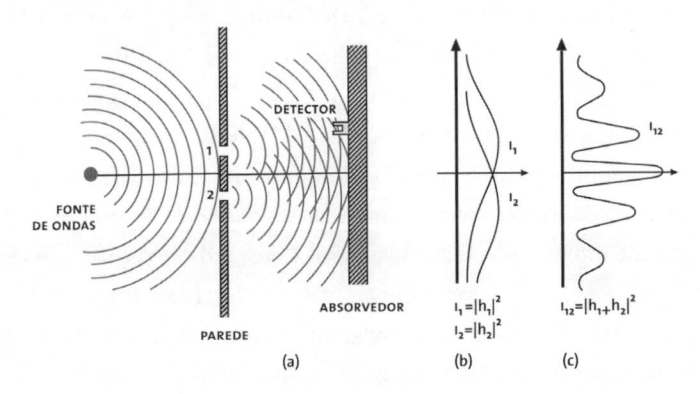

FIGURA 6-2 Experiência de interferência com ondas de água.

areia não escarpada. Diante da praia, colocamos um detector que pode ser movimentado para lá e para cá na direção x, como antes. O detector é agora um dispositivo que mede a "intensidade" do movimento das ondas. Você pode imaginar um instrumento que mede a altura do movimento das ondas, mas cuja escala está graduada proporcionalmente ao *quadrado* da altura real, para que a leitura seja proporcional à intensidade da onda. Nosso detector lê, então, proporcionalmente à *energia* conduzida pela onda – ou melhor, o grau em que a energia é conduzida para o detector.

Com nosso dispositivo de ondas, o primeiro fato a observar é que a intensidade pode ter *qualquer* tamanho. Se a fonte se deslocar apenas um pouco, o movimento de ondas será pequeno no detector. Quando há mais movimento na fonte, aumenta a intensidade no detector. A intensidade da onda pode ter qualquer valor. *Não* diríamos que há qualquer "divisão em unidades" na intensidade das ondas.

Vamos agora medir a intensidade da onda para diferentes valores de x (mantendo a fonte de ondas funcionando sempre de modo idêntico). Obtemos a curva de aspecto interessante, marcada como I_{12} na parte (c) da figura.

Já calculamos como tais padrões podem ocorrer ao estudarmos a interferência de ondas elétricas. Neste caso, observamos que a onda original difrata-se nos orifícios e que novas ondas circulares se espalham para fora de cada um. Se cobrirmos um orifício de cada vez e medirmos a distribuição da intensidade no absorvedor, encontraremos as curvas de intensidade relativamente simples, mostradas na parte (b) da figura: I_1 é a intensidade da onda do orifício 1 (medida quando o orifício 2 está bloqueado); I_2 é a intensidade da onda do orifício 2 (vista quando o orifício 1 está bloqueado).

A intensidade I_{12}, observada quando ambos os orifícios estão abertos, decerto *não* é a soma de I_1 e I_2. Dizemos que há "interferência" entre as duas ondas. Em certos pontos (onde a curva I_{12} atinge seus máximos), as ondas estão "em fase" e seus picos somam-se para fornecer uma grande amplitude e, portanto, uma grande intensidade. Dizemos que as duas ondas estão "interferindo construtivamente" em tais pontos. Ocorrerá tal interferência construtiva sempre que a distância do detector a um orifício for um número inteiro de comprimentos de onda maior (ou menor) que a distância do detector ao outro orifício.

Naqueles pontos onde as duas ondas chegam no detector com uma diferença de fase de π (onde estão "fora de fase"), o movimento ondulatório resultante no detector será a diferença entre as duas amplitudes. As ondas "interferem destrutivamente", e obtemos um valor baixo para a intensidade de onda. Esperamos tais valores baixos sempre que a distância entre o orifício 1 e o detector diferir da distância entre o orifício 2 e o detector por um número ímpar de meios comprimentos de onda. Os valores baixos de I_{12}, na Figura 6-2, correspondem aos pontos onde as duas ondas interferem destrutivamente.

Você se lembrará de que a relação quantitativa entre I_1, I_2 e I_{12} pode ser expressa desta forma: a altura instantânea da onda de água no detector para a onda do orifício 1 pode ser escrita como (a parte real de) $\hat{h}_1 e^{iwt}$, em que a "amplitude" $\hat{h}_1$ é, em geral, um número complexo. A intensidade é proporcional à altura quadrática média ou, quando usamos os números complexos, a $|\hat{h}_1|^2$. De modo semelhante, para o orifício 2 a altura é $\hat{h}_2 e^{iwt}$ e a intensidade é proporcional a $|\hat{h}_2|^2$. Quando os dois orifícios estão abertos, as alturas das ondas somam-se para fornecer a altura $(\hat{h}_1 + \hat{h}_2)e^{iwt}$ e a intensidade $|\hat{h}_1 + \hat{h}_2|^2$. Omitindo a constante de proporcionalidade para nossos fins atuais, as relações apropriadas para *ondas com interferência* são

$$I_1 = |\hat{h}_1|^2 \quad I_2 = |\hat{h}_2|^2 \quad I_{12} = |\hat{h}_1 + \hat{h}_2|^2 \tag{6.2}$$

Observe que o resultado é bem diferente do obtido com balas (equação 6.1). Se expandirmos $|\hat{h}_1 + \hat{h}_2|^2$, veremos que,

$$|\hat{h}_1 + \hat{h}_2|^2 = |\hat{h}_1|^2 + |\hat{h}_2|^2 + 2|\hat{h}_1||\hat{h}_2|\cos\delta \tag{6.3}$$

em que δ é a diferença de fase entre $\hat{h}_1$ e $\hat{h}_2$. Em termos das intensidades, poderíamos escrever:

$$I_{12} = I_1 + I_2 + 2\sqrt{I_1 I_2}\cos\delta \tag{6.4}$$

O último termo em (6.4) é o "termo de interferência". Basta de ondas de água. A intensidade pode ter qualquer valor e revela interferência.

6.4 Uma experiência com elétrons

Agora, imaginemos uma experiência similar com elétrons. Ela é mostrada diagramaticamente na Figura 6-3. Fizemos uma metralhadora de elétrons que consiste em um fio de tungstênio aquecido por uma corrente elétrica e cercado por uma caixa de metal com um orifício. Se o fio tiver uma voltagem negativa em relação à caixa, os elétrons emitidos pelo fio serão acelerados em direção à parede e alguns atravessarão o orifício. Todos os elétrons que saírem da metralhadora terão (quase) a mesma energia. Diante da metralhadora há de novo uma parede (apenas uma chapa de metal fina) com dois orifícios. Além da parede está outra chapa que servirá de "barreira". Diante da barreira, colocamos um detector móvel. Este poderia ser um contador Geiger ou, talvez melhor ainda, um multiplicador de elétrons, que está conectado a um alto-falante.

Cabe alertar de antemão que você não deve tentar realizar esta experiência (como poderia ter feito com as duas já descritas). Esta experiência jamais foi realizada simplesmente desta maneira. O problema é que o dispositivo teria de ser construído em uma escala impossivelmente pequena a fim de mostrar os efeitos que nos interessam. Estamos realizando uma "experiência imaginária", que escolhemos por ser fácil pensar nela. Conhecemos os resultados que *seriam* obtidos porque várias experiências *foram* realizadas em que a escala e as proporções foram escolhidas no intuito de mostrar os efeitos que descreveremos.

A primeira coisa que observamos em nossa experiência com elétrons é que ouvimos "cliques" definidos do detector (ou seja, do alto-falante). E todos os "cliques" são iguais. *Não* há "meios cliques".

Observaríamos também que os "cliques" vêm muito irregularmente. Algo como: clique.....clique-clique...clique........clique....clique-clique......clique...etc., como se ouvíssemos um contador Geiger funcionando. Se contarmos os cliques que chegam durante um tempo suficientemente longo – digamos, vários minutos

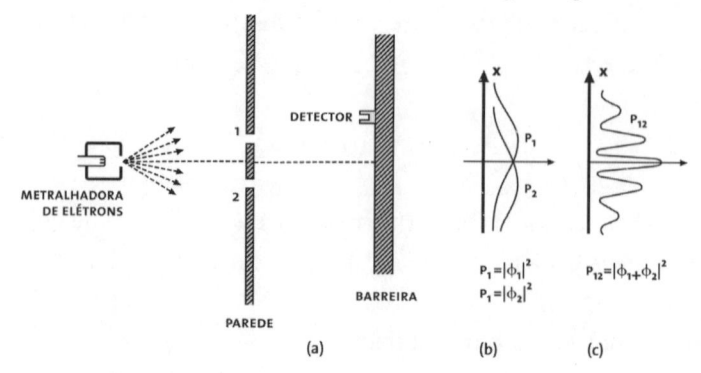

FIGURA 6-3 Experiência de interferência com elétrons.

– e, depois, contarmos de novo por outro período igual, descobriremos que os dois números são muito semelhantes. Assim, podemos falar sobre a *taxa média* em que os cliques são ouvidos (tantos cliques por minuto em média).

Ao deslocarmos o detector, a *taxa* em que os cliques aparecem é acelerada ou retardada, mas o tamanho (altura) de cada clique é sempre o mesmo. Se diminuirmos a temperatura do fio na metralhadora, a taxa de cliques diminuirá, mas cada clique continuará soando igual. Observaríamos também que, se puséssemos dois detectores diferentes na barreira, um *ou* outro emitiria um clique, mas nunca ambos ao mesmo tempo. (Exceto que, uma vez ou outra, se houvesse dois cliques muito próximos no tempo, nosso ouvido poderia não sentir a separação.) Concluímos, portanto, que o que chega na barreira o faz em "unidades". Todas as "unidades" têm o mesmo tamanho: apenas "unidades" inteiras chegam, e chegam uma de cada vez à barreira. Diremos: "Os elétrons sempre chegam em unidades idênticas."

À semelhança de nossa experiência com balas, podemos agora tentar encontrar experimentalmente a resposta para a pergunta: "Qual a probabilidade relativa de que um elétron 'unitário' chegue à barreira a diferentes distâncias x do centro?" Como antes, obtemos a probabilidade relativa observando a taxa de cliques, mantendo constante o funcionamento da metralhadora. A probabilidade de que unidades cheguem em um x específico é proporcional à taxa média de cliques naquele x.

O resultado de nossa experiência é a interessante curva marcada P_{12} na parte (c) da Figura 6-3. Sim! É assim que se comportam os elétrons.

6.5 A interferência de ondas de elétrons

Agora, tentemos analisar a curva da Figura 6-3 para ver se conseguimos entender o comportamento dos elétrons. A primeira coisa que diríamos é que, por virem em unidades, cada um, que podemos também denominar um elétron, atravessou o orifício 1 ou o orifício 2. Escrevamos isso em forma de uma "proposição":

Proposição A: Cada elétron passa *ou* pelo orifício 1 *ou* pelo orifício 2.

Presumindo-se a proposição A, todos os elétrons que chegam à barreira podem ser divididos em duas classes: (1) os que atravessam o orifício 1 e (2) os que atravessam o orifício 2. Assim, nossa curva observada deve ser a soma dos efeitos dos elétrons que atravessam o orifício 1 com os que atravessam o orifício 2. Verifiquemos essa ideia por meio da experiência. Primeiro, faremos uma medida dos elétrons que atravessaram o orifício 1. Bloqueamos o orifício 2 e fazemos nossas contagens dos cliques do detector. Da taxa de cliques, obtemos P_1. O resultado da medida é mostrado pela curva marcada como P_1 na parte (b) da Figura 6-3. O resultado parece bastante razoável. De forma semelhante, medimos P_2, a distribuição de probabilidade para os elétrons que atravessaram o orifício 2. O resultado dessa medida também está desenhado na figura.

O resultado P_{12} obtido com *ambos* os orifícios abertos, sem dúvida, não é a soma de P_1 com P_2, as probabilidades para cada orifício em separado. Em analogia com nossa experiência da onda de água, dizemos: "Há interferência."

Para elétrons: $P_{12} \neq P_1 + P_2$ (6.5)

Como tal interferência pode ocorrer? Talvez devêssemos dizer: "Bem, isso deve significar que *não é verdade* que as unidades passam pelo orifício 1 ou pelo orifício 2, pois se passassem, as probabilidades deveriam se somar. Talvez percorram um caminho mais complicado. Dividem-se ao meio e..." Mas não! Não podem fazê-lo, elas sempre chegam em unidades... "Bem, talvez algumas delas passem por 1 e, depois, dão a volta por 2, em seguida dão a volta outras vezes, ou passam por algum outro caminho complicado... então, fechando o orifício 2, mudamos a chance de que um elétron que *atravessou* o orifício 1 atinja afinal a barreira..." Mas observe! Há alguns pontos onde pouquíssimos elétrons chegam com *ambos* os orifícios abertos, mas que recebem vários elétrons se fecharmos um orifício, de modo que *fechar* um orifício *aumentou* o número do outro. Observe, porém, que, no centro do padrão, P_{12} é mais de duas vezes maior que $P_1 + P_2$. É como se fechar um orifício *diminuísse* o número de elétrons que passam pelo outro orifício. Parece difícil explicar *ambos* os efeitos propondo que os elétrons viajam por percursos complicados.

É tudo assaz misterioso. E quanto mais você examina, mais misterioso parece. Muitas ideias foram forjadas na tentativa de explicar a curva de P_{12} em termos de elétrons individuais percorrendo caminhos complicados através dos orifícios. Nenhuma delas foi bem-sucedida. Nenhuma consegue obter a curva correta para P_{12} em termos de P_1 e P_2.

Porém, surpreendentemente, a *matemática* para relacionar P_1 e P_2 a P_{12} é de extrema simplicidade. Pois P_{12} é exatamente igual à curva I_{12} da Figura 6-2, e *isto* foi simples. O que ocorre na barreira pode ser descrito por dois números complexos que podemos denominar $\hat{\phi}_1$ e $\hat{\phi}_2$ (eles são funções de x, é claro). O quadrado absoluto de $\hat{\phi}_1$ fornece o efeito com apenas o orifício 1 aberto. Ou seja, $P_1 = |\hat{\phi}_1|^2$. O efeito com apenas o orifício 2 aberto é dado por $\hat{\phi}_2$ de forma semelhante. Ou seja, $P_2 = |\hat{\phi}_2|^2$. E o efeito combinado dos dois orifícios é justamente $P_{12} = |\hat{\phi}_1 + \hat{\phi}_2|^2$. A *matemática* é a mesma que para as ondas de água! (É difícil entender como se consegue obter um resultado tão simples de um jogo complicado de elétrons, indo para lá e para cá através da chapa em alguma trajetória estranha.)

Concluímos o seguinte: os elétrons chegam em unidades, como partículas, e a probabilidade de chegada dessas unidades está distribuída como a distribuição da intensidade de uma onda. É neste sentido que um elétron se comporta "às vezes como uma partícula e às vezes como uma onda".

Aliás, ao lidarmos com ondas clássicas, definimos a intensidade como a média no tempo do quadrado da amplitude da onda do tempo e usamos números complexos como um artifício matemático para simplificar a análise. Mas na mecânica quântica descobre-se que as amplitudes *têm de* ser representadas por números complexos. Somente as partes reais não bastarão. Este é um detalhe técnico, por enquanto, pois as fórmulas parecem exatamente iguais.

Como a probabilidade de chegada através de ambos os orifícios é dada com tamanha simplicidade, embora não seja equivalente a *($P_1 + P_2$)*, não há mais nada a dizer. Mas há uma série de sutilezas envolvidas no fato de a natureza funcionar desta maneira. Gostaríamos de mostrar algumas dessas sutilezas para você agora. Primeiro, devido ao fato de o número que chega em um ponto específico *não* ser igual ao número que chega através de 1 mais o número que chega através de 2, como teríamos concluído da proposição A, sem dúvida devemos concluir que a *proposição A é falsa*. Não é verdade que os elétrons passam, *quer* pelo orifício 1, *quer* pelo orifício 2. Mas essa conclusão pode ser testada por outra experiência.

6.6 Observando os elétrons

Tentaremos agora a seguinte experiência. Ao nosso dispositivo de elétrons, acrescentamos uma fonte de luz fortíssima, colocada atrás da parede entre os dois orifícios, como mostra a Figura 6-4. Sabemos que cargas elétricas espalham a luz. Assim, quando um elétron passar a caminho do detector, por qualquer que seja o trajeto, espalhará alguma luz até nosso olho e *veremos* para onde o elétron vai. Se, por exemplo, um elétron tomasse o trajeto através do orifício 2, esboçado na Figura 6-4, veríamos um clarão de luz vindo da vizinhança do lugar marcado como A na figura. Se um elétron passasse através do orifício 1, esperaríamos ver um clarão da vizinhança do orifício superior. Se, por acaso, recebêssemos luz de ambos os lugares ao mesmo tempo, porque o elétron se dividiu em dois... Realizemos a experiência!

Eis o que vemos: *cada* vez que ouvimos um "clique" de nosso detector de elétrons (na barreira), *vemos também* um clarão de luz, *quer* perto do orifício 1, *quer* perto do orifício 2, mas *nunca* ambos ao mesmo tempo! E observamos o mesmo resultado onde quer que situemos o detector. Dessa observação, concluímos que, quando olhamos para os elétrons, constatamos que passam por um orifício ou outro. Experimentalmente, a proposição A é necessariamente verdadeira.

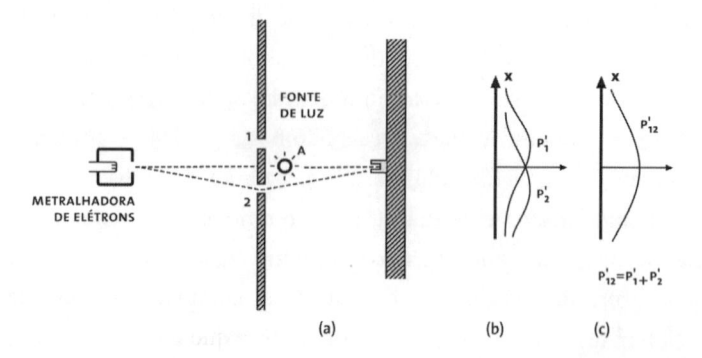

FIGURA 6-4 Experiência diferente com elétrons.

O que há de errado em nosso argumento *contra* a proposição A? Por que P_{12} não é simplesmente igual a $P_1 + P_2$? Voltemos à experiência! Rastreemos os elétrons a fim de descobrir o que estão fazendo. Para cada posição (local x) do detector, contaremos os elétrons que chegam e *também* rastrearemos por qual orifício passaram, observando os clarões. Podemos acompanhar as coisas assim: sempre que ouvirmos um "clique", marcaremos uma contagem na coluna 1, se virmos um clarão perto do orifício 1, e, se o virmos perto do orifício 2, registraremos uma contagem na coluna 2. Todo elétron que chega é registrado em uma destas duas classes: os que passam pelo 1 e os que passam pelo 2. Do número registrado na coluna 1 obtemos a probabilidade P'_1 de que um elétron chegará ao detector através do orifício 1; e do número registrado na coluna 2 obtemos P'_2, a probabilidade de que um elétron chegará ao detector através do orifício 2. Se repetirmos tal medida para vários valores de x, obteremos as curvas para P'_1 e P'_2, mostradas na parte (b) da Figura 6-4.

Isso não é muito surpreendente! Obtemos para P'_1 algo bem parecido com o que obtivemos antes para P_1, ao bloquearmos o orifício 2; e P'_2 é semelhante ao que obtivemos ao bloquearmos o orifício 1. Assim, não acontece *nada* de complicado como passar por ambos os orifícios. Quando os observamos, os elétrons passam pelos orifícios exatamente como esperamos. Quer os orifícios estejam fechados ou abertos, os que vemos passar pelo orifício 1 estão distribuídos da mesma maneira, quer o orifício 2 esteja aberto ou fechado.

Mas alto lá! Qual é *agora* a probabilidade *total*, a probabilidade de que um elétron chegará ao detector por qualquer rota? Já dispomos dessa informação. Basta fingir que nunca observamos os clarões de luz e agrupar os cliques do detector que separamos nas duas colunas. *Precisamos* apenas *somar* os números. Para a probabilidade de que um elétron chegará à barreira passando por *um dos dois* orifícios, encontramos $P'_{12} = P_1 + P_2$. Ou seja, embora consigamos observar por que orifícios nossos elétrons passaram, não mais obtemos a velha curva com interferência P_{12}, e sim uma nova, P'_{12}, sem nenhuma interferência! Se desligarmos a luz, P_{12} será restaurada.

Temos de concluir que, *quando olhamos para os elétrons*, sua distribuição no anteparo é diferente de quando não o fazemos. Será que ligar nossa fonte de luz é o que perturba as coisas? Os elétrons devem ser muito delicados, e a luz, ao se espalhar neles, dá-lhes um solavanco que muda seu movimento. Sabemos que o campo elétrico da luz agindo sobre uma carga exercerá nela uma força. Assim, talvez *devamos* esperar que o movimento se altere. De qualquer modo, a luz exerce uma grande influência sobre os elétrons. Ao tentar "observar" os elétrons, mudamos os seus movimentos. Ou seja, o solavanco no elétron quando o fóton é espalhado por ele consegue alterar o movimento do elétron o suficiente para que, se *pudesse* ter ido onde P_{12} estava no máximo, parasse em vez disso onde P_{12} estava no mínimo; por isso, não vemos mais os efeitos da interferência ondulatória.

Você deve estar pensando: "Não use uma fonte tão brilhante! Diminua o brilho! As ondas de luz serão, então, mais fracas e não perturbarão tanto os elétrons. De fato, se tornarmos a luz cada vez mais fraca, no final a onda será fraca o suficiente para ter um efeito desprezível." OK. Vamos tentar. A primeira coisa que observamos é que os clarões de luz dispersados dos elétrons ao passarem por eles *não* ficam mais fracos. *O clarão tem sempre o mesmo tamanho.* A única coisa que acontece quando a luz é enfraquecida é que, às vezes, ouvimos um "clique" do detector, mas *não vemos nenhum clarão.* O elétron passou sem ser "visto". O que estamos observando é que a luz *também* age como elétrons; *sabíamos* que ela era "ondulatória", mas agora descobrimos que também é "unitária". Ela sempre chega – ou é espalhada – em unidades que denominamos "fótons". Ao diminuirmos a *intensidade* da fonte de luz, não alteramos o *tamanho* dos fótons, apenas a *taxa* em que são emitidos. *Isso* explica por que, quando nossa fonte é fraca, alguns elétrons passam despercebidos. Por acaso, não havia fóton por perto no momento da passagem do elétron.

Tudo isso é um tanto desencorajador. Se for verdade que, sempre que "vemos" o elétron, vemos o clarão de mesmo tamanho, aqueles elétrons que vemos são *sempre* os perturbados. De qualquer modo, tentemos a experiência com uma luz fraca. Agora, sempre que ouvirmos um clique no detector, faremos uma contagem em três colunas: na coluna (1), os elétrons visíveis pelo orifício 1, na coluna (2), os elétrons visíveis pelo orifício 2, e na coluna (3), os elétrons simplesmente não visíveis. Quando trabalhamos nossos dados (calculando as probabilidades), descobrimos estes resultados: os "visíveis pelo orifício 1" têm uma distribuição como P'_1; os "visíveis pelo orifício 2" têm uma distribuição como P'_2 (de modo que os "visíveis pelo orifício 1 ou 2" têm uma distribuição como P'_{12}); e os "simplesmente não visíveis" têm uma distribuição "ondulatória" justamente como P_{12} da Figura 6-3! *Se os elétrons não são vistos, temos interferência!*

Isso é compreensível. Quando não vemos o elétron, nenhum fóton o perturba, e quando o vemos, um fóton o perturbou. A quantidade de perturbação é sempre a mesma, porque todos os fótons de luz produzem efeitos de mesmo tamanho, e o efeito do espalhamento dos fótons é suficiente para turvar qualquer efeito de interferência.

Haverá *alguma* maneira de ver os elétrons sem perturbá-los? Aprendemos em um capítulo anterior que o momento de um "fóton" é inversamente proporcional ao seu comprimento de onda $p = h / \lambda$. Decerto, o solavanco no elétron quando o fóton é espalhado rumo ao nosso olho depende da energia que aquele fóton possui. Ah-ha! A fim de perturbar apenas ligeiramente os elétrons, não deveríamos ter diminuído a *intensidade* da luz, mas sua *frequência* (aumentando seu comprimento de onda). Usemos uma luz mais avermelhada. Poderíamos até usar luz infravermelha ou ondas de rádio (como o radar) e "ver" para onde foi o elétron com auxílio de algum equipamento capaz de "ver" luz com esses comprimentos de onda maiores. Se usarmos uma luz mais "suave", talvez consigamos evitar tamanha perturbação dos elétrons.

Tentemos a experiência com ondas mais longas. Repetiremos várias vezes nossa experiência, com luz de comprimento de onda cada vez maior. De início, nada parece mudar. Os resultados são os mesmos. Então, algo terrível acontece. Você se lembra de que, quando discutimos o microscópio, observamos que, devido à *natureza ondulatória* da luz, há uma limitação de quão próximos podem estar dois pontos, de modo que continuem sendo vistos como pontos separados. Essa distância é da ordem do comprimento de onda da luz. Assim, quando tornamos o comprimento de onda maior do que a distância entre os orifícios, vemos um *grande* clarão confuso quando a luz é espalhada pelos elétrons. Não conseguimos mais saber por qual orifício o elétron passou! Sabemos apenas que passou por algum lugar! E é justamente com luz dessa cor que descobrimos que os solavancos no elétron são suficientemente pequenos para que P'_{12} comece a se parecer com P_{12} – que começamos a obter algum efeito de interferência. E é apenas para comprimentos de onda muito maiores do que a separação dos dois orifícios (quando não temos nenhuma chance de saber por onde o elétron passou) que a perturbação da luz se torna suficientemente pequena para obtermos de novo a curva P_{12}, mostrada na Figura 6-3.

Em nossa experiência, descobrimos que é impossível dispor a luz de modo a saber por qual orifício o elétron passou e, ao mesmo tempo, não perturbar o padrão. Heisenberg achou que as novas leis da natureza só poderiam ser consistentes se houvesse alguma limitação básica anteriormente não reconhecida em nossas capacidades experimentais. Propôs, como um princípio geral, seu *princípio da incerteza*, que podemos enunciar assim em termos de nossa experiência: "É impossível projetar um dispositivo para determinar por qual orifício passa o elétron que ao mesmo tempo não perturbe os elétrons o suficiente para destruir o padrão de interferência." Se um dispositivo for capaz de determinar por qual orifício passa o elétron, *não poderá* ser delicado a ponto de não perturbar o padrão de uma forma essencial. Ninguém jamais descobriu (ou sequer imaginou) como contornar o princípio da incerteza. Assim, temos de supor que descreve uma característica básica da natureza.

A teoria completa da mecânica quântica, que usamos agora para descrever os átomos e, na verdade, toda a matéria, depende da correção do princípio da incerteza. O imenso sucesso da mecânica quântica reforça nossa crença no princípio da incerteza. Mas se fosse descoberta uma forma de "derrotar" o princípio da incerteza, a mecânica quântica forneceria resultados inconsistentes e teria de ser descartada como uma teoria válida da natureza.

"Bem", observa o leitor, "e quanto à proposição A? É ou não verdade que o elétron passa pelo orifício 1 ou 2?" A única resposta possível é que descobrimos, com base na experiência, que há certa forma especial de pensamento para não cairmos em inconsistências. O que temos de dizer (a fim de evitar previsões erradas) é o seguinte: se alguém olhar para os orifícios ou, mais precisamente, se tiver um dispositivo capaz de determinar se os elétrons passam pelo orifício 1 ou 2, *poderá* dizer que passam pelo orifício 1 ou 2. *Mas*, quando *não* se tenta saber por que caminho passam o elétron, quando não há nada na experiência para perturbar os elétrons, *não* se pode dizer que um elétron passa pelo orifício 1 ou 2. Quem disser isso e começar a tirar quaisquer deduções a partir do enunciado cometerá erros na análise. Esta é a corda bamba lógica em que precisamos nos equilibrar se quisermos descrever com sucesso a natureza.

***

Se o movimento de toda a matéria – bem como dos elétrons – deve ser descrito em termos de ondas, e quanto às balas de nossa primeira experiência? Por que não vimos ali um padrão de interferência? Descobre-se que, para as balas, os comprimentos de onda eram tão minúsculos que os padrões de interferência se tornaram muito tênues. Tão tênues, de fato, que, com qualquer detector de tamanho finito, não se conseguiria distinguir os máximos e mínimos separados. O que vimos foi apenas uma espécie de média, que é a curva clássica. Na Figura 6-5, tentamos indicar esquematicamente o que acontece com objetos de grande porte. A parte (a) da figura mostra a distribuição de probabilidade prevista para balas usando a mecânica quântica. Supõe-se que as rápidas oscilações representem o padrão de interferência obtido para ondas de comprimento de onda muito pequeno. Qualquer detector físico, porém, cobre várias oscilações da curva probabilista, de modo que as medições mostram a curva suave desenhada na parte (b) da figura.

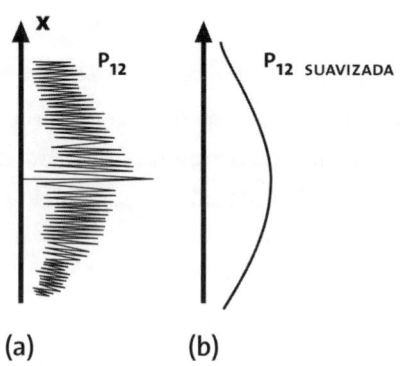

FIGURA 6-5 Padrão de interferência com balas: (a) real (esquemático.) (b) observado.

6.7 Primeiros princípios da mecânica quântica

Escreveremos agora uma síntese das principais conclusões de nossas experiências. Daremos aos resultados, porém, uma forma que os torne verdadeiros para uma classe geral dessas experiências. Podemos escrever nossa síntese de forma mais simples, definindo primeiro uma "experiência ideal" como aquela livre de influências externas incertas, ou seja, de oscilações ou outras coisas que não consigamos levar em conta. Seríamos bem precisos se disséssemos: "Uma experiência ideal é aquela em que todas as condições iniciais e finais estão completamente especificadas." O que denominaremos "um evento" é, em geral, apenas um conjunto específico de condições iniciais e finais. (Por exemplo: "um elétron deixa a metralhadora, chega ao detector e nada mais acontece.") À síntese, pois.

Síntese

(1) A probabilidade de um evento em uma experiência ideal é dada pelo quadrado do valor absoluto de um número complexo ø, denominado amplitude de probabilidade.

P = probabilidade
ø = amplitude de probabilidade (6.6)
$P = |ø|^2$

(2) Quando um evento pode ocorrer de várias formas diferentes, a amplitude de probabilidade para o evento será a soma das amplitudes de probabilidades de cada forma considerada separadamente. Há interferência.

$ø = ø_1 + ø_2$
$P = |ø_1 + ø_2|^2$ (6.7)

(3) Se for realizada uma experiência capaz de determinar se uma ou outra alternativa é realmente tomada, a probabilidade do evento será a soma das probabilidades de cada alternativa. A interferência se perderá.

$P = P_1 + P_2.$ (6.8)

Alguém poderia ainda perguntar: "Como funciona isso? Qual o mecanismo por trás da lei?" Ninguém descobriu qualquer mecanismo por trás da lei. Ninguém consegue "explicar" mais do que acabamos de fazer. Ninguém fornecerá uma representação mais profunda da situação. Não temos nenhuma ideia de um mecanismo mais básico do qual esses resultados possam ser deduzidos.

Gostaríamos de enfatizar uma diferença importantíssima entre as mecânicas clássica e quântica. Temos falado da probabilidade de que um elétron chegue em uma dada circunstância. Concluímos que, em nosso arranjo experimental (ou mesmo no melhor possível), seria impossível prever exatamente o que ocorreria. Podemos apenas prever as chances! Isso significaria, se fosse verdade, que a física desistiu do problema de tentar prever exatamente o que acontecerá em uma circunstância definida. Sim! A física desistiu. *Não sabemos como prever o que ocorreria em uma dada circunstância* e acreditamos agora ser impossível, já que a única coisa que pode ser prevista é a probabilidade de diferentes eventos. É preciso reconhecer que este é um retrocesso em relação ao ideal anterior de entender a natureza. Pode ser um passo para trás, mas ninguém encontrou uma forma de evitá-lo.

Faremos agora algumas observações sobre uma sugestão que tem sido dada para tentar evitar a situação recém-descrita: "Talvez o elétron oculte algum tipo de mecanismo interno – certas variáveis internas – que ainda não conhecemos. Talvez seja por isso que não conseguimos prever o que ocorrerá. Se pudéssemos examinar mais detidamente o elétron, conseguiríamos prever onde iria parar." Ao que nos consta, isso é impossível. Continuaríamos em dificuldades. Suponha que presumimos que dentro do elétron há algum tipo de mecanismo que determina onde ele irá parar. Esse mecanismo *também* tem de determinar por qual orifício ele passará no caminho. Mas não nos esqueçamos de que o que está dentro do elétron não deve depender do que *nós* fazemos e, em particular, de se abrimos ou fechamos um dos orifícios. Assim, se um elétron, antes de partir, já decidiu (a) que orifício irá usar e (b) onde irá parar, deveríamos encontrar P_1 para os elétrons que escolheram o orifício 1, P_2 para aqueles que escolheram o orifício 2, e *necessariamente* a soma $P_1 + P_2$ para aqueles que chegam pelos dois orifícios. Parece não haver como contorná-lo. Mas verificamos experimentalmente que isso não acontece. E ninguém descobriu uma solução para este quebra-cabeça. Assim, no presente momento, temos de nos limitar a calcular probabilidades. Dizemos "no presente momento", mas suspeitamos fortemente de que é algo com que conviveremos para sempre – que é impossível solucionar o enigma –, que a natureza realmente *é* assim.

6.8 O princípio da incerteza

Foi assim que Heisenberg formulou originalmente o princípio da incerteza: se você fizer a medida de qualquer objeto e conseguir determinar a componente x de seu momento com uma incerteza Δp, não conseguirá, ao mesmo tempo, saber sua posição x mais precisamente do que $\Delta x = h/ \Delta p$. O produto das incertezas da posição e do momento em qualquer instante deve superar a constante de Planck. Este é um caso especial do princípio da incerteza que enunciamos de forma mais geral. O enunciado mais geral foi que não se consegue projetar um equipamento para determinar qual de duas alternativas é escolhida sem, ao mesmo tempo, destruir o padrão de interferência.

Mostremos para um caso particular em que o tipo de relação dada por Heisenberg deve ser verdadeiro a fim de se evitar problemas. Imaginemos uma modificação na experiência da Figura 6-3, em que a parede com os orifícios consiste em uma chapa montada sobre rodinhas para que possa se mover livremente para cima e para baixo (na direção x), como mostra a Figura 6-6. Observando com atenção o movimento da chapa, podemos tentar descobrir por qual orifício passa um elétron. Imagine o que acontece quando o detector é situado em $x = 0$. Esperaríamos que um elétron que passa pelo orifício 1 deva ser desviado para baixo pela chapa para atingir o detector. Como a componente vertical do momento do elétron mudou, a chapa deve recuar com um momento igual na direção oposta. A chapa receberá um impulso para cima. Se o elétron passar pelo orifício inferior, a chapa deverá sentir um impulso para baixo. Claro está que, para cada posição do detector, o momento recebido pela chapa terá um valor diferente para uma travessia via orifício 1 do que para uma travessia via orifício 2. Muito bem! Sem perturbar *absolutamente* os elétrons, mas apenas observando a *chapa*, podemos dizer que caminho o elétron tomou.

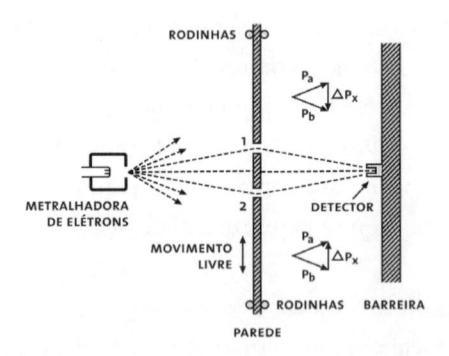

FIGURA 6-6 Uma experiência em que o recuo da parede é medido.

Ora, para isso é necessário saber o momento do filtro antes que o elétron o atravesse. Assim, ao medirmos o momento após a passagem do elétron, poderemos descobrir quanto mudou o momento da chapa. Mas lembre-se de que, segundo o princípio da incerteza, não podemos saber ao mesmo tempo a posição da chapa com uma precisão arbitrária. Mas se não soubermos exatamente *onde* está a chapa, não poderemos dizer precisamente onde estarão os dois orifícios. Estarão em um lugar diferente para cada elétron que os atravessar. Isso significa que o centro de nosso padrão de interferência terá uma localização diferente para cada elétron. As oscilações do padrão de interferência serão turvadas. Mostraremos quantitativamente ainda que, se determinarmos o momento da chapa com precisão suficiente para determinar, pela medição do recuo, que orifício foi usado, então a incerteza na posição x da chapa, segundo o princípio da incerteza, será suficiente para mudar o padrão observado no detector para cima e para baixo na direção x aproximadamente a distância de um máximo para seu mínimo mais próximo. Tal mudança aleatória é suficiente para turvar o padrão de modo que nenhuma interferência seja observada.

O princípio da incerteza "protege" a mecânica quântica. Heisenberg reconheceu que, se fosse possível medir o momento e a posição simultaneamente com maior precisão, a mecânica quântica desmoronaria. Assim, propôs que deve ser impossível. Daí em diante, as pessoas se debruçaram sobre o problema e tentaram descobrir formas de fazê-lo, mas ninguém conseguiu descobrir um meio de medir a posição e o momento de algo – um anteparo, um elétron, uma bola de bilhar, qualquer coisa – com qualquer precisão maior. A mecânica quântica preserva sua perigosa mas correta existência.

Física em 6 lições não tão fáceis

Nota do editor norte-americano

O sucesso e a popularidade absolutos de *Física em seis lições* despertaram um clamor tanto do público em geral como de estudantes e cientistas profissionais por *mais* Feynman. Portanto, voltamos às *Lectures on Physics* originais e aos arquivos da Caltech para ver se havia mais lições "fáceis". Não havia. Mas havia várias palestras *não tão fáceis* que, embora contenham um pouco de matemática, não são difíceis demais para estudantes iniciantes; e para o estudante *e* o leigo, essas seis lições são tão empolgantes, cativantes e divertidas como as seis primeiras.

Outra diferença entre estas lições não tão fáceis e as seis primeiras é que os temas das primeiras abrangiam vários campos da física, da mecânica à termodinâmica e física atômica. Estas seis lições novas que você tem na mão, porém, concentram-se num tema que inspirou muitas das mais revolucionárias descobertas e surpreendentes teorias da física moderna, dos buracos negros aos buracos de minhocas, da energia atômica às deformações do tempo; estamos falando, é claro, da teoria da relatividade. Mas mesmo o grande Einstein, o pai da teoria da relatividade, não conseguia *explicar* as maravilhas, o funcionamento e os conceitos fundamentais de sua própria teoria tão bem quanto aquele sujeito de Nova York, Richard P. Feynman, como provará a leitura dos capítulos.

A Addison Wesley Longman deseja agradecer a Roger Penrose por sua perspicaz introdução a esta coletânea; a Brian Hartfield e David Pines, por seus valiosos conselhos na seleção das seis lições; e ao departamento de física e aos arquivos do Instituto de Tecnologia da Califórnia, em particular a Judith Goodstein, por ajudarem a concretizar este projeto.

Introdução

Para saber por que Richard Feynman foi um professor tão bom, é importante compreender sua estatura notável como cientista. Ele foi, de fato, uma das figuras excepcionais da física teórica do século XX. Suas contribuições para essa disciplina são fundamentais para todo o desenvolvimento da forma específica como a teoria quântica é usada na atual pesquisa de ponta e, portanto, para as nossas percepções atuais do mundo. As integrais de trajetória, os diagramas de Feynman e as regras estão entre as ferramentas básicas do físico teórico moderno – ferramentas necessárias à aplicação das regras da teoria quântica a campos físicos (por exemplo, a teoria quântica de elétrons, prótons e fótons) e que constituem uma parte essencial dos procedimentos pelos quais essas regras se tornam compatíveis com os requerimentos da teoria da relatividade restrita de Einstein. Embora nenhuma dessas ideias seja fácil de entender, a abordagem particular de Feynman sempre se caracterizou por uma clareza profunda, eliminando complicações desnecessárias no que existia antes. Havia uma relação estreita entre sua capacidade especial de progredir na pesquisa e suas qualidades particulares como professor. Ele tinha um talento inigualável que lhe permitia transpor as complicações que muitas vezes obscurecem os fundamentos de uma questão física e ver claramente os princípios físicos subjacentes.

Contudo, na imagem popular de Feynman, ele é mais conhecido pelas excentricidades e palhaçadas, por suas brincadeiras, sua irreverência para com as autoridades, seu desempenho no bongô, seus casos com mulheres, alguns profundos, outros superficiais, suas idas a boates de striptease, suas tentativas, no final da vida, de chegar ao desconhecido país de Tuva, na Ásia central, e muitas outras situações. Sem dúvida, ele deve ter sido extraordinariamente inteligente, como demonstram claramente sua extrema rapidez nos cálculos, suas proezas no arrombamento de cofres, as vezes em que passou a perna nos serviços de segurança e a decifração de textos maias antigos, sem falar no prêmio Nobel com o qual acabou sendo laureado. No entanto, nada disto transmite o status de que, sem dúvida, gozava entre os físicos e outros cientistas de ser um dos pensadores mais profundos e originais do século XX.

O eminente físico e escritor Freeman Dyson, um antigo colaborador de Feynman numa época em que este vinha desenvolvendo suas ideias mais importantes, escreveu em uma carta aos pais na Inglaterra, na primavera de 1948, quando Dyson era aluno de pós-graduação da Universidade Cornell: "Feynman é o jovem professor norte-americano, meio gênio e meio bufão, que mantém todos os físicos e seus filhos entretidos com sua vitalidade efervescente. Mas ele tem, como descobri recentemente, muito mais qualidades do que isto..." Bem mais tarde, em 1988, ele escreveria: "Uma descrição mais fiel teria dito que Feynman era totalmente gênio e totalmente bufão. O pensamento profundo e as alegres palhaçadas não eram partes separadas de uma personalidade dividida... Ele estava pensando e fazendo palhaçadas simultaneamente."[1] De fato, em suas palestras, seu humor era espontâneo e muitas vezes escandaloso. Por meio dele, prendia a atenção do público, mas nunca a ponto de se desviar do propósito da palestra, que era transmitir uma genuína e profunda compreensão da física. Pelo riso, o público conseguia relaxar e ficar à vontade, sem medo das expressões matemáticas e dos conceitos físicos que normalmente intimidam e são de difícil compreensão. No entanto, embora gostasse de ser a atração e fosse, sem dúvida, um showman, este não era o propósito de suas exposições. O propósito era transmitir alguma compreensão básica de ideias subjacentes da física e das ferramentas matemáticas essenciais para expressar essas ideias apropriadamente.

Embora o riso desempenhasse um papel fundamental em seu sucesso em prender a atenção do público, mais importante para comunicar compreensão era a objetividade de sua abordagem. De fato, ele tinha um estilo extraordinariamente direto e prático. Ele escarnecia do filosofar devaneador quando dotado de pouco conteúdo físico. Mesmo sua atitude com relação à matemática era um tanto semelhante. Tinha pouco interesse por sutilezas matemáticas pedantes, mas tinha um domínio especial da matemática de que

---

[1] As citações de Dyson encontram-se em seu livro *From Eros to Gaia* (Pantheon Books, Nova York, 1992), respectivamente nas páginas 325 e 314.

precisava, e sabia apresentá-la de uma forma poderosamente transparente. Não devia nada a ninguém, e não aceitava cegamente o que os outros consideravam verdadeiro, sem chegar ele próprio a um julgamento independente. Desse modo, sua abordagem costumava ser notavelmente original, seja em sua pesquisa ou no ensino. E quando a visão de Feynman diferia significativamente do que existia antes, podia-se apostar com razoável segurança que a abordagem de Feynman seria a mais frutífera a se seguir.

O método de comunicação preferido de Feynman era verbal. Ele não se comprometia facilmente, nem com frequência, com o mundo impresso. Em seus artigos científicos, as qualidades "feynmanianas" especiais certamente se manifestavam, embora de uma forma um tanto atenuada. Era em suas palestras que seus talentos reinavam. Suas popularíssimas "Feynman Lectures" foram basicamente transcrições revistas (por Robert B. Leighton e Matthew Sands) de palestras dadas por Feynman, e a natureza irresistível do texto é evidente para quem as lê. A *Física em seis lições não tão fáceis* apresentada aqui foi extraída daquelas palestras. No entanto, mesmo aqui, as palavras impressas sozinhas deixam algo importante de fora. Para sentir toda a empolgação que as palestras de Feynman exalam, acredito ser importante ouvir a sua voz. O caráter direto da abordagem de Feynman, a irreverência e o humor tornam-se, então, coisas que podemos imediatamente compartilhar. Felizmente, existem gravações de todas as palestras apresentadas neste livro, o que proporciona ao leitor (que domine o inglês) essa oportunidade – e recomendo fortemente, caso surja tal oportunidade, que pelo menos algumas versões em áudio sejam ouvidas primeiro.

A série atual de seis palestras foi cuidadosamente escolhida para estar num nível um pouco acima das seis que formaram o conjunto anterior de palestras de Feynman intitulado *Física em seis lições fáceis*. Além do mais, elas formam um bom conjunto e constituem uma explicação esplêndida e irresistível de uma das áreas gerais mais importantes da física teórica moderna.

Essa área é a *relatividade*, que irrompeu originalmente na consciência humana nos anos iniciais do século XX. O nome de Einstein figura com destaque no conceito sobre esse campo. Foi de fato Albert Einstein quem, em 1905, enunciou claramente pela primeira vez os princípios recônditos subjacentes a esse novo domínio do empreendimento físico. Mas houve outros antes dele, mais marcadamente Hendrik Antoon Lorentz e Henri Poincaré, que já haviam reconhecido a maior parte dos fundamentos da (então) nova física. Além disso, os grandes cientistas Galileu Galilei e Isaac Newton, séculos antes de Einstein, já haviam observado que, nas teorias dinâmicas que eles próprios vinham desenvolvendo, a física quando percebida por um observador em movimento uniforme seria idêntica àquela percebida por um observador em repouso. O problema-chave decorrente disto só surgiu mais tarde, com a descoberta de James Clerk Maxwell, publicada em 1865, das equações que governam os campos elétricos e magnéticos, e que também controlam a propagação da luz. A implicação parecia ser que o princípio da relatividade de Galileu e Newton não podia mais ser considerado verdadeiro, pois a luz deve, segundo as equações de Maxwell, possuir uma velocidade definida de propagação. Consequentemente, um observador em repouso se distinguiria daqueles em movimento pelo fato de que somente para um observador em repouso a velocidade da luz parece ser a mesma em todas as direções. O princípio da relatividade de Lorentz, Poincaré e Einstein difere do de Galileu e Newton, mas possui esta mesma implicação: a física, quando percebida por um observador em movimento uniforme, é, de fato, idêntica à percebida por um observador em repouso.

No entanto, na nova relatividade, as equações de Maxwell *são* compatíveis com este princípio, e a medida da velocidade da luz fornece um valor fixo em todas as direções, não importa em qual direção ou com que velocidade o observador possa estar se movendo. Como é possível essa mágica de conciliar essas exigências aparentemente incompatíveis? Deixarei que Feynman explique com sua própria e inimitável maneira.

A relatividade é talvez o primeiro lugar onde o poder físico da ideia matemática de *simetria* começa a se fazer sentir. A simetria é uma ideia familiar, mas não é tão familiar assim a maneira como esta ideia pode ser aplicada de acordo com um conjunto de expressões matemáticas. Mas é exatamente da simetria que se precisa para implementar os princípios da relatividade especial em um sistema de equações. A coerência com o princípio da relatividade, pelo qual a física "tem o mesmo aspecto" para um observador em movimento uniforme e um observador em repouso, requer uma "transformação de simetria" que traduza as quantidades medidas por um observador para as quantidades medidas pelo outro. Trata-se de uma simetria porque as leis físicas parecem as mesmas para cada observador, e "simetria" implica que algo tem a mesma aparência de dois pontos de vista distintos. A abordagem de Feynman para assuntos abstratos desta natureza é bem prática, e ele consegue transmitir as ideias de uma maneira acessível a pessoas sem experiência matemática específica ou aptidão para o pensamento abstrato.

Enquanto a relatividade apontava para simetrias adicionais que não haviam sido percebidas antes, alguns dos desenvolvimentos mais modernos da física mostraram que certas simetrias, antes julgadas universais, são, na verdade, sutilmente violadas. A comunidade científica ficou profundamente abalada, em 1957, quando o trabalho de Lee, Yang e Wu mostrou que, em certos processos físicos básicos, as leis aceitas por um sistema físico não são as mesmas aceitas pela cópia refletida no espelho daquele sistema. Na verdade, Feynman teve uma participação no desenvolvimento da teoria física que é capaz de acomodar esta assimetria. Sua explicação aqui é, portanto, dramática, à medida que mistérios da natureza cada vez mais profundos vão sendo desvelados.

À medida que a física se desenvolve, formalismos matemáticos necessários para expressar as novas leis físicas se desenvolvem com ela. As ferramentas matemáticas, quando habilmente ajustadas às suas tarefas apropriadas, podem fazer a física parecer bem mais simples. As ideias de cálculo vetorial são um bom exemplo. O cálculo vetorial de três dimensões foi originalmente desenvolvido para lidar com a física do espaço comum, proporcionando um maquinário precioso para a expressão de leis físicas, como as de Newton, onde não há direção física preferida no espaço. Em outras palavras, as leis físicas possuem uma *simetria* sob rotações comuns no espaço. Feynman demonstra o poder da notação vetorial e elucida as ideias subjacentes para expressar tais leis.

A teoria da relatividade, porém, prescreve que o *tempo* também deve se submeter ao domínio dessas transformações de simetria, tornando necessário um cálculo vetorial quadridimensional. Este cálculo também é apresentado aqui por Feynman, já que permite entender que não apenas tempo e espaço devem ser considerados aspectos diferentes da mesma estrutura quadridimensional, mas o mesmo se aplica à energia e ao momento no sistema relativístico.

A ideia de que a história do universo deve ser vista, fisicamente, como um espaço-tempo quadridimensional e não como um espaço tridimensional evoluindo com o tempo é fundamental para a física moderna. É uma ideia cuja importância não é fácil de captar. De fato, o próprio Einstein não foi simpático à ideia ao se deparar com ela pela primeira vez. A ideia do espaço-

-tempo não foi realmente de Einstein, embora na imaginação popular costume ser atribuída a ele. Foi o geômetra russo-alemão Hermann Minkowski, que fora professor de Einstein na Politécnica de Zurique, quem apresentou originalmente a ideia do espaço-tempo quadridimensional em 1908, poucos anos após Poincaré e Einstein terem formulado a teoria da relatividade restrita. Em uma palestra famosa, Minkowski afirmou: "Daqui para a frente, o espaço por si e o tempo por si estão fadados a diluir em meras sombras, e somente uma espécie de unidade entre os dois preservará uma realidade independente."[2]

As descobertas científicas mais influentes de Feynman, às quais me referi anteriormente, derivaram de sua própria abordagem *espaçotemporal* da mecânica quântica. É inegável a importância do espaço-tempo na obra de Feynman e na física moderna em geral. Não surpreende, portanto, que Feynman seja vigoroso em promover as ideias de espaço-tempo, enfatizando sua importância física. A relatividade não é filosofia irreal, nem o espaço-tempo é um mero formalismo matemático. Trata-se de um ingrediente básico do próprio universo em que vivemos.

Ao se acostumar à ideia de espaço-tempo, Einstein incorporou-a totalmente à sua forma de pensar. Ela se tornou uma parte essencial de sua extensão da relatividade restrita – a teoria da relatividade à qual me referi anteriormente e que Lorentz, Poincaré e Einstein introduziram –, naquilo que se conhece como relatividade *geral*. Na relatividade geral de Einstein, o espaço-tempo torna-se *curvo*, e consegue incorporar o fenômeno da *gravidade* em sua curvatura. Claro que esta é uma ideia difícil de captar e, na última palestra desta coletânea, Feynman não faz tentativa alguma de descrever o maquinário matemático pleno necessário à formulação completa da teoria de Einstein. No entanto, ele fornece uma descrição expressiva, com o uso perspicaz de analogias, a fim de transmitir as ideias essenciais.

Em todas as suas palestras, Feynman empreendeu esforços especiais para preservar a precisão de suas descrições, quase sempre fazendo ressalvas ao que diz quando houvesse qualquer risco de que suas simplificações ou analogias pudessem ser enganadoras ou levassem a conclusões errôneas. Senti,

---

[2] A citação de Minkowski é da reedição da Dover de trabalhos seminais sobre relatividade, *The Principle of Relativity*, de Einstein, Lorentz, Weyl e Minkowski (originalmente Methuen and Co., 1923).

porém, que sua descrição simplificada da equação de campo da relatividade geral de Einstein necessitava de uma ressalva que ele não forneceu totalmente. Pois na teoria de Einstein, a massa "ativa", que é a origem da gravidade, não é simplesmente idêntica à energia (de acordo com a equação $E = mc^2$ de Einstein); pelo contrário, essa origem é a densidade da energia *mais a soma das pressões*, e é esta a origem das acelerações gravitacionais para dentro. Com esta ressalva adicional, a descrição de Feynman é esplêndida e fornece uma excelente introdução a essa teoria física tão bonita e completa.

As palestras de Feynman, embora claramente voltadas para quem tem aspirações de se tornar físico – seja profissional ou em espírito somente –, são, sem dúvida, acessíveis também a quem não compartilha dessas aspirações. Feynman acreditava fortemente (e concordo com ele) na importância de se transmitir uma compreensão de nosso universo – de acordo com os princípios básicos percebidos da física moderna – bem mais ampla do que se obtém meramente nas aulas dos cursos de física. Mesmo no final de sua vida, ao participar das investigações do desastre do *Challenger*, ele se empenhou em mostrar, na televisão norte-americana, que a causa do desastre era algo que podia ser entendido por leigos, e realizou um experimento simples mas convincente diante das câmeras, mostrando a fragilidade dos anéis de vedação do ônibus espacial em condições de temperatura baixa.

Ele era um showman, com certeza, às vezes até um palhaço, mas seu propósito predominante era sempre sério. E haverá propósito mais sério do que entender a natureza de nosso universo em seus níveis mais profundos? Em transmitir essa compreensão, Richard Feynman era supremo.

Dezembro de 1996
ROGER PENROSE

1 | Vetores

1.1 Simetria em física

Neste capítulo, apresentamos um assunto tecnicamente conhecido em física como *simetria em leis físicas*. A palavra "simetria" é usada aqui com um sentido especial e, portanto, precisa ser definida. Como saber se algo é simétrico – como definir isto? Quando temos um quadro simétrico, um lado é de algum modo idêntico ao outro lado. O professor Hermann Weyl deu esta definição de simetria: uma coisa é simétrica se for possível submetê-la a uma operação e ela parecer exatamente igual após a operação. Por exemplo, se olhamos um vaso, que é simétrico dos lados esquerdo e direito, e, se depois, o giramos 180° em torno do eixo vertical, ele mantém o mesmo aspecto. Adotaremos a definição de simetria na forma mais geral de Weyl e, deste modo, discutiremos a simetria das leis físicas.

Suponha que construímos uma máquina complexa em um certo lugar, com um monte de interações complicadas, e bolas quicando com forças entre elas, e assim por diante. E suponha que construímos exatamente o mesmo tipo de equipamento em algum outro lugar, coincidindo peça por peça, com as mesmas dimensões e a mesma direção, tudo igual, só que deslocado lateralmente de uma certa distância. Então, se ligarmos as duas máquinas nas mesmas circunstâncias iniciais, coincidindo exatamente, perguntamos: a máquina se comportará exatamente como a outra? Ela seguirá todos os movimentos em um paralelismo exato? Claro que a resposta pode perfeitamente ser *não*, porque se escolhermos o lugar errado para a nossa máquina, ela poderá estar dentro de um muro, e interferências do muro impediriam a máquina de funcionar.

Todas as nossas ideias em física exigem uma certa dose de senso comum em sua aplicação; não são ideias puramente matemáticas ou abstratas. Temos de entender o que queremos dizer quando afirmamos que os fenômenos são os mesmos quando movemos o aparelho para uma nova posição. Queremos dizer que movemos tudo que acreditamos ser relevante; se o fenômeno não for o mesmo, achamos que algo relevante não foi movido, e vamos procurá-lo. Se nunca o encontramos, então alegamos que as leis da física não possuem essa simetria. Por outro lado, podemos encontrá-lo – esperamos encontrá-lo – se as leis da física possuírem essa simetria; olhando à nossa volta, podemos descobrir, por exemplo, que a parede está pressionando o aparelho. A questão básica é: se definirmos as coisas suficientemente bem, se todas as forças essenciais forem incluídas dentro do aparelho, se todas as peças relevantes forem movidas de um lugar para o outro, as leis serão as mesmas? O mecanismo funcionará da mesma maneira?

Está claro que o que queremos fazer é mover o equipamento inteiro e as influências *essenciais*, mas não *tudo* no mundo – planetas, estrelas e o resto –, pois fazendo isto temos o mesmo fenômeno novamente, pelo motivo trivial de que estamos de volta ao ponto de partida. Não, não podemos mover *tudo*. Mas, na prática, se constata que, com certa dose de inteligência sobre o que mover, o mecanismo funcionará. Em outras palavras, se não formos para dentro de uma parede, se soubermos a origem das forças externas e fizermos com que também sejam movidas, o mecanismo *funcionará* em um local da mesma forma que em outro.

1.2 Translações

Limitaremos nossa análise apenas à mecânica, da qual temos agora conhecimento suficiente. Em capítulos anteriores, vimos que as leis da mecânica podem ser sintetizadas por um conjunto de três equações para cada partícula:

$$m\frac{d^2x}{dt^2} = F_x, \quad m\frac{d^2y}{dt^2} = F_y, \quad m\frac{d^2z}{dt^2} = F_z. \tag{1.1}$$

Ora, isto significa que existe um meio de *medir* x, y e z em três eixos perpendiculares e as forças ao longo dessas direções, de forma que essas leis sejam verdadeiras. Elas devem ser medidas a partir de alguma origem, mas *onde situamos a origem*? Tudo o que Newton podia nos informar, a princípio, é que *existe* algum lugar a partir do qual podemos medir, talvez o centro do universo, de modo que essas leis sejam corretas. Mas podemos mostrar imediatamente que jamais conseguimos encontrar o centro, porque, se usarmos alguma outra origem, isto não faria diferença. Em outras palavras, suponha que existam duas pessoas: Joe, com uma origem em um lugar, e Moe, que tem um sistema paralelo cuja origem está em outro lugar (Figura 1-1). Ora, quando Joe mede a localização do ponto no espaço, encontra-o em x, y e z (deixaremos geralmente z de fora porque é complicado demais desenhá-lo em uma figura). Moe, por outro lado, ao medir o mesmo ponto, obterá um x diferente (para distinguir, o chamaremos de x') e, em princípio, um y diferente, embora em nosso exemplo eles sejam numericamente iguais. Assim temos

$$x' = x - a, \quad y' = y, \quad z' = z. \tag{1.2}$$

Mas, para completar nossa análise, precisamos saber o que Moe obteria para as forças. Supõe-se que a força atue ao longo de alguma linha, e por força na direção x queremos dizer a parte do total que está na direção x, que é a magnitude da força multiplicada pelo cosseno de seu ângulo com o eixo x. Ora, vemos que Moe usaria exatamente as mesmas projeções de Joe, de modo que temos um conjunto de equações.

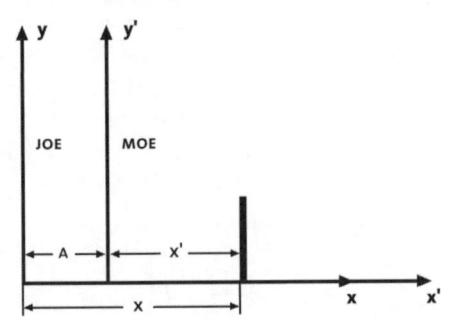

FIGURA 1-1 Dois sistemas paralelos de coordenadas.

$$F_{x'} = F_x, \quad F_{y'} = F_y, \quad F_{z'} = F_z. \tag{1.3}$$

Estas seriam as relações entre as grandezas vistas por Joe e Moe.

A pergunta é: se Joe conhece as leis de Newton, e se Moe tenta escrever as leis de Newton, elas também estarão corretas para Moe? Será que faz alguma diferença a partir de qual origem medimos os pontos? Em outras palavras, supondo que as equações (1.1) sejam verdadeiras e que as equações (1.2) e (1.3) ofereçam a relação entre as medidas, será ou não verdadeiro que

$$\text{(a)} \quad m\frac{d^2 x'}{dt^2} = F_{x'},$$

$$\text{(b)} \quad m\frac{d^2 y'}{dt^2} = F_{y'},$$

$$\text{(c)} \quad m\frac{d^2 z'}{dt^2} = F_{z'}\ ?$$
(1.4)

Para testar essas equações, diferenciaremos duas vezes a fórmula para x'. Em primeiro lugar,

$$\frac{dx'}{dt} = \frac{d}{dt}(x - a) = \frac{dx}{dt} - \frac{da}{dt}.$$

Agora, suponhamos que a origem de Moe seja fixa (não esteja em movimento) em relação à de Joe; portanto, a é uma constante e $da/dt = 0$, de modo que descobrimos que

$$\frac{dx'}{dt} = \frac{dx}{dt}$$

e, portanto,

$$\frac{d^2 x'}{dt^2} = \frac{d^2 x}{dt^2};$$

assim, sabemos que a equação (1.4a) torna-se

$$m\frac{d^2 x}{dt^2} = F_{x'}$$

(Supomos também que as massas medidas por Joe e Moe são iguais.) Desse modo, a aceleração vezes a massa é igual à do outro sujeito. Encontramos também a fórmula para $F_{x'}$, pois, substituindo com base na equação (1.1), descobrimos que

$$F_{x'} = F_x.$$

Assim, as leis vistas por Moe parecem ser as mesmas. Ele também pode escrever as leis de Newton, com coordenadas diferentes, pois elas continuarão corretas. Isto significa que não existe uma forma única para definir a origem do mundo, porque as leis parecerão as mesmas de qualquer posição em que sejam observadas.

Isto também é verdadeiro: se houver um equipamento em um lugar com certo tipo de mecanismo, o mesmo equipamento em outro lugar se comportará da mesma maneira. Por quê? Porque uma máquina, quando analisada por Moe, tem exatamente as mesmas equações da outra, analisada por Joe. Como as *equações* são as mesmas, os *fenômenos* também parecem os mesmos. Assim, a prova de que um aparelho, em uma nova posição, se comporta como na posição antiga é idêntica à prova de que as equações, quando deslocadas no espaço, se reproduzem. Portanto, dizemos que *as leis da física são simétricas para deslocamentos translacionais*, simétricas no sentido de que as leis não mudam quando fazemos uma translação de nossas coordenadas. Claro que é intuitivamente óbvio que isto é verdadeiro, mas é interessante e divertido discutir a sua matemática.

1.3 Rotações

O que vimos é a primeira de uma série de proposições, cada vez mais complicadas, envolvendo a simetria de uma lei física. A próxima proposição é que não deveria fazer nenhuma diferença a *direção* segundo a qual escolhemos os eixos. Em outras palavras, se construirmos um equipamento em um certo lugar e observarmos seu funcionamento, e perto dali construirmos o mesmo tipo de aparelho, mas o girarmos por um ângulo, ele funcionará da mesma maneira? Obviamente não, se for um relógio da época dos nossos avós, por exemplo! Um relógio de pêndulo em posição vertical funciona corretamente, mas se o inclinamos, o pêndulo cai em direção à caixa e nada acontece. O teorema é, portanto, falso no caso do relógio de pêndulo, a não ser que incluamos a Terra, que está atraindo o pêndulo. Portanto, podemos fazer uma previsão sobre relógios de pêndulo se acreditamos na simetria de leis físicas sob uma rotação: algo mais está envolvido no funcionamento de um relógio de pêndulo além do mecanismo do relógio, algo externo que devemos procurar. Podemos também prever que relógios de pêndulo não funcionarão da mesma forma quando situados em pontos diferentes em relação a esta fonte misteriosa de assimetria, talvez a Terra. De fato, sabemos que um relógio de pêndulo, num satélite artificial, por exemplo, também não funcionaria, porque não há uma força efetiva, e, em Marte, funcionaria numa velocidade diferente. Relógios de pêndulo *envolvem* algo além de simplesmente o mecanismo interno; envolvem algo externo. Uma vez que reconheçamos este fator, vemos que precisamos girar a Terra junto com o aparelho. Claro que não precisamos nos preocupar com isto, é fácil fazer: simplesmente esperamos um momento ou dois, e a Terra gira; aí o relógio de pêndulo volta a funcionar na nova posição da mesma forma que antes. Enquanto giramos no espaço, nossos ângulos estão sempre mudando de maneira absoluta; esta mudança não parece nos incomodar muito, pois na posição nova parecemos estar na mesma condição que na antiga. Isto nos provoca uma certa confusão, porque é verdade que na nova posição as leis são as mesmas que na posição antes de girar, mas *não* é verdade que, *enquanto giramos* um objeto, ele segue as mesmas leis de quando não o estamos girando. Se realizamos experimentos suficientemente delicados, podemos saber que a Terra *está girando*, mas não que ela *havia girado*. Em outras palavras, não podemos localizar sua posição angular, mas podemos saber que ela está mudando.

Agora podemos discutir os efeitos da orientação angular sobre as leis físicas. Vejamos se o mesmo esquema com Joe e Moe funciona novamente. Desta vez, para evitar complicações desnecessárias, vamos supor que Joe e Moe usam a mesma origem (já mostramos que os eixos podem ser movidos por translação para outro lugar). Suponhamos que os eixos de Moe giraram em relação aos de Joe por um ângulo θ. Os dois sistemas de coordenadas são mostrados na Figura 1-2, que está restrita a duas dimensões. Consideremos qualquer ponto P com as coordenadas (x, y) no sistema de Joe, e (x', y') no sistema de Moe. Começaremos, como no caso anterior, expressando as coordenadas x' e y' em termos de x, y e θ. Para isto, primeiro traçamos linhas perpendiculares de P até todos os quatro eixos e traçamos AB perpendicular a PQ. O exame da figura mostra que x' pode ser escrito como a soma de dois comprimentos ao longo do eixo x', e y' como a diferença entre dois compri-

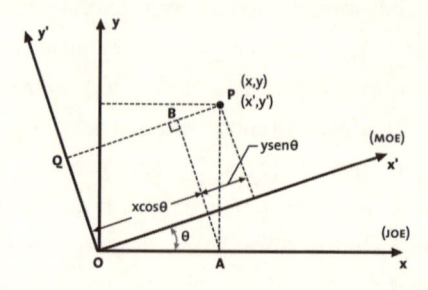

FIGURA 1-2 Dois sistemas de coordenadas com orientações angulares diferentes.

mentos ao longo de AB. Todos esses comprimentos são expressos em termos de x, y e θ nas equações (1.5), às quais acrescentamos uma equação para a terceira dimensão.

$$\begin{aligned} x' &= x\cos\theta + y\,\text{sen}\,\theta, \\ y' &= y\cos\theta - x\,\text{sen}\,\theta, \\ z' &= z. \end{aligned} \qquad (1.5)$$

O próximo passo é analisar a relação entre as forças vistas pelos dois observadores, seguindo o mesmo método geral de antes. Suponhamos que uma força F, que já foi analisada como tendo as componentes F_x e F_y (vistas por Joe), esteja agindo sobre uma partícula de massa m, localizada no ponto P da Figura 1-2. Para maior simplicidade, movamos os dois conjuntos de eixos de modo que a origem esteja em P, como mostra a Figura 1-3. Moe vê as componentes de F ao longo de seus eixos como $F_{x'}$ e $F_{y'}$. F_x possui componentes ao longo dos eixos x' e y', e F_y também possui componentes ao longo desses dois eixos. Para expressar $F_{x'}$ em termos de F_x e F_y, somamos essas componentes ao longo do eixo x' e, de forma semelhante, podemos expressar $F_{y'}$ em termos de F_x e F_y. Os resultados são

$$\begin{aligned} F_{x'} &= F_x \cos\theta + F_y\,\text{sen}\,\theta, \\ F_{y'} &= F_y \cos\theta - F_x\,\text{sen}\,\theta, \\ F_{z'} &= F_z. \end{aligned} \qquad (1.6)$$

É interessante observar um acaso aparente de extrema importância: as fórmulas (1.5) e (1.6) para coordenadas de P e componentes de F, respectivamente, *têm a mesma forma*.

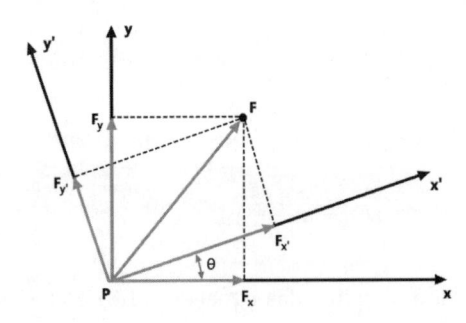

FIGURA 1-3 Componentes de uma força nos dois sistemas.

Como antes, supõe-se que as leis de Newton sejam verdadeiras no sistema de Joe, sendo expressas pelas equações (1.1). A questão, de novo, é se Moe pode aplicar as leis de Newton: os resultados serão corretos para seu sistema de eixos girados? Em outras palavras, se supomos que as equações (1.5) e (1.6) dão a relação entre as medidas, é verdade ou não que

$$m\frac{d^2x'}{dt^2} = F_{x'},$$
$$m\frac{d^2y'}{dt^2} = F_{y'}, \quad (1.7)$$
$$m\frac{d^2z'}{dt^2} = F_{z'}?$$

Para testar essas equações, calculamos os lados esquerdos e direitos independentemente e comparamos os resultados. Para calcular os lados esquerdos, multiplicamos as equações (1.5) por m e diferenciamos duas vezes em relação ao tempo, supondo que o ângulo θ seja constante. Isto fornece

$$m\frac{d^2x'}{dt^2} = m\frac{d^2x}{dt^2}\cos\theta + m\frac{d^2y}{dt^2}\sen\theta,$$
$$m\frac{d^2y'}{dt^2} = m\frac{d^2y}{dt^2}\cos\theta - m\frac{d^2x}{dt^2}\sen\theta, \quad (1.8)$$
$$m\frac{d^2z'}{dt^2} = m\frac{d^2z}{dt^2}.$$

Calculamos os lados direitos das equações (1.7), substituindo F_x, F_y e F_z nas equações (1.6) por seus valores nas equações (1.1).

$$F_{x'} = m\frac{d^2x}{dt^2}\cos\theta + m\frac{d^2y}{dt^2}\sen\theta,$$
$$F_{y'} = m\frac{d^2y}{dt^2}\cos\theta - m\frac{d^2x}{dt^2}\sen\theta, \quad (1.9)$$
$$F_{z'} = m\frac{d^2z}{dt^2}.$$

Pasmem! Os lados direitos das equações (1.8) e (1.9) são idênticos; portanto, concluímos que, se as leis de Newton são corretas em um conjunto de eixos, também são válidas em qualquer outro conjunto de eixos. Este resultado, que agora foi estabelecido tanto para a translação como para a rotação de eixos, tem certas consequências: primeira, ninguém pode alegar que seus eixos específicos são singulares, mas é claro que eles podem ser mais *convenientes* para certos problemas específicos. Por exemplo, é conveniente ter a direção da gravidade como um eixo, mas isto não é fisicamente necessário. Segunda, isto significa que qualquer equipamento que seja completamente autocontido, com todo o equipamento gerador de força completamente dentro do aparelho, funcionaria da mesma maneira quando girado por certo ângulo.

1.4 Vetores

Não apenas as leis de Newton, mas também as outras leis da física, ao que sabemos hoje, possuem as duas propriedades que chamamos invariância (ou simetria) sob a translação de eixos e a rotação de eixos. Essas propriedades são tão importantes que uma técnica matemática foi desenvolvida para tirar proveito delas na formulação e utilização de leis físicas.

A análise anterior envolveu um trabalho matemático bem tedioso. Para reduzir ao mínimo os detalhes na análise de tais questões, um mecanismo matemático poderosíssimo foi elaborado. Esse método, chamado *análise vetorial*, dá nome a este capítulo. Estritamente falando, porém, este é um capítulo sobre a simetria das leis físicas. Pelos métodos da análise anterior, conseguimos fazer tudo que foi necessário para obter os resultados que buscávamos, mas, na prática, gostaríamos de fazer as coisas com mais facilidade e rapidez, de modo que empregamos a técnica vetorial.

Começamos observando algumas características de dois tipos de grandezas que são importantes em física. (Na verdade, há mais de dois, mas comecemos com dois.) Um tipo, como o número de batatas num saco, chamamos de grandeza comum, ou uma grandeza sem direção, ou um *escalar*. A temperatura é um exemplo deste tipo de grandeza. Outras grandezas que são importantes em física possuem direção e sentido,[3] por exemplo, a velocidade: precisamos saber a direção em que um corpo está indo, não apenas a sua velocidade. O momento e a força também possuem direção, assim como o deslocamento: quando alguém anda de um lugar para outro no espaço, podemos saber quão longe ele foi, mas se quisermos saber *aonde* ele foi, precisamos especificar uma direção e um sentido.

[3] Direção é a reta sobre a qual a força atua, e sentido indica se a força "empurra" ou "puxa". (N. do E.)

Todas as grandezas que têm direção e sentido, como um deslocamento no espaço, são chamadas *vetores*.

Um vetor é formado por três números. Para representar um deslocamento no espaço, por exemplo, da origem até certo ponto particular P cuja localização é (x, y, z), realmente precisamos de três números, mas vamos inventar um único símbolo matemático, **r**, que é diferente de qualquer outro símbolo matemático que usamos até agora.[4] Ele *não* é um único número, ele representa *três* números: x, y e z. Ele significa três números, mas não realmente apenas *aqueles* três números, porque se fôssemos usar um sistema de coordenadas diferente, os três números seriam mudados para x', y' e z'. No entanto, queremos manter simples a nossa matemática, de modo que iremos usar o *mesmo símbolo* para representar os três números (x, y, z) e os três números (x', y', z'). Ou seja, usamos o mesmo símbolo para representar o primeiro conjunto de três números em um sistema de coordenadas, e o segundo conjunto de três números, se estivermos usando o outro sistema de coordenadas. Isto tem a vantagem de que, quando mudamos o sistema de coordenadas, não precisamos mudar as letras de nossas equações. Se escrevemos uma equação em termos de x, y, z e depois usamos outro sistema, temos que mudar para x', y', z', mas escreveremos apenas **r**, com a convenção de que representa (x, y, z) se usarmos um conjunto de eixos ou (x', y', z') se usarmos outro conjunto de eixos, e assim por diante. Os três números que descrevem a grandeza em um dado sistema de coordenadas são chamados as *componentes* do vetor na direção dos eixos coordenados daquele sistema. Ou seja, usamos o mesmo símbolo para as três letras que correspondem ao *mesmo objeto, visto de diferentes eixos*. O próprio fato de podermos dizer "o mesmo objeto" implica uma intuição física sobre a realidade de um deslocamento no espaço, que é independente das componentes em termos das quais nós o medimos. Assim, o símbolo **r** representará a mesma coisa, não importa como giramos os eixos.

Agora suponhamos que haja outra quantidade física com direção e sentido, qualquer outra grandeza, também com três números associados a ela, como força, e esses três números mudam para outros três números, segundo uma certa regra matemática, se mudarmos os eixos. Deve ser a mesma regra que muda (x, y, z) para (x', y', z'). Em outras palavras, qualquer quantidade

---

[4] No texto impresso, os vetores são representados em negrito; no texto manuscrito, uma seta é usada: $\vec{r}$.

física associada a três números que se transforma como as componentes de um deslocamento no espaço é um vetor. Uma equação como

$$\mathbf{F} = \mathbf{r}$$

seria, assim, verdadeira em *qualquer* sistema de coordenadas se fosse verdadeira em um. Esta equação, é claro, representa as três equações

$$F_x = x, \quad F_y = y, \quad F_z = z,$$

ou, alternativamente,

$$F_{x'} = x', \quad F_{y'} = y', \quad F_{z'} = z'.$$

O fato de uma relação física poder ser expressa como uma equação vetorial assegura que a relação fica inalterada por uma mera rotação do sistema de coordenadas. Daí a grande utilidade dos vetores em física.

Examinemos agora algumas das propriedades dos vetores. Como exemplos de vetores, podemos mencionar velocidade, momento, força e aceleração. Para muitos propósitos, convém representar uma grandeza vetorial por uma seta que indica a direção e o sentido em que ela está agindo. Por que podemos representar a força, por exemplo, por uma seta? Porque ela tem as mesmas propriedades de transformação matemática de um "deslocamento no espaço". Assim nós a representamos em um diagrama como se fosse um deslocamento, usando uma escala de modo que uma unidade de força, ou um newton, corresponda a certo comprimento adequado. Uma vez feito isto, todas as forças podem ser representadas como comprimentos, porque uma equação como

$$\mathbf{F} = k\mathbf{r},$$

onde k é alguma constante, é uma equação perfeitamente legítima. Desse modo, podemos sempre representar forças por setas, o que é muito conveniente, porque, uma vez desenhada a seta, não precisamos mais dos eixos. Claro que podemos rapidamente calcular como as três componentes mudam com a rotação dos eixos, porque este é apenas um problema geométrico.

1.5 Álgebra vetorial

Agora precisamos descrever as leis, ou regras, a fim de combinar vetores de várias maneiras. A primeira dessas combinações é a *adição* de dois vetores: suponhamos que **a** seja um vetor que, em algum sistema de coordenadas específico, possui três componentes (a_x, a_y, a_z), e que **b** seja outro vetor que possui três componentes (b_x, b_y, b_z). Agora inventemos três números novos $(a_x + b_x, a_y + b_y, a_z + b_z)$. Eles formam um vetor? "Bem", poderíamos dizer, "são três números, e quaisquer três números formam um vetor." Não, *nem* sempre três números formam um vetor! Para que haja um vetor, além de existirem três números, estes precisam estar associados a um sistema de coordenadas de tal modo que, se girarmos o sistema de coordenadas, os três números "rodam" um sobre o outro, "misturam-se" um com o outro, exatamente segundo as leis que já descrevemos. Portanto, a pergunta é: se agora girarmos o sistema de coordenadas de modo que (a_x, a_y, a_z) se torne $(a_{x'}, a_{y'}, a_{z'})$ e (b_x, b_y, b_z) se torne $(b_{x'}, b_{y'}, b_{z'})$, então $(a_x + b_x, a_y + b_y, a_z + b_z)$ se tornará o quê? Se tornará $(a_{x'} + b_{x'}, a_{y'} + b_{y'}, a_{z'} + b_{z'})$ ou não? Claro que a resposta é sim, porque as transformações da equação (1.5) constituem um exemplo do que chamamos uma transformação *linear*. Se aplicamos essas transformações a a_x e b_x para obter $a_{x'} + b_{x'}$, constatamos que a $a_x + b_x$ transformada é, de fato, idêntica a $a_{x'} + b_{x'}$. Quando **a** e **b** são "somados" neste sentido, formarão um vetor que podemos chamar de **c**. Poderíamos escrever isto como

$$\mathbf{c} = \mathbf{a} + \mathbf{b}.$$

Ora, **c** possui a propriedade interessante

$$\mathbf{c} = \mathbf{b} + \mathbf{a},$$

como podemos ver imediatamente a partir de suas componentes. Assim, também,

$$\mathbf{a} + (\mathbf{b} + \mathbf{c}) = (\mathbf{a} + \mathbf{b}) + \mathbf{c}.$$

Podemos somar vetores em qualquer ordem.

Qual o significado geométrico de **a** + **b**? Supondo-se que **a** e **b** fossem representados por linhas em uma folha de papel, qual seria o aspecto de **c**? Isto é mostrado na Figura 1-4. Vemos que podemos somar as componentes de **b** às de **a** mais convenientemente se colocarmos o retângulo representando as componentes de **b** junto daquele representando as componentes de **a** da maneira indicada. Como **b** simplesmente "se encaixa" em seu retângulo, como ocorre com **a** em seu retângulo, isto é o mesmo que colocar a "origem" de **b** na "ponta" de **a**; a seta, da "origem" de **a** até a "ponta" de **b**, sendo o vetor **c**. Claro que se somássemos **a** a **b** na ordem inversa, colocaríamos a "origem" de **a** na "ponta" de **b**, e pelas propriedades geométricas dos paralelogramos obteríamos o mesmo resultado para **c**. Observe que os vetores podem ser somados desta maneira, sem referência a quaisquer eixos coordenados.

Supondo que multiplicamos um vetor por um número α, o que isto significa? *Definimos* que isto significa um novo vetor cujas componentes são αa_x, αa_y e αa_z. Deixemos como um problema para o leitor provar que este é um vetor.

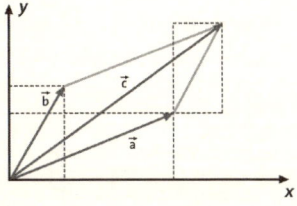

FIGURA 1-4 A adição de vetores.

Agora, vejamos a subtração de vetores. Podemos definir a subtração da mesma forma que a adição, se em vez de somar, subtrairmos as componentes. Ou poderíamos definir a subtração definindo um vetor negativo, **-b** = -1**b**, e depois somaríamos as componentes. Dá na mesma. O resultado é mostrado na Figura 1-5. Essa figura mostra que **d** = **a** - **b** = **a** +(-**b**); observamos também que a diferença **a** - **b** pode ser encontrada facilmente a partir de **a** e **b,** usando a relação equivalente **a** = **b** + **d**. Desse modo, a diferença é ainda mais fácil de encontrar que a soma: simplesmente traçamos o vetor de **b** até **a** para obter **a** - **b**!

Em seguida, discutiremos a velocidade. Por que a velocidade é um vetor? Se a posição é dada pelas três coordenadas (x, y, z), o que é a velocidade? A velocidade é dada por dx/dt, dy/dt e dz/dt. Isto é ou não um vetor? Podemos descobrir derivando as expressões na equação (1.5) com o intuito de descobrir se dx'/dt *transforma-se* da maneira certa. Vemos que os componentes dx/dt e dy/dt *se transformam* de acordo com a mesma lei de x e y, de modo que a derivada em relação ao tempo é um vetor. Portanto, a velocidade *é* um vetor. Podemos escrever a velocidade de uma forma interessante como

$$\mathbf{v} = \frac{d\mathbf{r}}{dt} .$$

O que é a velocidade, e por que é um vetor, também pode ser entendido mais pictorialmente: de quanto uma partícula se desloca num tempo curto Δt ?

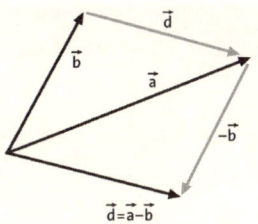

FIGURA 1-5 A subtração de vetores.

Resposta: $\Delta\mathbf{r}$, de modo que, se uma partícula está "aqui" em um instante e "ali" em outro instante, a diferença vetorial entre as posições $\Delta\mathbf{r} = \mathbf{r}_2 - \mathbf{r}_1$, que está na direção do movimento mostrado na Figura 1-6, dividida pelo intervalo de tempo $\Delta t = t_2 - t_1$, é o vetor "velocidade média".

Em outras palavras, por velocidade vetorial queremos dizer o limite, quando Δt tende a 0, da diferença entre os vetores posição no instante de tempo $t + \Delta t$ e no instante t, dividido por Δt:

$$\mathbf{v} = \lim_{\Delta t \to 0} \left(\frac{\Delta \mathbf{r}}{\Delta t} \right) = \frac{d\mathbf{r}}{dt}.$$

Desse modo, a velocidade é um vetor porque é a diferença entre dois vetores. É também a definição correta de velocidade, porque suas componentes são dx/dt, dy/dt e dz/dt. De fato, vemos neste argumento que, se derivamos *qualquer* vetor em relação ao tempo, produzimos um novo vetor. Portanto, temos várias maneiras de produzir vetores novos: (1) multiplicar por uma constante, (2) derivar em relação ao tempo, (3) somar ou subtrair dois vetores.

1.6 Leis de Newton na notação vetorial

Para escrever as leis de Newton em forma vetorial, temos que dar um passo adiante e definir o vetor aceleração. Ele é a derivada relação ao tempo do vetor

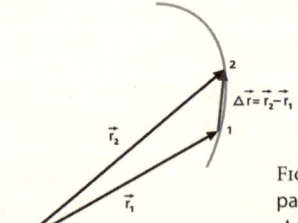

FIGURA 1-6 O deslocamento de uma partícula num intervalo de tempo curto $\Delta t = t_2 - t_1$.

velocidade, e é fácil demonstrar que suas componentes são as segundas derivadas de x, y e z em relação a t:

$$\mathbf{a} = \frac{d\mathbf{v}}{dt} = \left(\frac{d}{dt}\right)\left(\frac{d\mathbf{r}}{dt}\right) = \frac{d^2\mathbf{r}}{dt^2}. \qquad (1.11)$$

$$a_x = \frac{dv_x}{dt} = \frac{d^2 x}{dt^2}, \quad a_y = \frac{dv_y}{dt} = \frac{d^2 y}{dt^2}, \quad a_z = \frac{dv_z}{dt} = \frac{d^2 z}{dt^2}. \qquad (1.12)$$

Com esta definição, então, as leis de Newton podem ser escritas como:
$$m\mathbf{a} = \mathbf{F} \tag{1.13}$$

ou
$$m\frac{d^2\mathbf{r}}{dt^2} = \mathbf{F}. \tag{1.14}$$

Agora, o problema de provar a invariância das leis de Newton sob a rotação de coordenadas é este: provar que **a** é um vetor; isto acabamos de fazer. Provar que **F** é um vetor; *supomos* que seja. Portanto, se a força for um vetor, então, como sabemos que a aceleração é um vetor, a equação (1.13) terá o mesmo aspecto em qualquer sistema de coordenadas. Escrevê-la de uma forma que não contenha explicitamente *x*, *y* e *z* tem a vantagem de que, de agora em diante, não precisamos escrever *três* leis sempre que escrevemos as equações de Newton ou outras leis da física. Escrevemos o que parece ser *uma* só lei, mas na verdade, é claro, são as três leis para qualquer conjunto específico de eixos, porque qualquer equação vetorial envolve a afirmação de que *cada uma das componentes é igual*.

O fato de que a aceleração é a taxa de variação no tempo do vetor velocidade ajuda a calcular a aceleração em algumas circunstâncias bem complicadas. Suponhamos, por exemplo, que uma partícula esteja se movendo em alguma curva complicada (Figura 1-7) e que, em um dado instante *t*, tivesse uma certa velocidade $\mathbf{v}_1$, e que num outro instante t_2 um pouco depois, ela tenha uma velocidade $\mathbf{v}_2$ diferente. Qual é a aceleração? Resposta: a aceleração é a diferença entre as velocidades dividida pelo pequeno intervalo de tempo, de modo que precisamos da diferença entre as duas velocidades. Como obtemos a diferença entre as velocidades? Para subtrair dois vetores, desenhamos um vetor passando pelas extremidades de $\mathbf{v}_2$ e $\mathbf{v}_1$; ou seja, traçamos Δ como a diferença entre os dois

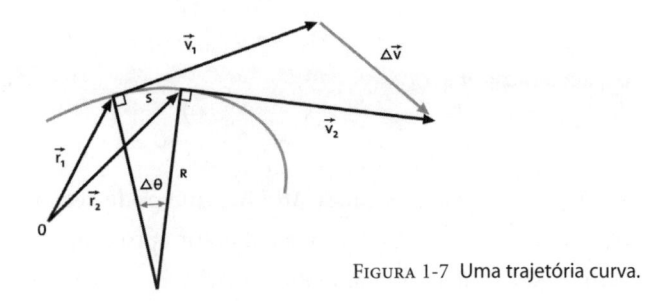

FIGURA 1-7 Uma trajetória curva.

vetores, certo? *Não!* Isto só funciona quando as *origens* dos vetores estão no mesmo lugar! Não faz sentido movermos um dos vetores para outro lugar e depois traçar uma linha por seus extremos. Portanto, atenção! Temos de traçar um diagrama novo para subtrair os vetores. Na Figura 1-8, $\mathbf{v}_1$ e $\mathbf{v}_2$ são traçados paralelamente e iguais aos seus equivalentes na Figura 1-7, e agora podemos discutir a aceleração. Claro que a aceleração é simplesmente $\Delta\mathbf{v} / \Delta t$. É interessante observar que podemos compor a diferença de velocidades a partir de duas partes; podemos imaginar a aceleração como tendo *duas componentes*: $\Delta\mathbf{v}_\parallel$ na direção tangente à trajetória, e $\Delta\mathbf{v}_\perp$ formando ângulos retos com a trajetória, como indicado na Figura 1-8. A aceleração tangente à trajetória é exatamente a mudança no *comprimento* do vetor, ou seja, a mudança no módulo da velocidade (ou na rapidez) v:

$$a_\parallel = \frac{dv_\parallel}{dt} . \quad (1.15)$$

A outra componente da aceleração, que forma um ângulo reto com a curva, é fácil de calcular, usando as Figuras 1-7 e 1-8. No tempo curto Δt, seja

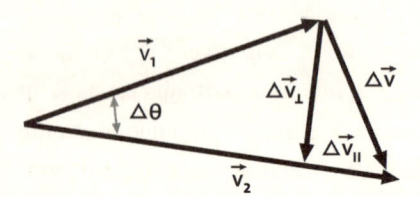

FIGURA 1-8 Diagrama para calcular a aceleração.

a mudança de ângulo entre $\mathbf{v}_1$ e $\mathbf{v}_2$ o ângulo pequeno $\Delta\theta$. Se a magnitude da velocidade é chamada v, claro que

$$\Delta v_\perp = v\Delta\theta$$

e a aceleração a será

$$a_\perp = v\frac{\Delta\theta}{\Delta t} .$$

Agora precisamos saber $\Delta\theta / \Delta t$, que pode ser encontrado da seguinte forma: se, no dado momento, a curva for aproximada como um círculo com certo raio R, então, no tempo Δt, a distância s é $v\Delta t$, onde v é a velocidade.

$$\Delta\theta = v\frac{\Delta t}{R}, \quad \text{ou} \quad \frac{\Delta\theta}{\Delta t} = \frac{v}{R}.$$

Portanto, encontramos

$$a_\perp = \frac{v^2}{R}, \tag{1.16}$$

como já vimos.

1.7 Produto escalar de vetores

Agora, examinemos um pouco mais as propriedades dos vetores. É fácil ver que o *comprimento* de um deslocamento no espaço seria o mesmo em qualquer sistema de coordenadas. Ou seja, se um deslocamento específico **r** é representado por x, y, z em um sistema de coordenadas e por x', y', z' em outro sistema de coordenadas, com certeza a distância $r = |\mathbf{r}|$ seria a mesma em ambos. Ora,

$$r = \sqrt{x^2 + y^2 + z^2}$$

e também

$$r' = \sqrt{x'^2 + y'^2 + z'^2}.$$

Assim, o que queremos verificar é se essas duas grandezas são iguais. É bem mais cômodo não precisar extrair a raiz quadrada, de modo que falemos sobre o quadrado da distância; ou seja, descubramos se

$$x^2 + y^2 + z^2 = x'^2 + y'^2 + z'^2. \tag{1.17}$$

É bom que sejam iguais, e se fizermos as substituições conforme a equação (1.5), descobrimos que são. Assim, vemos que existem outros tipos de equações que são verdadeiras para dois sistemas de coordenadas quaisquer.

Isso implica algo novo. Podemos produzir uma nova grandeza, uma função de x, y e z denominada *função escalar*, uma grandeza que não tem direção, mas que é a mesma em ambos os sistemas. A partir de um vetor podemos gerar um escalar. Precisamos encontrar uma regra geral para isto. Está claro qual é a regra para o caso recém-examinado: somar os quadrados das componentes. Definamos agora algo novo, que chamamos **a** • **a**. Isto não é um vetor, mas um escalar; é um número que é o mesmo em todos os sistemas de coordenadas, e é definido como a soma dos quadrados das três componentes do vetor:

$$\mathbf{a} \cdot \mathbf{a} = a_x^2 + a_y^2 + a_z^2 . \tag{1.18}$$

E você dirá: "Mas com quais eixos?" Isto não depende dos eixos, a resposta é a mesma para *qualquer* conjunto de eixos. Assim, temos um novo *tipo* de grandeza, um *invariante* ou *escalar* novo produzido por um vetor "elevado ao quadrado". Se definirmos agora a seguinte grandeza para dois vetores quaisquer **a** e **b**:

$$\mathbf{a} \cdot \mathbf{b} = a_x b_x + a_y b_y + a_z b_z , \tag{1.19}$$

constatamos que esta grandeza, calculada nos sistemas com linhas e sem linhas, também permanece a mesma. Para prová-lo, observamos que isto é verdadeiro em relação a $\mathbf{a} \cdot \mathbf{a}$, $\mathbf{b} \cdot \mathbf{b}$ e $\mathbf{c} \cdot \mathbf{c}$, onde $\mathbf{c} = \mathbf{a} + \mathbf{b}$. Portanto, a soma dos quadrados $(a_x + b_x)^2 + (a_y + b_y)^2 + (a_z + b_z)^2$ será invariante:

$$(a_x + b_x)^2 + (a_y + b_y)^2 + (a_z + b_z)^2 = (a_x' + b_x')^2 + (a_y' + b_y')^2 + (a_z' + b_z')^2 \tag{1.20}$$

Se os dois lados desta equação são expandidos, haverá produtos cruzados exatamente do tipo que aparece na equação (1.19), bem como as somas dos quadrados das componentes de **a** e **b**. A invariância de termos da forma da equação (1.18) então deixa os termos do produto cruzados (1.19) invariantes também.

A quantidade $\mathbf{a} \cdot \mathbf{b}$ chama-se *produto escalar* de dois vetores, **a** e **b**, e possui muitas propriedades interessantes e úteis. Por exemplo, prova-se facilmente que

$$\mathbf{a} \cdot (\mathbf{b} + \mathbf{c}) = \mathbf{a} \cdot \mathbf{b} + \mathbf{a} \cdot \mathbf{c} \tag{1.21}$$

Além disso, existe uma forma geométrica simples de calcular $\mathbf{a} \cdot \mathbf{b}$ sem ter de calcular as componentes de **a** e **b**: $\mathbf{a} \cdot \mathbf{b}$ é o produto do comprimento de **a** pelo comprimento de **b**, multiplicado pelo cosseno do ângulo entre eles. Por quê? Suponha que escolhemos um sistema de coordenadas especial em que o eixo x se situa ao longo de **a**. Nessas circunstâncias, a única componente de **a** que existirá será a_x, que é obviamente o comprimento inteiro de **a**. Assim, a equação (1.19) reduz-se a $\mathbf{a} \cdot \mathbf{b} = a_x b_x$ para este caso, e este é o comprimento de **a** vezes o componente de **b** na direção de **a**, ou seja, $b\cos\theta$:

$$\mathbf{a} \cdot \mathbf{b} = ab\cos\theta.$$

Portanto, nesse sistema de coordenadas especial, provamos que **a** • **b** é o comprimento de **a** vezes o comprimento de **b** vezes $\cos\theta$. Mas *se isto é verdadeiro em um sistema de coordenadas, é verdadeiro em todos*, porque **a** • **b** é independente do sistema de coordenadas; este é nosso argumento.

Qual a utilidade do produto escalar? Existem casos na física em que precisamos dele? Sim, precisamos dele o tempo todo. Por exemplo, no capítulo 4[5] a energia cinética chamava-se $\frac{1}{2}mv^2$, mas se o objeto está se movendo no espaço, deve ser a velocidade elevada ao quadrado na direção x, direção y e direção z, de modo que a fórmula para a energia cinética, de acordo com a análise vetorial, é

$$\text{E.C.} = \frac{1}{2}m(\mathbf{v} \cdot \mathbf{v}) = \frac{1}{2}m\left(v_x^2 + v_y^2 + v_z^2\right). \qquad (1.22)$$

A energia não possui direção. O momento possui direção e sentido; ele é um vetor, e é a massa vezes o vetor velocidade.

Outro exemplo de um produto escalar é o trabalho realizado por uma força quando algo é empurrado de um lugar para outro. Ainda não definimos trabalho, mas ele é equivalente à mudança de energia, os pesos levantados, quando uma força **F** age por uma distância **s**:

$$\text{Trabalho} = \mathbf{F} \cdot \mathbf{s}. \qquad (1.23)$$

Às vezes é muito conveniente falar sobre a componente de um vetor em uma certa direção (digamos, a direção vertical, porque esta é a direção da gravidade). Para tais propósitos, é útil inventar o que denominamos um *vetor unitário* na direção que queremos estudar. Por vetor unitário queremos dizer aquele cujo produto escalar por si mesmo é igual à unidade. Chamemos esse vetor unitário de **i**; então **i** • **i** = 1. Portanto, se queremos a componente de algum vetor na direção de **i**, vemos que o produto escalar **a** • **i** será $a\cos\theta$, ou seja, a componente de **a** na direção de **i**. Esta é uma boa maneira de obter a componente; de fato, permite obter *todas* as componentes e escrever uma fórmula bem divertida. Suponhamos que num dado sistema de coordenadas, x, y e z,

---

[5] Das *Lectures on Physics* originais, vol. I.

inventamos três vetores: **i**, um vetor unitário na direção x; **j**, um vetor unitário na direção y; e **k**, um vetor unitário na direção z. Observe primeiro que **i** • **i** = 1. O que é **i** • **j**? Quando dois vetores formam um ângulo reto, seu produto escalar é zero. Portanto,

$$\begin{aligned} \mathbf{i} \cdot \mathbf{i} &= 1 \\ \mathbf{i} \cdot \mathbf{j} &= 0 \quad \mathbf{j} \cdot \mathbf{j} = 1 \\ \mathbf{i} \cdot \mathbf{k} &= 0 \quad \mathbf{j} \cdot \mathbf{k} = 0 \quad \mathbf{k} \cdot \mathbf{k} = 1 \end{aligned} \tag{1.24}$$

Ora, com estas definições, qualquer vetor pode ser escrito como:

$$\mathbf{a} = a_x \mathbf{i} + a_y \mathbf{j} + a_z \mathbf{k}. \tag{1.25}$$

Desta maneira, podemos partir das componentes de um vetor e chegar ao vetor.

Esta discussão sobre vetores não está nada completa. No entanto, em vez de tentar aprofundar o tema agora, aprenderemos primeiro a aplicar, em situações físicas, algumas das ideias discutidas até agora. Depois, quando tivermos dominado apropriadamente este material básico, será mais fácil penetrar mais fundo no assunto sem ficarmos muito confusos. Descobriremos mais tarde que é útil definir outro tipo de produto entre dois vetores, chamado produto vetorial, e escrito como **a** x **b**. Deixaremos, porém, a discussão dessas questões para um capítulo posterior.

2 | Simetria nas leis físicas

2.1 Operações de simetria

O tema deste capítulo é o que podemos chamar *simetria nas leis físicas*. Já discutimos certos aspectos da simetria nas leis físicas com relação à análise de vetores (capítulo 1), à teoria da relatividade (que se segue no capítulo 4) e à rotação (capítulo 20[6]).

Por que nos preocuparmos com a simetria? Em primeiro lugar, a simetria é fascinante para a mente humana, e todo mundo gosta de objetos ou padrões que sejam de algum modo simétricos. É um fato interessante que a natureza muitas vezes exibe certos tipos de simetria nos objetos que encontramos no mundo à nossa volta. Talvez o objeto mais simétrico imaginável seja uma esfera, e a natureza está repleta de esferas: estrelas, planetas, gotículas de água em nuvens. Os cristais encontrados em rochas exibem vários tipos diferentes de simetria, cujo estudo revela algumas coisas importantes sobre a estrutura dos sólidos. Mesmo os reinos animal e vegetal revelam certo grau de simetria, embora a simetria de uma flor ou de uma abelha não seja tão perfeita ou fundamental como a de um cristal.

Mas nossa principal preocupação aqui não é com o fato de que os *objetos* da natureza sejam muitas vezes simétricos. Pelo contrário, queremos examinar algumas das simetrias ainda mais notáveis do universo: as simetrias que existem nas *próprias leis básicas* que governam o funcionamento do mundo físico.

Primeiro, o que *é* simetria? Como uma *lei* física pode ser "simétrica"? O problema de definir simetria é interessante, e já observamos que Weyl deu uma boa definição, cuja essência é: uma coisa é simétrica se existe algo que podemos fazer com ela de tal maneira que, depois de feita, a coisa mantém o mesmo aspecto de antes. Por exemplo, um vaso simétrico é do tipo que, se o refletirmos ou virarmos, terá o mesmo aspecto de antes. A questão que queremos

---

[6] Das *Lectures on Physics* originais, vol. I.

examinar aqui é o que podemos fazer com os fenômenos físicos, ou com uma situação física em um experimento, e ainda assim fazer com que o resultado permaneça igual. Uma lista das operações conhecidas, sob as quais diferentes fenômenos físicos permanecem constantes, é mostrada na Tabela 2-1.

2.2 Simetria no espaço e no tempo

A primeira coisa que poderíamos tentar fazer, por exemplo, é *trasladar* o fenômeno no espaço. Se fizermos um experimento em certa região, e depois construirmos outro aparelho em outro local no espaço (ou movermos o aparelho original para lá), tudo que aconteceu em um aparelho, em uma certa ordem no tempo, ocorrerá da mesma maneira se tivermos estabelecido as mesmas condições, com a devida atenção às restrições já mencionadas: que todos os aspectos do ambiente que fazem com que não se comporte da mesma maneira também tenham sido transferidos – falamos sobre como definir o que devemos incluir nessas circunstâncias, e não entraremos nesses detalhes de novo.

TABELA 2-1 Operações de simetria

Translação no espaço
Translação no tempo
Rotação por um ângulo fixo
Velocidade uniforme em uma linha reta (transformação de Lorentz)
Reversão temporal
Reflexão espacial
Permuta de átomos idênticos ou partículas idênticas
Fase da mecânica quântica
Matéria-antimatéria (conjugação de carga)

Da mesma forma, também acreditamos atualmente que *a translação no tempo* não terá nenhum efeito sobre as leis físicas. (Quer dizer, *pelo que sabemos hoje* – todas estas coisas são pelo que sabemos hoje!) Isto significa que, se montarmos corretamente o aparelho e o ligarmos a certa hora, digamos, às dez da manhã de quinta-feira, e depois montarmos o mesmo aparelho e o ligarmos, digamos, três dias depois na mesma condição, os dois aparelhos executarão os mesmos movimentos, exatamente da mesma maneira, como uma função do tempo. E isto ocorrerá, qualquer que seja a hora de início, contanto, de novo, é claro, que os aspectos do ambiente envolvidos também sejam modificados apropriadamente no *tempo*. Esta simetria significa, é evidente, que se alguém comprou ações da General Motors três meses atrás, a mesma coisa aconteceria com elas se as comprasse agora!

Também temos de tomar cuidado com as diferenças geográficas, pois existem variações nas características da superfície da Terra. Assim, por exemplo, se medimos o campo magnético em certa região e movemos o aparelho para alguma outra região, ele poderá não funcionar precisamente da mesma maneira porque o campo magnético é diferente, mas dizemos que isto acontece porque o campo magnético está associado à Terra. Podemos imaginar que, se deslocarmos a Terra inteira e o equipamento, isto não fará nenhuma diferença no funcionamento do aparelho.

Outra coisa que discutimos em grande detalhe foi a rotação no espaço: se virarmos um aparelho de um ângulo qualquer ele continuará funcionando do mesmo modo, contanto que viremos junto com ele todas as outras coisas envolvidas. Na verdade, discutimos o problema da simetria sob a rotação no espaço com certo detalhe no capítulo 1, e inventamos um sistema matemático chamado *análise vetorial* para tratar dele da melhor forma possível.

Em um nível mais avançado, tivemos outra simetria: a simetria sob velocidade uniforme em linha reta. Isto quer dizer – um efeito bem notável – que, se tivermos um aparelho funcionando de certa maneira e, depois, pegarmos o mesmo aparelho e o colocarmos num carro, e movermos todo o carro, mais todos os aspectos relevantes do entorno, a uma velocidade uniforme em linha reta, então, no que se refere aos fenômenos dentro do carro, não haverá nenhuma diferença: todas as leis da física parecerão as mesmas. Sabemos até como expressar isto mais tecnicamente: as equações matemáticas das leis físicas devem permanecer inalteradas sob uma *transformação de Lorentz*. Na verdade, foi o estudo do problema da relatividade que atraiu a atenção dos físicos mais fortemente para a simetria nas leis físicas.

Ora, as simetrias mencionadas até agora foram todas de natureza geométrica, tempo e espaço sendo mais ou menos similares, mas existem outras simetrias de uma espécie diferente. Por exemplo, existe uma simetria que descreve o fato de que podemos substituir um átomo por outro da mesma espécie. Em outras palavras, *existem* átomos da mesma espécie. É possível encontrar grupos de átomos de modo que, se permutarmos um par, isto não fará nenhuma diferença: os átomos são idênticos. Tudo que um átomo de oxigênio de certo tipo fizer, outro átomo de oxigênio daquele tipo fará. Alguém poderia dizer: "Isto é ridículo, esta é a *definição* de tipos iguais!" Esta pode ser meramente a definição, mas continuamos sem saber se *existem* quaisquer "átomos do mesmo tipo". O *fato* é que existem muitos, muitos átomos do mesmo tipo. Desse modo, há um sentido em dizer que não faz nenhuma diferença se substituímos um átomo por outro do mesmo tipo. As chamadas partículas elementares de que se compõem os átomos também são partículas idênticas no sentido citado: todos os elétrons são iguais; todos os prótons são iguais; todos os píons positivos são iguais; e assim por diante.

Após uma lista tão longa de coisas que podem ser feitas sem alterar os fenômenos, alguém poderia achar que podemos fazer praticamente tudo. Portanto, vejamos alguns exemplos contrários, só para notar a diferença. Suponhamos que perguntemos: "As leis da física são simétricas sob uma mudança de escala?" Supondo-se que montemos um certo aparelho e, depois, montemos outro aparelho cinco vezes maior em cada parte, ele funcionará exatamente da mesma maneira? A resposta, neste caso, é: *não*! O comprimento de onda da luz emitida, por exemplo, pelos átomos dentro de uma caixa de átomos de sódio e o comprimento de onda da luz emitida por um gás de átomos de sódio com volume cinco vezes maior não são cinco vezes maiores, mas na verdade exatamente iguais. Assim, a razão entre o comprimento de onda e o tamanho do emissor mudará.

Outro exemplo: vez ou outra, vemos nos jornais fotos de uma grande catedral feita de palitos de fósforo, uma tremenda obra de arte de um sujeito aposentado que vive colando palitos de fósforo. Ela é bem mais elaborada e maravilhosa do que qualquer catedral real. Se imaginarmos que essa catedral de madeira fosse realmente construída na escala de uma catedral de verdade, veremos onde está o problema: ela não duraria. A coisa inteira desmoronaria, pelo fato de que palitos de fósforo ampliados não são suficientemente fortes. "Sim", alguém poderia replicar, "mas sabemos que, quando há uma influência de fora, também tem de ser mudada na mesma proporção!" Estamos falando da capacidade do objeto de suportar a gravidade. Assim, o que deveríamos fazer é primeiro pegar o modelo de catedral de palitos de fósforo reais e a Terra real; e aí já sabemos que ela é estável. Depois deveríamos tomar a catedral maior e uma Terra maior. Mas aí a coisa piora ainda mais, porque a força da gravidade fica ainda maior!

Atualmente, é claro, entendemos o fato de que os fenômenos dependem da escala devido à natureza atômica da matéria, e certamente se construirmos um aparelho tão pequeno que só possua cinco átomos, claro que ele seria algo que não poderíamos ampliar e reduzir arbitrariamente. A escala de um átomo individual não é nada arbitrária – é bem definida.

O fato de que as leis da física não ficam inalteradas sob uma mudança de escala foi descoberto por Galileu. Ele percebeu que as resistências dos materiais não estavam na proporção exata de seus tamanhos, e ilustrou a propriedade que acabamos de discutir, sobre a catedral de palitos de fósforos, desenhando dois ossos, o osso de um cão, na proporção certa para suportar seu peso, e o osso imaginário de um "supercão" que seria, digamos, dez ou cem vezes maior: aquele osso era uma coisa grande e sólida com proporções bem diferentes. Não sabemos se ele chegou a explorar o argumento até a conclusão de que as leis da natureza devem ter uma escala definida, mas ficou tão impressionado com essa descoberta que a considerou tão importante como a descoberta das leis do movimento, porque publicou ambas no mesmo volume, chamado *Sobre duas novas ciências*.

Outro exemplo em que as leis não são simétricas, que conhecemos muito bem, é este: um sistema em rotação a uma velocidade angular uniforme não fornece as mesmas leis aparentes como um sistema que não esteja girando. Se fizermos um experimento e, depois, colocarmos tudo numa nave espacial e pusermos a nave girando no espaço vazio, sozinha, a uma velocidade angular constante, o aparelho não funcionará da mesma maneira, porque, como sabemos, as coisas dentro do equipamento serão atiradas para fora, e assim por diante, pelas forças centrífugas, ou de Coriolis etc. De fato, podemos saber que a Terra está girando usando o chamado pêndulo de Foucault, sem olhar para fora.

Em seguida, mencionaremos uma simetria bem interessante, que é obviamente falsa: a *reversibilidade no tempo*. As leis físicas, aparentemente, não podem ser reversíveis no tempo, porque, como sabemos, todos os fenômenos óbvios são irreversíveis em uma escala grande. "O dedo em movimento escreve, e, tendo escrito, vai em frente." Ao que sabemos, essa irreversibilidade se deve ao número muito grande de partículas envolvidas; se pudéssemos ver as moléculas individuais, não seríamos capazes de discernir se o mecanismo estava funcionando para a frente ou para trás. De forma mais precisa: construímos um pequeno aparelho em que sabemos o que todos os átomos estão fazendo, no qual podemos observá-los ziguezagueando. Agora, construímos outro aparelho igual, mas que inicia seu movimento na condição final do outro, com todas as velocidades precisamente invertidas. *Ele então passará pelos mesmos movimentos, mas exatamente ao inverso.* Em outras palavras: se pegarmos um filme suficientemente detalhado de todo o funcionamento interno de um pedaço de material e o projetarmos numa tela de trás para a frente, nenhum físico será capaz de dizer: "Isto é contra as leis da física, isto está fazendo algo errado!" Se não virmos todos os detalhes, naturalmente a situação estará perfeitamente clara. Se vemos o ovo se espatifando na calçada e quebrando, e assim por diante, com certeza diremos: "Isto é irreversível, porque, se projetarmos o filme de trás para a frente, o ovo se formará de novo e a casca se recomporá, e isto é obviamente absurdo!" Mas se olharmos os próprios átomos individuais, as leis parecem completamente reversíveis. Isto é, óbvio, uma descoberta bem mais difícil de ter sido feita, mas aparentemente é verdade que as leis físicas fundamentais, num nível microscópico e fundamental, são completamente reversíveis no tempo!

2.3 Simetria e leis de conservação

As simetrias das leis físicas são muito interessantes neste nível, mas acabam se revelando ainda mais interessantes e empolgantes quando chegamos na mecânica quântica. Por uma razão que não podemos esclarecer no âmbito desta discussão, um fato que a maioria dos físicos ainda acha um tanto desconcertante, uma coisa muito profunda e bonita, é que, na mecânica quântica, *para cada regra de simetria existe uma lei da conservação correspondente.*[7] Existe uma ligação definida entre as leis da conservação e as simetrias das leis físicas. Por enquanto, nos limitaremos a afirmar isto, sem nenhuma tentativa de explicação.

O fato, por exemplo, de que as leis são simétricas para a translação espacial significa, quando acrescentamos os princípios da mecânica quântica, que o *momento é conservado.*

O fato de que as leis são simétricas sob a translação temporal significa, na mecânica quântica, que a *energia é conservada.*

A invariância sob a rotação por um ângulo fixo no espaço corresponde à *conservação do momento angular.* Essas conexões são coisas muito interessantes e bonitas; elas estão entre as coisas mais belas e profundas da física.

[7] Este fato ocorre também na mecânica clássica, nas chamadas formulações lagrangiana e hamiltoniana e no caso de simetrias geométricas. (N. do E.)

Aliás, há uma série de simetrias que aparecem na mecânica quântica que não têm equivalente clássico, que não admitem nenhum método de descrição na física clássica. Uma delas é esta: se ψ é a amplitude de um processo qualquer, sabemos que o quadrado absoluto de ψ é a probabilidade de ocorrência do processo. Ora, se alguma outra pessoa fosse fazer seus cálculos, não com ψ, mas com um ψ', que difere meramente por uma mudança de fase (seja Δ alguma constante, e multipliquemos $e^{i\Delta}$ pelo velho ψ), o quadrado absoluto de ψ', que é a probabilidade do evento, é então igual ao quadrado absoluto de ψ:

$$\psi' = \psi e^{i\Delta}; \quad |\psi'|^2 = |\psi|^2 . \qquad (2.1)$$

Portanto, as leis físicas ficam inalteradas se a fase da função de onda é mudada por uma constante arbitrária. Esta é outra simetria. As leis físicas devem ser de tal natureza que uma mudança na fase quântica não faça diferença alguma. Como acabamos de mencionar, na mecânica quântica existe uma lei da conservação para cada simetria. A lei de conservação que está relacionada à fase quântica parece ser a *conservação da carga elétrica*. Tudo isso é um negócio bem interessante!

2.4 Reflexões em espelhos

A próxima questão, que vai nos ocupar por grande parte do restante deste capítulo, é a da simetria sob *reflexão no espaço*. O problema é este: as leis físicas são simétricas sob reflexão? Podemos colocar a questão nestes termos: suponhamos que construímos um equipamento, digamos, um relógio, com montes de rodas, ponteiros e números. Ele faz tique-taque, funciona, tem coisas dentro que foram enroladas. Olhamos para o relógio no espelho. Sua *aparência* no espelho não é o que interessa. Mas *construamos* realmente outro relógio que é exatamente como o primeiro relógio aparece no espelho: sempre que houver um parafuso com rosca à direita em um, usaremos um parafuso com rosca à esquerda no lugar correspondente do outro; onde num está marcado "2" no mostrador, marcaremos um "S" no mostrador do outro; cada mola está enrolada para um lado num relógio e para o outro lado no relógio invertido. Quando tudo terminar, teremos dois relógios, ambos físicos, que têm um com o outro a relação entre um objeto e sua imagem invertida, embora enfatizemos que ambos são objetos reais, materiais. Ora, a pergunta é: se dermos partida aos dois relógios na mesma condição, as molas enroladas de uma mesma quantidade, os dois relógios funcionarão, daí para sempre, como imagens exatamente invertidas? (Esta é uma questão física, não uma questão filosófica.) Nossa intuição sobre as leis da física sugeriria que *sim*.

Suspeitaríamos que, pelo menos no caso desses relógios, a reflexão espacial é uma das simetrias das leis físicas de que, se trocarmos tudo da "direita" para a "esquerda" e deixarmos o restante igual, não conseguiremos saber a diferença. Suponhamos, então, por um momento que isto seja verdade. Se for verdade, seria impossível distinguir "direita" de "esquerda" com base em qualquer fenômeno físico, assim como é, por exemplo, impossível definir uma velocidade absoluta específica com base em um fenômeno físico. Assim, deveria ser impossível, com base em qualquer fenômeno físico, definir absolutamente o que queremos dizer por "direita" em oposição a "esquerda", porque as leis físicas deveriam ser simétricas.

Claro que o mundo não *precisa* ser simétrico. Por exemplo, usando o que podemos chamar de "geografia", sem dúvida "direita" pode ser definida. Por exemplo, estamos em Nova Orleans e olhamos para Chicago, e a Flórida está à nossa "direita" (se estivermos com os pés no chão!). Assim podemos definir "direita" e "esquerda" pela geografia. Claro que a situação concreta em qualquer sistema não precisa ter a simetria de que estamos falando; a questão é se as *leis* são simétricas – em outras palavras, se é *contra as leis físicas* ter uma esfera como a Terra com um "solo canhoto" sobre ela e uma pessoa como nós olhando para uma cidade como Chicago de um lugar como Nova Orleans, mas com todo o resto invertido, de modo que a Flórida esteja do outro lado. Claro que não parece impossível, contra as leis da física, que tudo esteja trocado da esquerda para a direita.

Outro ponto é que nossa definição de "direita" não deveria depender da história. Uma maneira fácil de distinguir direita de esquerda é ir a uma oficina e apanhar um parafuso aleatoriamente. As chances são de que ele tenha uma rosca à direita – não necessariamente, mas é bem mais provável que tenha uma rosca à direita do que à esquerda. Esta é uma questão de história ou convenção, ou da forma como as coisas costumam ser, não se tratando, novamente, de leis fundamentais. Obviamente nada impede que todos tivessem começado a produzir parafusos com rosca à esquerda!

Portanto, temos de tentar achar algum fenômeno em que "lado direito" esteja envolvido fundamentalmente. A próxima possibilidade que discutiremos é o fato de que a luz polarizada gira seu plano de polarização ao passar, digamos, por água com açúcar. Como está discutido no capítulo 33,[8] ela gira, digamos, para a direita em uma certa solução de açúcar. Esta é uma maneira de definir "dextrogiro", porque podemos dissolver algum açúcar na água e então a polarização vai para a direita. Mas o açúcar veio de seres vivos, e se tentamos produzi-lo artificialmente, descobrimos que ele *não* gira o plano de polarização! Mas se então pegarmos o mesmo açúcar produzido artificialmente, que não gira o plano de polarização, e colocarmos bactérias nele (elas comem parte do açúcar) e depois filtrarmos as bactérias, descobriremos que ainda resta açúcar (quase metade do que tínhamos antes), e desta vez ele gira o plano de polarização, mas *para o outro lado*! Isto parece bem desconcertante, mas é facilmente explicado.

Tomemos outro exemplo. Uma das substâncias que é comum a todos os seres vivos e que é fundamental à vida é a proteína. As proteínas consistem em cadeias de aminoácidos. A Figura 2-1 mostra um modelo de um aminoácido que vem de uma proteína. Esse aminoácido se chama alanina, e a disposição molecular teria o aspecto daquela na Figura 2-1(a) se sua origem fosse uma proteína de um ser vivo real. Por outro lado, se tentarmos produzir alanina a partir de dióxido de carbono, etano e amônia (e *podemos* produzi-la, não é uma molécula complicada), descobrimos que estamos produzindo quantidades iguais desta molécula e daquela mostrada na Figura 2-1(b)! A primeira molécula, aquela que se origina do ser vivo, é chamada *L-alanina*. A outra, que é igual quimicamente, por ter os mesmos tipos de átomos e as mesmas ligações entre os átomos, é uma molécula "dextrogira" (para a direita), em comparação com a L-alanina, "levogira" (para a esquerda), e chama-se *D-alanina*. O interessante é que, quando produzimos alanina em um laboratório a partir de gases simples, obtemos uma mistura igual das duas espécies. Entretanto, a única coisa que a vida usa é L-alanina. (Isto não é exatamente verdade. Vez ou outra nos seres vivos existe um uso especial de D-alanina, mas muito raro. Todas as proteínas usam L-alanina exclusivamente.) Ora, se produzirmos as duas espécies e fornecermos a mistura a algum animal que goste de "comer", ou consumir, alanina, ele não conseguirá usar a D-alanina, usando apenas a L-alanina. É isto o que acontece com o nosso

---

[8] Das *Lectures on Physics* originais, vol. I.

açúcar: depois que as bactérias comem o açúcar que é bom para elas, sobra apenas a espécie "errada". (O açúcar levogiro é doce, mas não tem o mesmo gosto do açúcar dextrogiro.)

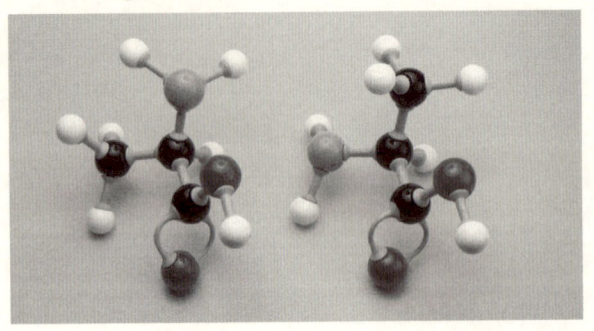

FIGURA 2-1 (a) L-alanina (esquerda) e (b) D-alanina (direita).

Assim, parece que os fenômenos da vida permitem uma distinção entre "direita" e "esquerda", ou que a química permite uma distinção, porque as duas moléculas são quimicamente diferentes. Mas não, ela não permite! Na medida em que são possíveis medições físicas, como a da energia, a das velocidades das reações químicas, e assim por diante, as duas espécies funcionarão exatamente da mesma maneira se convertermos todo o resto numa imagem invertida também. Uma molécula girará a luz para a direita, e a outra a girará para a esquerda precisamente na mesma quantidade, pela mesma quantidade de líquido. Desse modo, no que diz respeito à física, esses dois aminoácidos são igualmente satisfatórios. Até onde vai nossa compreensão atual das coisas, os fundamentos da equação de Schrödinger determinam que as duas moléculas devem se comportar de formas exatamente correspondentes, de modo que uma esteja para a direita enquanto a outra está para a esquerda. Não obstante, na vida tudo está para o mesmo lado!

Presume-se que o motivo seja o seguinte. Suponhamos, por exemplo, que a vida, de algum modo, em certo momento, encontra-se em certa condição na qual todas as proteínas de algumas criaturas possuem aminoácidos levogiros, e todas as enzimas são assimétricas – todas as substâncias no ser vivo são assimétricas. Assim, quando as enzimas digestivas tentam transformar as substâncias químicas do alimento de um tipo para outro, uma espécie de substância química "enquadra-se" na enzima, mas a outra espécie não (como

Cinderela e o sapatinho, só que é um "pé esquerdo" que estamos testando). Ao que sabemos, em princípio, poderíamos criar um sapo, por exemplo, em que cada molécula está invertida, tudo está como a imagem invertida "para a esquerda" de um sapo real; temos um sapo levogiro. Esse sapo levogiro viveria normalmente por algum tempo, mas não encontraria nada para comer, porque, se ele engolir uma mosca, suas enzimas não foram criadas para digeri-la. A mosca possui a "espécie" errada de aminoácidos (a não ser que lhe forneçamos uma mosca levogira). Até onde sabemos, os processos químicos e vitais continuariam da mesma maneira se tudo fosse invertido.

Se a vida for um fenômeno inteiramente físico e químico, a única explicação para o fato de as proteínas serem todas feitas com mesmo sentido de giro é a ideia de que, bem no começo, algumas moléculas vivas, por acaso, surgiram e algumas sobreviveram. Em algum lugar, certa vez, uma molécula orgânica tornou-se de algum modo assimétrica e, a partir dessa coisa específica, a "direita" por acaso evoluiu em nossa geografia particular. Um acaso histórico particular estava voltado para um lado, e desde então a assimetria se propagou. Uma vez tendo chegado ao estado em que se encontra hoje, claro que isso sempre continuará: todas as enzimas digerem as coisas dextrogiras, produzem as coisas dextrogiras. Quando o dióxido de carbono e o vapor d'água, e assim por diante, penetram nas folhas das plantas, as enzimas que produzem os açúcares os fazem assimétricos, porque as enzimas são assimétricas. Se alguma espécie nova de vírus ou ser vivo se originasse numa época posterior, só sobreviveria se pudesse "comer" o tipo de matéria viva já presente. Portanto, ele também precisa ser da mesma espécie.

Não há conservação do número de moléculas dextrogiras. Uma vez tendo começado, poderíamos continuar aumentando o número de moléculas dextrogiras. Assim a presunção é, então, que os fenômenos no caso da vida não mostram uma falta de simetria nas leis físicas, mas mostram, pelo contrário, a natureza universal e a origem comum de todas as criaturas na Terra, no sentido que acabamos de descrever.

2.5 Vetores polares e axiais

Agora vamos adiante. Observamos que, em física, existem muitos outros lugares onde temos regras das mãos "direita" e "esquerda". De fato, quando vimos a análise vetorial, conhecemos as regras, "direitas", que temos de usar para que o momento angular, torque, campo magnético e assim por diante resultem corretos. A força numa carga que se move num campo magnético, por exemplo, é $\mathbf{F} = q\mathbf{v} \times \mathbf{B}$. Em uma dada situação, em que conhecemos $\mathbf{F}$, $\mathbf{v}$ e $\mathbf{B}$, esta equação não é suficiente para definir a direção à direita? De fato, se voltarmos e olharmos de onde vieram os vetores, veremos que a "regra da mão direita" foi meramente uma convenção, um artifício. As grandezas originais, como os momentos angulares e as velocidades angulares, e coisas desta espécie, não eram realmente vetores! Elas são todas de algum modo associadas a um certo plano, e é justamente porque existem três dimensões no espaço que podemos associar a grandeza com uma direção perpendicular àquele plano. Das duas direções possíveis, escolhemos a direção que segue "a regra da mão direita".

Assim, se as leis da física forem simétricas, deveríamos constatar que, se algum demônio se infiltrasse em todos os laboratórios de física e substituísse a palavra "direita" por "esquerda" em todos os livros em que "regras da mão direita" são dadas, e usássemos em vez delas todas as "regras da mão esquerda" uniformemente, isto não faria nenhuma diferença sobre as leis físicas.

Vamos dar um exemplo. Há dois tipos de vetores. Existem vetores "honestos", por exemplo, um deslocamento $\Delta \mathbf{r}$ no espaço. Se em nosso aparelho há uma peça aqui e outra coisa ali, então em um aparelho invertido haverá a peça invertida e a outra coisa invertida, e se traçarmos um vetor da "peça" até a "outra coisa", um vetor será a imagem especular invertida do outro (Figura 2-2). A seta vetorial troca de ponta, assim como todo o espaço vira às avessas. Tal vetor se chama *vetor polar*.

Mas a outra espécie de vetor, que tem a ver com rotações, é de natureza diferente. Por exemplo, suponhamos que em três dimensões algo está girando como mostra a Figura 2-3. Então, se o olharmos num espelho, estará girando como mostrado: como a imagem no espelho da rotação original. Ora, concordamos em representar a rotação no espelho pela mesma regra: ela é um "vetor" que, refletido, *não* muda da mesma forma como faz o vetor polar, mas se inverte em relação aos vetores polares e à geometria do espaço. Tal vetor se chama *vetor axial*.

Ora, se a lei da simetria de reflexão for correta em física, deve ser verdade que as equações devem ser concebidas de tal maneira que, se trocarmos o sinal de cada vetor axial e de cada produto de vetores, que seria o que corresponde à reflexão, nada acontecerá. Por exemplo, quando escrevemos uma fórmula que diz que o momento angular é $\mathbf{L} = \mathbf{r} \times \mathbf{p}$, esta equação está OK, porque se mudarmos para um sistema de coordenadas esquerdo, mudamos o sinal de **L**, mas **p** e **r** não mudam. O sinal do produto vetorial é trocado, já que precisamos mudar de uma regra direita para uma regra esquerda. Como outro exemplo, sabemos que a força em uma carga que se move num campo magnético é **F** = q**v** × **B**, mas se mudarmos de um sistema de mão direita para um de mão esquerda, já que **F** e **v** são sabidamente vetores polares, a mudança de sinal requerida pelo produto vetorial precisa ser cancelada por uma mudança de sinal em **B**, o que significa que **B** deve ser um vetor axial. Em outras palavras, se fizermos tal reflexão, **B** terá de ir para... -**B**. Desse modo, se mudamos nossas coordenadas da direita para a esquerda, precisamos também mudar os polos dos ímãs de norte para sul.

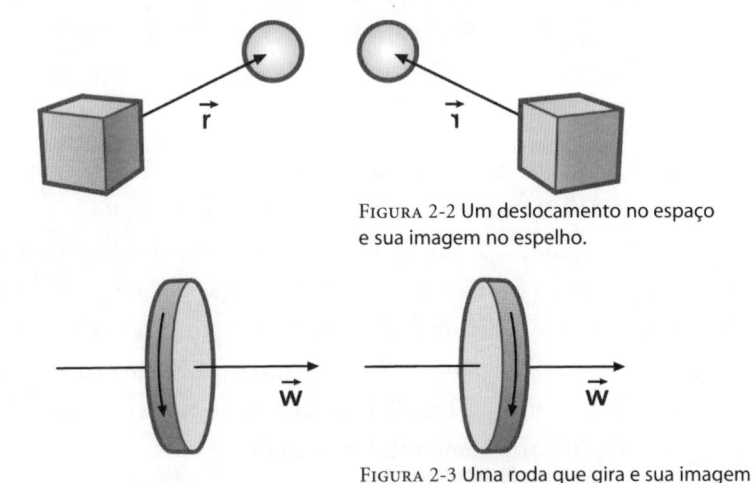

FIGURA 2-2 Um deslocamento no espaço e sua imagem no espelho.

FIGURA 2-3 Uma roda que gira e sua imagem no espelho. Observe que a direção do "vetor" velocidade angular não se inverte.

Vejamos como isto funciona em um exemplo. Suponhamos que temos dois ímãs, como na Figura 2-4. Um é um ímã com a bobina enrolada para um lado e com a corrente em uma dada direção. O outro ímã parece com o primeiro ímã refletido em um espelho: a bobina se enrolará para o outro lado, tudo o que acontece dentro da bobina é exatamente invertido, e a corrente circula como mostrado. Ora, das leis para a produção de campos magnéticos, que ainda não conhecemos oficialmente, mas que provavelmente já aprendemos no segundo grau, descobre-se que o campo magnético é como mostrado na figura. Em um caso, o polo é um polo magnético sul, ao passo que no outro ímã a corrente está indo para o outro lado e o campo magnético se inverte: é um polo magnético norte. Assim vemos que, quando mudamos da direita para a esquerda, precisamos realmente mudar do norte para o sul!

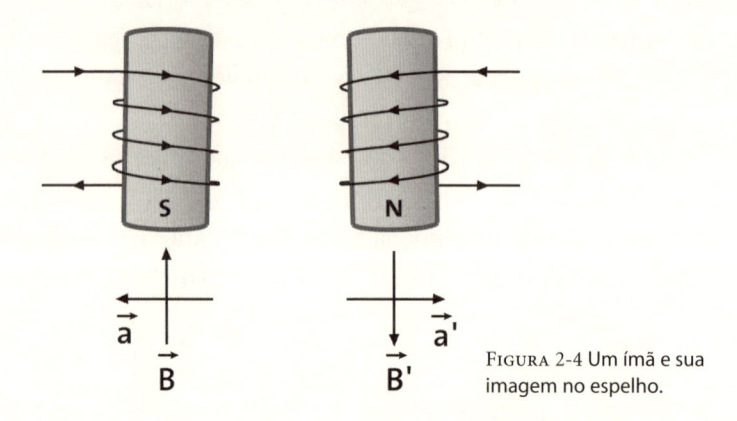

FIGURA 2-4 Um ímã e sua imagem no espelho.

Não se preocupe com a mudança de norte para sul; esta também é mera convenção. Falemos de *fenômenos*. Suponhamos, agora, que temos um elétron se movendo através de um campo, entrando na página. Então, se usarmos a fórmula para a força, **v** x **B** (lembre-se de que a carga é negativa), descobriremos que o elétron se desviará na direção indicada, de acordo com a lei física. Portanto, o fenômeno é que temos uma bobina com uma corrente indo em um sentido especificado e um elétron se curva de certa maneira: esta é a física, não importa como rotulamos tudo.

Agora façamos o mesmo experimento com um espelho: enviamos um elétron em uma direção correspondente, e agora a força está invertida, se a calcularmos com base na mesma regra; isto é muito bom, porque os *movimentos* correspondentes do elétron são então imagens invertidas um do outro!

2.6 Qual mão é a direita?

Assim, o fato é que, ao estudar qualquer fenômeno, existem sempre duas regras direitas, ou um número par delas, e o resultado final é que os fenômenos sempre parecem simétricos. Em suma, portanto, não conseguiremos distinguir direita de esquerda se também não conseguirmos distinguir norte de sul. Entretanto, pode parecer que *conseguimos* distinguir o polo norte de um ímã. O polo norte do ponteiro de uma bússola, por exemplo, é o que aponta para o norte. Mas claro que isto também é uma propriedade local que tem a ver com a geografia da Terra; é como falar da direção em que Chicago está, de modo que não conta. Quem viu ponteiros de bússolas talvez tenha percebido que o polo que procura o norte tem uma cor azulada. Mas isto se deve apenas ao homem que pintou o ímã. Todos estes são critérios locais, convencionais.

Contudo, se um ímã viesse a ter a propriedade de que, se o olhássemos bem de perto, veríamos pequenos pelos crescendo em seu polo norte, mas não em seu polo sul, se esta fosse a regra geral, ou se houvesse uma maneira qualquer de distinguir o polo norte do polo sul de um ímã, então conseguiríamos distinguir qual dos dois casos realmente teríamos, e *isto seria o fim da lei da simetria de reflexão*.

Para ilustrar todo o problema ainda mais claramente, imagine que estivéssemos conversando com um marciano, ou alguém bem distante, pelo telefone. Não estamos autorizados a enviar-lhe quaisquer amostras reais para exame. Por exemplo, se pudéssemos enviar luz, poderíamos enviar luz circularmente polarizada para a direita e dizer: "Isto é luz polarizada para a direita; observe em que direção está indo." Mas não podemos *dar* nada para ele, só podemos falar com ele. Ele está bem distante, ou em algum local estranho, e não consegue ver nada do que vemos. Por exemplo, não podemos dizer: "Olhe para a Ursa Maior; agora veja como as estrelas estão dispostas. O que queremos dizer por 'direita' é..." Só podemos telefonar para ele.

Ora, queremos contar pra ele tudo sobre nós. Claro que primeiro começamos definindo números, e dizemos, "tique-taque, tique-taque, *dois*, tique-taque, tique-taque, tique-taque, *três*...", de modo que gradualmente ele possa entender algumas palavras, e assim por diante. Após algum tempo, podemos nos tornar íntimos desse sujeito, e ele diz: "Qual o aspecto de vocês?" Começamos a nos descrever e dizemos: "Bem, temos seis pés (1,83m) de altura." Ele diz: "Um instante, o que são seis *pés*?" É possível explicar-lhe o que são seis pés? Com certeza! Dizemos: "Você sabe o diâmetro dos átomos de hidrogênio; temos a altura de 17.000.000.000 de átomos de hidrogênio!" Isto é possível porque as leis físicas não são invariantes sob mudança de escala, de modo que *podemos* definir um comprimento absoluto. E assim definimos o tamanho do corpo, e informamos qual é a forma geral: possui hastes com cinco pontas saindo das extremidades, e assim por diante, e ele nos acompanha, e terminamos de descrever o nosso aspecto externo, supostamente sem deparar com quaisquer dificuldades específicas. Ele está até fazendo um modelo de nós enquanto prosseguimos. Ele diz: "Cara, vocês devem ser uns sujeitos bem bonitos; mas o que vocês têm dentro?" Assim, começamos a descrever os diferentes órgãos internos e chegamos ao coração, descrevemos cuidadosamente o formato dele e dizemos: "Agora coloque o coração do lado esquerdo." Ele diz: "O quê... o lado esquerdo?" Agora nosso problema é descrever de que lado fica o coração sem que ele veja as coisas que vemos, e sem podermos enviar uma amostra do que queremos dizer por "direito" – nenhum objeto direito que seja um padrão. Será possível isto?

2.7 A paridade não é conservada!

Acontece que as leis da gravitação, as leis da eletricidade e magnetismo, das forças nucleares, todas satisfazem o princípio da simetria de reflexão, de modo que essas leis, ou qualquer coisa derivada delas, não podem ser usadas. Mas associado às muitas partículas encontradas na natureza existe um fenômeno chamado *desintegração beta*, ou *desintegração fraca*. Um dos exemplos da desintegração fraca, ligada a uma partícula descoberta em torno de 1954, apresentou um enigma estranho. Havia certa partícula carregada que se desintegrava em três *mésons* π, como mostrado esquematicamente na Figura 2-5. Essa partícula foi chamada, por enquanto, de méson τ. Ora, na Figura 2-5 vemos também outra partícula que se desintegra em *dois* mésons; um deve ser neutro, com base na conservação da carga. Essa partícula foi chamada de méson θ. Assim, por um lado temos uma partícula chamada de τ, que se desintegra em três *mésons* π, e de θ, que se desintegra em dois *mésons* π. Ora, logo se descobriu que o τ e o θ têm massas quase iguais; na verdade, dentro da margem de erro experimental, elas são iguais. Em seguida, descobriu-se que o intervalo de tempo que eles levavam para se desintegrar em três π's e dois π's era quase exatamente o mesmo; eles duram o mesmo intervalo de tempo. Depois, sempre que eram produzidos, eram produzidos nas mesmas proporções, digamos, 14% de τ' para 86% de θ'.

Qualquer pessoa lúcida percebe imediatamente que devem ser a mesma partícula, que meramente produzimos um objeto que tem duas maneiras diferentes de se desintegrar, e não duas partículas diferentes. Esse objeto capaz de se desintegrar de duas maneiras diferentes possui, portanto, a mesma duração (vida média) e a mesma taxa de produção (porque esta é simplesmente a razão das chances com que se desintegra nessas duas espécies).

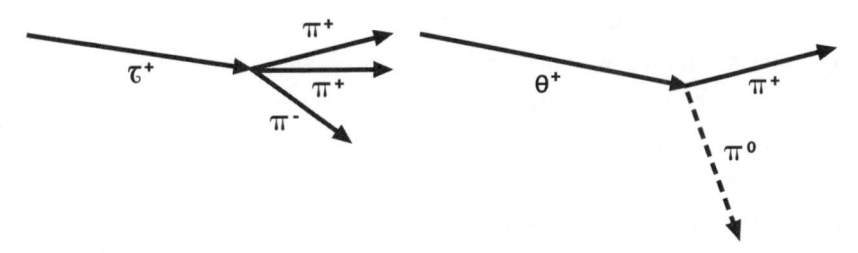

FIGURA 2-5 Um diagrama esquemático da desintegração de uma partícula τ^+ e θ^+.

No entanto, foi possível provar (e não é possível explicar aqui *como*), com base no princípio da simetria de reflexão na mecânica quântica, que era *impossível* esses dois *p* advirem da mesma partícula – a mesma partícula *não poderia* se desintegrar das duas maneiras. A lei da conservação correspondente ao princípio da simetria de reflexão é algo que não possui equivalente clássico, de modo que essa espécie de conservação quântica foi chamada de *conservação da paridade*. Assim, em consequência da conservação da paridade – ou, mais precisamente, com base na simetria das equações quânticas dos decaimentos fracos sob reflexão –, a mesma partícula não poderia se desintegrar nas duas, de modo que deve haver alguma coincidência de massas, durações etc. Porém, quanto mais estudada, mais notável a coincidência, e a suspeita gradualmente aumentou de que possivelmente a lei da simetria de reflexão, uma profunda lei da natureza, pode ser falsa.

Como resultado dessa falha aparente, os físicos Lee e Yang sugeriram que outros experimentos fossem realizados com desintegrações afins, no intuito de tentar testar se a lei estava certa em outros casos. O primeiro desses experimentos foi realizado pela srta. Wu, de Colúmbia, da seguinte maneira. Usando um ímã muito forte a uma temperatura baixíssima, descobre-se que certo isótopo do cobalto, que se desintegra emitindo um elétron, é magnético, e se a temperatura for suficientemente baixa para que as oscilações térmicas não agitem demais os magnetos atômicos, estes alinham-se no campo magnético. Assim, todos os átomos de cobalto se alinharão nesse campo forte. Eles então se desintegram, emitindo um elétron; e descobriu-se que, quando os átomos eram alinhados em um campo cujo vetor **B** aponta para cima, a maioria dos elétrons era emitida em uma direção para baixo.

Para alguém que não seja "conhecedor" do mundo, tal observação não soa como algo importante, mas quem aprecia os problemas e coisas interessantes do mundo vê que esta é uma descoberta impressionante: quando colocamos átomos de cobalto em um campo magnético extremamente forte, mais elétrons da desintegração vão para baixo do que para cima. Portanto, se os colocássemos em um experimento correspondente em um "espelho", em que os átomos de cobalto estariam alinhados na direção oposta, eles emitiriam os seus elétrons *para cima*, e não *para baixo*; a ação é *assimétrica. Cresceram pelos no ímã!* O polo sul de um ímã é de tal espécie que os elétrons em uma desintegração β tendem a afastar-se dele; isto distingue, de uma forma física, o polo norte do polo sul.

Depois disto, muitos outros experimentos foram realizados: a desintegração do π em μ e ν; μ num elétron e dois neutrinos; atualmente, o L em próton e π; a desintegração de Σ's; e muitas outras desintegrações. De fato, em quase todos os casos em que se poderia esperar, descobriu-se que *não* obedeciam à simetria de reflexão! Fundamentalmente, a lei da simetria de reflexão nesse nível da física é incorreta.

Em suma, podemos informar ao marciano onde colocar o coração. Dizemos: "Ouça, produza um ímã, coloque as bobinas nele, ligue a corrente e, depois, pegue algum cobalto e reduza a temperatura. Arranje o experimento de modo que os elétrons vão de baixo para cima. Aí a direção da corrente pelas bobinas será a direção em que a corrente entra no que chamamos direita e sai à esquerda." Portanto, é possível definir direita e esquerda, agora, realizando um experimento dessa espécie.

Existem várias outras características que foram previstas. Por exemplo, ao que se revela, o *spin* – o momento angular – do núcleo do cobalto antes da desintegração tem cinco unidades de $\hbar$ e, após a desintegração, quatro unidades. O elétron possui um momento angular *spin*, e existe também um neutrino envolvido. É fácil ver com base nisto que um elétron deve ter seu momento angular de *spin* alinhado ao longo da direção de seu movimento, bem como o neutrino. Assim, parece que o elétron está girando para a esquerda, e isto também foi verificado. Na verdade, foi verificado bem aqui em Caltech, por Boehm e Wapstra, que os elétrons giram predominantemente para a esquerda. (Houve alguns outros experimentos que deram a resposta contrária, mas estavam errados!)

O problema seguinte, é claro, foi descobrir a lei da falha da conservação da paridade. Qual a regra que nos informa quão forte será a falha? A regra é esta: ela ocorre somente nessas reações muito lentas, chamadas desintegrações fracas, e quando ocorre, a regra é que as partículas que possuem *spin*, como o elétron, o neutrino e assim por diante, surgem com um *spin* tendendo para a esquerda. Esta é uma regra assimétrica; ela associa uma velocidade vetorial polar com um momento angular vetorial axial, e diz que o momento angular tende mais a se opor à velocidade do que a estar ao longo dela.

Bem, esta é a regra, mas atualmente não compreendemos o seu porquê. Por que esta é a regra certa, qual a sua razão fundamental e qual sua relação com qualquer outra coisa? No momento, estamos tão chocados com sua assimetria que não conseguimos nos recuperar suficientemente para entender o seu significado em relação a todas as outras regras. Entretanto, o tema é interessante, moderno e ainda não resolvido, de modo que parece apropriado discutirmos algumas das questões associadas a ele.

2.8 Antimatéria

A primeira coisa a fazer quando uma das simetrias se perde é imediatamente retornar à lista das simetrias conhecidas ou supostas e perguntar se alguma das outras se perde. Ora, não mencionamos uma operação em nossa lista, que precisa necessariamente ser analisada, que é a relação entre matéria e antimatéria. Dirac previu que, além dos elétrons, deve haver outra partícula, chamada pósitron (descoberta em Caltech por Anderson), que está necessariamente relacionada ao elétron. Todas as propriedades dessas duas partículas obedecem a certas regras de correspondência: as energias são iguais; as massas são iguais; as cargas são invertidas; porém, mais importante que tudo, as duas, quando entram em contato, podem aniquilar uma à outra e liberar toda a sua massa em forma de energia, digamos, raios γ. O pósitron é denominado uma *antipartícula* do elétron, e essas são as características de uma partícula e sua antipartícula. O argumento de Dirac deixou claro que todas as demais partículas do mundo deveriam também ter suas antipartículas correspondentes. Por exemplo, para o próton, deveria haver um antipróton, que é agora simbolizado como $\bar{p}$. O $\bar{p}$ teria uma carga elétrica negativa e a mesma massa do próton, e assim por diante. O aspecto mais importante, porém, é que um próton e um antipróton, ao entrarem em contato, podem aniquilar um ao outro. O motivo por que enfatizamos isto é que as pessoas não compreendem quando dizemos que existe um nêutron e também um antinêutron, porque elas dizem: "Um nêutron é neutro, de modo que como *pode* ter uma carga oposta?" A regra do "anti" não é apenas ter a carga oposta, ele tem certo conjunto de propriedades que, na totalidade, se opõem. O antinêutron se distingue do nêutron assim: se juntarmos dois nêutrons, eles continuarão como dois nêutrons, mas se juntarmos um nêutron e um antinêutron, eles se aniquilarão mutuamente, com uma grande explosão de energia sendo liberada, com diferentes mésons π, raios γ e outras coisas.

Ora, se temos antinêutrons, antiprótons e antielétrons, podemos produzir antiátomos, a princípio. Eles ainda não foram produzidos, mas é possível a princípio.[9] Por exemplo, um átomo de hidrogênio tem um próton no centro com um elétron girando em volta. Imagine que em algum lugar possamos produzir um antipróton com um pósitron; este giraria em torno do antipróton? Bem, em primeiro lugar, o antipróton é eletricamente negativo e o antielétron é eletricamente positivo, de modo que se atraem mutuamente de forma correspondente – suas massas são todas iguais; tudo é igual. Um dos princípios da simetria da física, as equações parecem mostrar, que, se um relógio, digamos, fosse feito de matéria, por um lado, e depois fizéssemos o mesmo relógio de antimatéria, ele funcionaria dessa maneira. (Claro que se aproximarmos os dois relógios eles se aniquilarão um ao outro, mas isto é diferente.)

Uma questão imediata então emerge. Podemos construir, à base de matéria, dois relógios, um que é "para a esquerda" e outro que é "para a direita". Por exemplo, poderíamos construir um relógio diferente dos normais, com cobalto e ímãs e detectores de elétrons que detectam a presença de elétrons da desintegração β e os contam. Cada vez que um é contado, o ponteiro de segundos avança. Então o relógio invertido, recebendo menos elétrons, não funcionará à mesma taxa. Assim, evidentemente, podemos construir dois relógios de modo que o relógio para a esquerda não concorda com aquele para a direita. Façamos, com matéria, um relógio que denominamos o relógio-padrão ou para a direita. Agora façamos, também com matéria, um relógio que denominamos o relógio para a esquerda. Acabamos de descobrir que, em geral, esses dois relógios *não* funcionarão da mesma maneira; antes daquela descoberta

---

[9] Antiátomos de hidrogênio foram produzidos em laboratório (no CERN, Genebra) em 1995.

física famosa, achava-se que funcionariam. Ora, supunha-se também que matéria e antimatéria fossem equivalentes. Ou seja, se fizéssemos um relógio de antimatéria, para a direita, com o mesmo formato, ele funcionaria igual ao relógio de matéria para a direita, e se fizéssemos o mesmo relógio para a esquerda, ele funcionaria igual. Em outras palavras, no início acreditava-se que *todos os quatro* relógios fossem iguais. Agora sabemos que os relógios para a direita e para a esquerda de matéria não são iguais. Supostamente, portanto, o relógio de antimatéria para a direita e o de antimatéria para a esquerda não são iguais.

Portanto, a pergunta óbvia é: quais dos relógios são iguais, se é que existe uma igualdade? Em outras palavras, o relógio de matéria para a direita comporta-se da mesma maneira que o relógio de antimatéria para a direita? Ou o relógio de matéria para a direita comporta-se da mesma maneira que o relógio de antimatéria para a esquerda? Experimentos com desintegração β, usando a desintegração de pósitrons em vez da desintegração de elétrons, indicam que esta é a inter-relação: a matéria para a "direita" funciona da mesma maneira que a antimatéria para a "esquerda".

Logo, é realmente verdade que a simetria entre direita e esquerda é preservada! Se fizéssemos um relógio para a esquerda, mas o fizéssemos do outro tipo de matéria, antimatéria em vez de matéria, ele funcionaria da mesma maneira. O que aconteceu é que, em vez de termos duas regras independentes em nossa lista de simetrias, duas dessas regras se juntam para formar uma regra nova, que diz que a matéria para a direita é simétrica à antimatéria para a esquerda.

Desta forma, se nosso marciano for feito de antimatéria e dermos instruções para ele fazer esse modelo de nós para a "direita", claro que ele resultará invertido. O que aconteceria quando, após muita conversa em ambas as direções, tivéssemos ensinado um ao outro a fazer espaçonaves e marcássemos um encontro a meio caminho no espaço vazio? Instruímos um ao outro sobre as nossas tradições, e assim por diante, e os dois vão ao encontro um do outro para dar as mãos. Bem, se ele estender a mão esquerda, cuidado!

2.9 Simetrias quebradas

A próxima pergunta é: que conclusões tirar de leis que são *quase* simétricas? O maravilhoso nisto tudo é que, para um espectro tão amplo de fenômenos importantes e fortes – forças nucleares, fenômenos elétricos, e mesmo mais fracos, como a gravitação –, dentro de um domínio enorme da física, todas as leis parecem simétricas. Por outro lado, este pequeno item extra diz: "Não, as leis não são simétricas!" Como é que a natureza pode ser quase simétrica, mas não perfeitamente simétrica? Quais conclusões tirar disto? Primeiro, será que temos outros exemplos? A resposta é: temos de fato alguns outros exemplos. Exemplificando, a parte nuclear da força entre próton e próton, entre nêutron e nêutron e entre nêutron e próton é exatamente igual: existe uma nova simetria para forças nucleares que permite permutar nêutron e próton, mas evidentemente não é uma simetria geral, pois a repulsão elétrica entre dois prótons a certa distância não existe para os nêutrons. Desta forma, não é uma verdade universal que podemos *sempre* substituir um próton por um nêutron, mas apenas com uma boa aproximação. Por que *boa*? Porque as forças nucleares são muito mais fortes do que as forças elétricas. Portanto, esta também é uma "quase" simetria. De modo que temos exemplos em outras coisas.

Em nossas mentes, temos uma tendência a aceitar a simetria como uma espécie de perfeição. É como a velha ideia dos gregos de que os círculos eram perfeitos, e era um tanto horrível acreditar que as órbitas planetárias não fossem círculos, mas apenas quase círculos. A diferença entre ser um círculo e ser quase um círculo não é uma diferença pequena, é uma mudança fundamental no que diz respeito à mente. Existe um sinal de perfeição e simetria num círculo que não existe mais no momento em que o círculo é um pouco deformado; aí termina a sua simetria. Então a pergunta é: por que a órbita é *quase* um círculo? Esta é uma pergunta bem mais difícil. O movimento real dos planetas, em geral, deveria ser elíptico, mas com o passar do tempo, devido às forças das marés etc., eles se tornaram quase simétricos. Agora o problema é saber se temos uma questão parecida aqui. O problema do ponto de vista dos círculos é que, se fossem círculos perfeitos, não haveria nada por explicar, e isto é bem simples. Mas como são apenas quase círculos, existe muito por explicar, e o resultado se revelou um grande problema de dinâmica, e agora nosso impasse é explicar por que são quase simétricos, examinando as forças das marés e assim por diante.

Assim, nosso problema é explicar de onde vem a simetria. Por que a natureza é quase simétrica? Ninguém tem ideia do motivo. A única coisa que poderíamos sugerir é algo assim: existe um portão no Japão, um portão em Neiko, muitas vezes considerado pelos japoneses o portão mais bonito de todo o Japão. Ele foi construído numa época em que havia grande influência da arte chinesa. Esse portão é muito elaborado, com montes de frontões, bonitos entalhes, inúmeras colunas, cabeças de dragão e príncipes esculpidos nas pilastras etc. Mas quando alguém o examina de perto, vê que no padrão elaborado e complexo ao longo de uma das pilastras, um dos pequenos elementos do padrão foi entalhado de cabeça para baixo. Afora este detalhe, tudo é completamente simétrico. Se alguém perguntar por que é assim, a história é que ele foi entalhado de cabeça para baixo para que os deuses não tenham inveja da perfeição do homem. Portanto, o erro foi colocado de propósito, para que os deuses não tivessem inveja e ficassem zangados com os seres humanos.

Gostaríamos de inverter a ideia e pensar que a verdadeira explicação da quase simetria da natureza é esta: que Deus fez as leis apenas quase simétricas para que não tivéssemos inveja de Sua perfeição!

3 | A teoria da relatividade restrita

3.1 O princípio da relatividade

Durante mais de duzentos anos, acreditou-se que as equações do movimento enunciadas por Newton descrevessem corretamente a natureza, e a primeira vez em que se descobriu um erro nessas leis, a forma de corrigi-lo também foi descoberta. Tanto o erro como sua correção foram descobertos por Einstein em 1905.

A segunda lei de Newton, que expressamos pela equação

$$F = \frac{d(m\mathbf{v})}{dt},$$

foi enunciada sob o pressuposto tácito de que m é uma constante, mas sabemos agora que isto não é verdade, e que a massa de um corpo aumenta com a velocidade. Na fórmula corrigida de Einstein, m tem o valor

$$m = \frac{m_0}{\sqrt{1 - v^2/c^2}}, \tag{3.1}$$

onde a "massa de repouso", m_0, representa a massa de um corpo que não está se movendo e c é a velocidade da luz, que é cerca de 3×10^5 km • s^{-1}.

Para quem quer saber apenas o suficiente para conseguir resolver problemas, isto é tudo que existe sobre a teoria da relatividade: ela apenas muda as leis de Newton introduzindo um fator de correção da massa. A própria fórmula deixa claro que o aumento dessa massa é muito pequeno em circunstâncias normais. Mesmo que a velocidade seja grande como a de um satélite, que transita na órbita da Terra a 8 km/s, então $v/c = 8/300.000$. A inserção deste valor na fórmula mostra que a correção da massa é de apenas uma parte em dois a três bilhões, o que é quase impossível de observar. Na verdade, a veracidade da fórmula foi amplamente confirmada pela observação de muitos tipos de partículas, deslocando-se a velocidades que atingem até praticamente a velocidade da luz. Entretanto, como o efeito é normalmente tão pequeno, parece notável que tenha sido descoberto teoricamente antes de ser descoberto de modo experimental. Empiricamente, a uma velocidade alta o suficiente, o efeito é bem grande, mas ele não foi descoberto dessa maneira. Portanto, é interessante examinar como uma lei que envolveu uma modificação tão delicada (na época em que foi originalmente descoberta) veio à luz por uma combinação de experimentos e argumentos físicos. Contribuições para a descoberta foram dadas por várias pessoas, sendo o resultado final de seu trabalho a descoberta de Einstein.

Existem realmente duas teorias da relatividade de Einstein. Este capítulo se ocupa da teoria da relatividade restrita, que data de 1905. Em 1915, Einstein publicou uma teoria adicional, denominada teoria da relatividade geral. Esta teoria posterior lida com a extensão da teoria restrita ao caso da lei da gravitação. Não discutiremos a teoria geral aqui.

O princípio da relatividade foi pela primeira vez enunciado por Newton, em um de seus corolários às leis do movimento. "Os movimentos de corpos encerrados em um dado espaço são os mesmos entre si, esteja esse espaço em repouso ou se mova uniformemente em linha reta." Isto significa, por exemplo, que, se uma espaçonave está se deslocando a uma velocidade uniforme, todos os experimentos realizados na espaçonave e todos os fenômenos na espaçonave parecerão como se a nave não estivesse se movendo, desde que, é claro, não se olhe para fora. Este é o sentido do princípio da relatividade. Trata-se de uma ideia bem simples, e a única pergunta é se é *verdade* que em todos os experimentos realizados dentro de um sistema em movimento as leis da física parecerão como se o sistema estivesse estacionário. Investiguemos primeiro se as leis de Newton parecem iguais no sistema em movimento.

Suponhamos que Moe esteja se deslocando na direção x com uma velocidade uniforme u, e ele mede a posição de certo ponto, mostrado na Figura 3-1. Ele designa a "distância x" do ponto, em seu sistema de coordenadas, como x'. Joe está em repouso, e mede a posição do mesmo ponto, designando a sua coordenada x em seu sistema como x. A relação das coordenadas nos dois sistemas fica clara no diagrama. Após um tempo t, a origem de Moe deslocou-se por uma distância ut, e se os dois sistemas originalmente coincidirem,

$$x' = x - ut, \qquad (3.2)$$
$$y' = y,$$
$$z' = z,$$
$$t' = t.$$

Se submetermos as leis de Newton a esta transformação de coordenadas, obteremos as mesmas leis no sistema com linhas. Ou seja, as leis de Newton têm a mesma forma em um sistema em movimento e em um sistema estacionário, sendo portanto impossível distinguir, por meio de experimentos mecânicos, se o sistema está se movendo ou não.

O princípio da relatividade tem sido usado em mecânica faz muito tempo. Ele foi empregado por diferentes pessoas, em particular Huygens, com o propósito de obter as regras da colisão de bolas de bilhar, assim como o usamos no capítulo 10[10] a fim de discutir a conservação do momento. No século XIX, o interesse nele aumentou em consequência das investigações dos fenômenos da eletricidade, do magnetismo e da luz. Uma longa série de estudos cuidadosos desses fenômenos, realizados por muitas pessoas, culminou nas equações de Maxwell para o campo eletromagnético, que descrevem a eletricidade, o magnetismo e a luz em um só sistema uniforme. No entanto, as equações de Maxwell *não* pareciam obedecer ao princípio da relatividade. Ou seja, se transformarmos as equações de Maxwell, pela substituição das equações 3.2, *sua forma não permanece a mesma*. Portanto, em uma espaçonave em movimento, os fenômenos elétricos e ópticos deveriam ser diferentes daqueles em uma nave estacionária. Desse modo, seria possível usar esses fenômenos

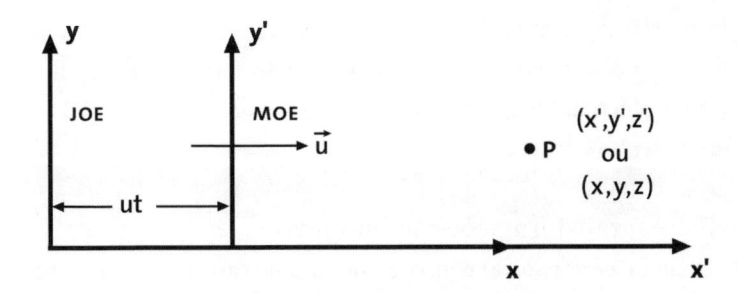

Figura 3-1 Dois sistemas de coordenadas em movimento relativo uniforme ao longo de seus eixos x.

[10] Das *Lectures on Physics* originais, vol. I.

ópticos para calcular a velocidade da nave; em particular, seria possível calcular a velocidade absoluta da nave por meio de medidas ópticas ou elétricas adequadas. Uma das consequências das equações de Maxwell é que, se ocorre uma perturbação no campo, de modo que seja gerada luz, essas ondas eletromagnéticas movem-se em todas as direções igualmente e à mesma velocidade c, ou 3×10^5 km/s. Outra consequência das equações é que, se a fonte da perturbação está se movendo, a luz emitida percorre o espaço à mesma velocidade c. Isto é análogo ao caso do som, a velocidade das ondas sonoras sendo igualmente independente do movimento da fonte.

Esta independência em relação ao movimento da fonte, no caso da luz, suscita um problema interessante:

Suponha que estejamos viajando num carro que se desloca à velocidade u, e a luz vinda de trás passa pelo carro à velocidade c. A derivação da primeira equação em (3.2) fornece

$$\frac{dx'}{dt} = \frac{dx}{dt} - u,$$

o que significa que, de acordo com a transformação de Galileu, a velocidade aparente da luz que passa, conforme medida no carro, não deveria ser c, e sim $c - u$. Por exemplo, se o carro está indo a 100.000 quilômetros por segundo e a luz está indo a 300.000 quilômetros por segundo, aparentemente a luz que passa pelo carro deveria ir a 200.000 quilômetros por segundo. De qualquer modo, medindo-se a velocidade da luz que passa pelo carro (se a transformação de Galileu for correta para a luz), seria possível calcular a velocidade do carro. Uma série de experimentos baseados nessa ideia geral foram realizados para se determinar a velocidade da Terra, mas todos falharam – eles forneceram *velocidade nula*. Discutiremos um desses experimentos em detalhes, a fim de mostrar exatamente o que foi feito e qual era o problema; houve *algum* problema, é claro, algo estava errado com as equações da física. O que poderia ser?

3.2 As transformações de Lorentz

Quando o fracasso das equações da física no caso acima veio à luz, o primeiro pensamento que ocorreu foi que o problema devia residir nas novas equações da eletrodinâmica de Maxwell, que tinham apenas vinte anos na época. Parecia quase óbvio que essas equações deviam estar erradas, e a solução era alterá-las de modo que, sob a transformação de Galileu, o princípio da relatividade fosse satisfeito. Quando isto foi tentado, os novos termos que tiveram de ser inseridos nas equações levaram a previsões de fenômenos elétricos novos que simplesmente não existiam quando testados experimentalmente, e essa tentativa teve de ser abandonada. Então, gradualmente, se tornou evidente que as leis da eletrodinâmica de Maxwell estavam corretas e que o problema tinha de residir em outra parte.

Neste ínterim, H.A. Lorentz observou algo notável e curioso ao fazer as seguintes substituições nas equações de Maxwell:

$$x' = \frac{x - ut}{\sqrt{1 - u^2/c^2}},$$
$$y' = y,$$
$$z' = z,$$
$$t' = \frac{t - ux/c^2}{\sqrt{1 - u^2/c^2}}.$$
(3.3)

As equações de Maxwell permanecem com a mesma forma quando esta transformação é aplicada a elas! As equações (3.3) são conhecidas como uma *transformação de Lorentz*. Einstein, seguindo uma sugestão originalmente feita por Poincaré, propôs então que *todas as leis físicas* deveriam ser tais que *permanecessem inalteradas sob uma transformação de Lorentz*. Em outras palavras, deveríamos mudar não as leis da eletrodinâmica, mas as leis da mecânica. Como modificar as leis de Newton de modo que *elas* permaneçam inalteradas sob a transformação de Lorentz? Se fixamos esta meta, temos de reescrever as equações de Newton de modo que as condições que impusemos sejam satisfeitas. Como resultado, o único requisito é que a massa m nas equações de Newton seja substituída pela forma mostrada na equação (3.1). Com a introdução desta mudança, as leis de Newton e as leis da eletrodinâmica se harmonizam. Aí, se usarmos a transformação de Lorentz ao comparar as medidas de Moe com as de Joe, jamais conseguiremos detectar se algum deles está se movendo, porque a forma de todas as equações será a mesma em ambos os sistemas de coordenadas!

É interessante discutir o que significa substituir a transformação antiga entre as coordenadas e o tempo por uma nova, porque a antiga (galileana) parece evidente, ao passo que a nova (a de Lorentz) parece estranha. Queremos saber se é lógica e experimentalmente possível que a transformação nova, e não a antiga, possa estar correta. Para descobrir isto, não basta estudar as leis da mecânica, mas, a exemplo de Einstein, temos também de analisar nossas ideias de *espaço* e *tempo* a fim de entender essa transformação. Teremos de discutir essas ideias e suas implicações para a mecânica com certo detalhe, e adiantamos que o esforço valerá a pena, já que os resultados concordam com o experimento.

3.3 O experimento de Michelson-Morley

Como já mencionamos, foram feitas tentativas para determinar a velocidade absoluta da Terra através do "éter" hipotético que se supunha permear todo o espaço. O mais famoso desses experimentos foi um realizado por Michelson e Morley em 1887. Somente 18 anos depois os resultados negativos do experimento foram enfim explicados por Einstein.

O experimento de Michelson-Morley foi realizado com um aparelho como aquele mostrado esquematicamente na Figura 3-2. O aparelho compreende essencialmente uma fonte de luz A, um vidro laminado parcialmente coberto de prata B e dois espelhos C e E, tudo montado sobre uma base rígida. Os espelhos são colocados a distâncias iguais L em relação a B. O vidro laminado B divide um feixe de luz recebido, e os dois feixes resultantes continuam em direções mutuamente perpendiculares até os espelhos, onde são refletidos de volta a B. Ao chegarem de volta a B, os dois feixes são recombinados como dois feixes superpostos, D e F. Se o tempo decorrido para a luz ir de B a E e voltar for o mesmo que de B a C e de volta, os feixes emergentes D e F estarão em fase e reforçarão um ao outro, mas se os dois tempos diferirem ligeiramente, os feixes estarão ligeiramente fora de fase, resultando numa interferência. Se o aparelho estiver "em repouso" no éter, os tempos deveriam ser exatamente iguais, mas se estiver movendo-se para a direita com uma velocidade u, deveria haver uma diferença nos tempos. Vejamos por quê.

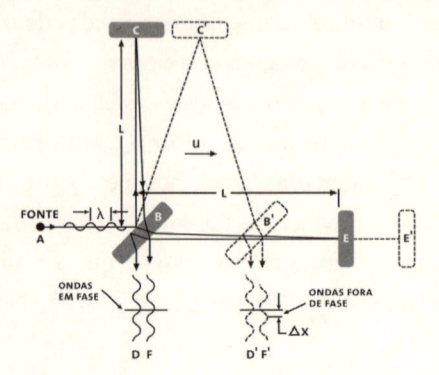

Figura 3-2 Diagrama esquemático do experimento de Michelson-Morley.

Primeiro, calculemos o tempo necessário para a luz ir de B a E e voltar. Digamos que o tempo para a luz ir do vidro laminado B até o espelho E seja t_1, e o tempo de retorno seja t_2. Ora, enquanto a luz está a caminho de B até o espelho, o aparelho se desloca de uma distância ut_1, de modo que a luz precisa transpor uma distância $L + ut_1$, à velocidade c. Podemos também expressar essa distância como ct_1, de modo que temos:

$$ct_1 = L + ut_1 \quad \text{ou} \quad t_1 = \frac{L}{c-u}.$$

(Este resultado também é óbvio do ponto de vista de que a velocidade da luz em relação ao aparelho é $c - u$, de modo que o tempo é o comprimento L dividido por $c - u$.) O tempo t_2 pode ser calculado de uma forma semelhante. Durante esse tempo, o vidro laminado B avança uma distância ut_2, de modo que a distância de retorno da luz é $L - ut_2$. Então temos

$$ct_2 = L - ut_2 \quad \text{ou} \quad t_2 = \frac{L}{c+u}.$$

Então, o tempo total é

$$t_1 + t_2 = \frac{2Lc}{\left(c^2 - u^2\right)}.$$

Por conveniência, em comparações posteriores de tempos, escrevemos isto como

$$t_1 + t_2 = \frac{2L/c}{\left(1 - u^2/c^2\right)}. \tag{3.4}$$

Nosso segundo cálculo será o do tempo t_3 para a luz ir de B até o espelho C. Como antes, durante o tempo t_3, o espelho C move-se para a direita de uma distância ut_3 até a posição C'; ao mesmo tempo, a luz percorre uma distância ct_3 ao longo da hipotenusa de um triângulo, que é BC'. Para esse triângulo retângulo, temos

$$\left(ct_3\right)^2 = L^2 + \left(ut_3\right)^2$$

ou

$$L^2 = c^2 t_3^2 - u^2 t_3^2 = \left(c^2 - u^2\right)t_3^2,$$

e obtemos

$$t_3 = \frac{L}{\sqrt{c^2 - u^2}}.$$

Para a viagem de volta de C' a distância é a mesma, como pode ser visto pela simetria da figura; portanto, o tempo de retorno também é igual, e o tempo total é $2t_3$. Com uma pequena reorganização da fórmula, podemos escrever:

$$2t_3 = \frac{2L}{\sqrt{c^2 - u^2}} = \frac{2L/c}{\sqrt{1 - u^2/c^2}}. \qquad (3.5)$$

Podemos agora comparar os tempos gastos pelos dois feixes de luz. Nas expressões (3.4) e (3.5), os numeradores são idênticos e representam o tempo que decorreria se o aparelho estivesse em repouso. Nos denominadores, o termo u^2/c^2 será pequeno, a não ser que u seja comparável em tamanho a c. Os denominadores representam as modificações nos tempos causadas pelo movimento do aparelho. E, pasmem, essas modificações *não são iguais* – o tempo para ir até C e voltar é um pouco menor que o tempo até E e de volta, embora os espelhos estejam equidistantes de B, e tudo que temos de fazer é medir essa diferença com precisão.

Aqui emerge um pequeno problema técnico: e se os dois comprimentos L não forem exatamente iguais? De fato, não podemos torná-los exatamente iguais. Neste caso, simplesmente giramos o aparelho 90 graus, de modo que BC esteja na linha do movimento e BE seja perpendicular ao movimento. Qualquer diferença pequena no comprimento perde então a importância, e o que procuramos é uma *mudança* nas franjas de interferência ao girarmos o aparelho.

Ao realizarem o experimento, Michelson e Morley orientaram o aparelho de modo que a linha BE estivesse quase paralela ao movimento da Terra em sua órbita (em certos períodos do dia e da noite). Essa velocidade orbital é de aproximadamente 29 quilômetros por segundo, e qualquer "vento do éter" deveria ter pelo menos essa velocidade em certos períodos do dia ou da noite e em determinados períodos durante o ano. O aparelho era amplamente sensível para observar tal efeito, mas nenhuma diferença de tempo foi detectada. A velocidade da Terra em relação ao éter não pôde ser detectada. O resultado do experimento foi nulo.

O resultado do experimento de Michelson-Morley foi muito intrigante e perturbador. A primeira ideia frutífera a fim de encontrar uma saída para o impasse veio de Lorentz. Ele sugeriu que os corpos materiais se contraem quando se movem e que essa redução é apenas na direção do movimento, e também que, se o comprimento é L_0 quando o corpo está em repouso, então, ao se mover à velocidade u paralelamente ao seu comprimento, o novo comprimento, que chamamos de $L_\parallel$ (L paralelo), é dado por

$$L_\parallel = L_0 \sqrt{1 - u^2/c^2} \ . \tag{3.6}$$

Quando esta modificação é aplicada ao interferômetro de Michelson-Morley, a distância de B a C não se altera, mas a distância de B a E se encurta em L. Portanto, a equação (3.5) não se altera, mas o L da equação (3.4) precisa ser alterado de acordo com a equação (3.6). Quando isto é feito, obtemos

$$t_1 + t_2 = \frac{(2L/c)\sqrt{1 - u^2/c^2}}{(1 - u^2/c^2)} = \frac{2L/c}{\sqrt{1 - u^2/c^2}} \ . \tag{3.7}$$

Comparando este resultado com a equação (3.5), vemos que $t_1 + t_2 = 2t_3$. Portanto, se o aparelho encolhe da maneira descrita, conseguimos entender por que o experimento de Michelson-Morley não fornece nenhum efeito. A hipótese da contração, embora explicasse com sucesso o resultado negativo do experimento, estava sujeita à objeção de que foi inventada com o propósito expresso de eliminar a dificuldade, sendo por demais artificial. Entretanto, em muitos outros experimentos para descobrir o vento de éter, dificuldades semelhantes surgiram, até que pareceu que a natureza estava "conspirando" contra o homem, introduzindo algum fenômeno novo no intuito de anular todos os fenômenos que permitissem uma medição de u.

Acabou-se reconhecendo, como Poincaré observou, que *uma total conspiração constitui ela própria uma lei da natureza*! Poincaré então propôs que *existe* tal lei da natureza, que não é possível descobrir um vento de éter por meio de *nenhum* experimento; ou seja, não há como determinar uma velocidade absoluta.

3.4 A transformação do tempo

Quando se verifica se a ideia da contração está em harmonia com os fatos em outros experimentos, descobre-se que tudo está correto contanto que os *tempos* também sejam modificados, da forma expressa na quarta equação do conjunto (3.3). Isto porque o tempo t_3, calculado para o percurso de B a C e de volta, não é o mesmo quando calculado por um homem realizando o experimento em uma espaçonave em movimento e quando calculado por um observador estacionário que está observando a espaçonave. Para o homem na espaçonave, o tempo é simplesmente $2L/c$, mas para o outro observador é $(2L/c)\sqrt{1 - u^2/c^2}$ (equação 3.5). Em outras palavras, quando o observador externo vê o homem na espaçonave acender um charuto, todas as ações parecem mais lentas que o normal, enquanto para o homem lá dentro tudo se move no ritmo normal. Desse modo, não apenas os comprimentos devem se reduzir, mas também os instrumentos de medida do tempo ("relógios") devem aparentemente diminuir de velocidade. Ou seja, quando o relógio na espaçonave registra que um segundo decorreu, visto pelo homem na nave, para o homem lá fora mostra $1/\sqrt{1 - u^2/c^2}$ segundo.

Este retardamento dos relógios em um sistema móvel é um fenômeno bem estranho e merece uma explicação. Para entendê-lo, temos de observar o mecanismo do relógio e ver o que acontece quando ele está em movimento. Dada a dificuldade disto, tomaremos um tipo de relógio bem simples. Aquele que escolhemos é uma espécie de relógio um tanto boba, mas funcionará em princípio: é uma régua graduada com um espelho em cada uma das extremidades, e quando acionamos um sinal luminoso entre os espelhos, a luz vai subindo e descendo, fazendo um tique-taque cada vez que desce, como um relógio comum. Construímos dois desses relógios, com exatamente os mesmos comprimentos, e os sincronizamos acionando-os juntos. Assim, eles sempre concordarão, porque têm o mesmo comprimento, e a luz sempre se desloca com velocidade c. Damos um desses relógios ao homem que vai viajar na espaçonave, e ele coloca a régua graduada perpendicularmente à direção do movimento da nave; assim o comprimento da régua não mudará. Como sabemos que os comprimentos perpendiculares não mudam? Os homens podem concordar em fazer marcas na régua graduada y um do outro ao passarem um pelo outro. Por simetria, as duas marcas devem ocorrer nas mesmas coordenadas y e y', senão, quando eles se encontrarem para comparar os resultados, uma marca estará acima ou abaixo da outra, e conseguiríamos saber quem está realmente se movendo.

Agora, vejamos o que acontece com o relógio em movimento. Antes de levá-lo a bordo, o homem concordou que era um relógio bom e normal, e ao viajar na espaçonave não vê nada de estranho. Se visse, ele saberia que estava se movendo; se qualquer coisa mudasse devido ao movimento, ele poderia saber que estava se movendo. Mas o princípio da relatividade diz que isto é impossível em um sistema em movimento uniforme, de modo que nada mudou. Por outro lado, quando o observador externo olha para o relógio dentro da nave, vê que a luz, ao ir de um espelho para o outro, está "realmente" percorrendo uma rota em zigue-zague, já que a régua está se movendo lateralmente o tempo todo. Já analisamos movimento deste tipo, em zigue-zague, em relação ao experimento de Michelson-Morley. Se num dado momento a régua graduada avança uma distância proporcional a u na Figura 3-3, a dis-

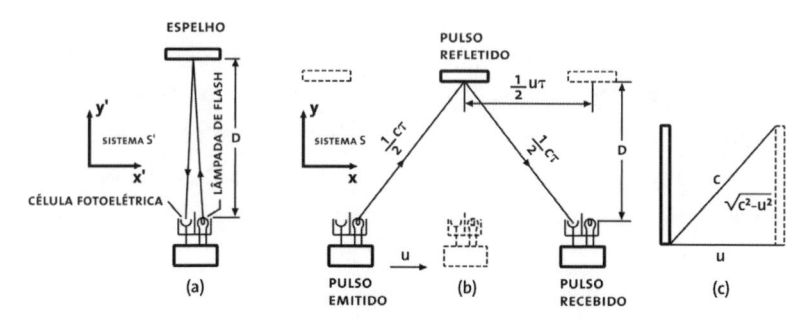

FIGURA 3-3 (a) Um "relógio de luz" em repouso no sistema S'. (b) O mesmo relógio movendo-se pelo sistema S. (c) Ilustração da trajetória em diagonal percorrida pelo feixe de luz em um "relógio de luz" em movimento.

tância que a luz percorre no mesmo intervalo é proporcional a c, e a distância vertical é portanto proporcional a $\sqrt{c^2 - u^2}$.

Ou seja, a luz leva *mais tempo* para ir de uma extremidade à outra no relógio em movimento do que no relógio estacionário. Portanto, o tempo aparente entre os tique-taques é mais longo para o relógio em movimento, na mesma proporção mostrada na hipotenusa do triângulo (daí as expressões de raiz quadrada em nossas equações). A figura também deixa claro que, quanto maior for u, mais devagar o relógio em movimento parece funcionar. Não apenas este tipo de relógio funciona mais lentamente, mas, se a teoria da relatividade estiver correta, qualquer outro relógio, funcionando sob qualquer princípio que seja, também pareceria funcionar mais lentamente e na mesma proporção. Podemos afirmá-lo sem qualquer análise adicional. Por que isto acontece?

Para responder a esta pergunta, suponhamos que tivéssemos dois outros relógios feitos exatamente iguais, com rodas e engrenagens, ou talvez baseados na desintegração radioativa, ou outra coisa. Aí ajustamos esses relógios de modo que ambos funcionem em perfeito sincronismo com nossos primeiros relógios. Quando a luz sobe e desce nos primeiros relógios e anuncia sua chegada com um tique-taque, os modelos novos também completam alguma espécie de ciclo, o qual anunciam simultaneamente por algum clarão duplamente coincidente, ou um sinal sonoro, ou outro sinal. Um desses relógios é levado na espaçonave, junto com o primeiro tipo. Talvez *este* relógio não funcione mais lentamente, mas continue marcando o mesmo tempo de seu correspondente estacionário, discordando assim do outro relógio em movimento. Oh, não, se isto acontecesse, o homem na nave poderia aproveitar essa discrepância entre seus dois relógios para calcular a velocidade de sua nave, o que estávamos supondo ser impossível. *Não precisamos saber nada sobre o mecanismo* do relógio novo que possa causar o efeito. Simplesmente sabemos que, qualquer que seja o motivo, ele parecerá andar devagar, exatamente como o primeiro.

Mas, se *todos* os relógios em movimento andam mais lentamente, se todas as formas de medir o tempo fornecem um ritmo mais lento, teremos simplesmente de dizer, em certo sentido, que *o próprio tempo* parece mais lento na espaçonave. Todos os fenômenos ali – a pulsação do homem, seus processos de pensamento, o tempo que ele leva para acender um charuto, quanto tempo alguém leva para crescer e envelhecer –, todas estas coisas devem se retardar na mesma proporção, porque ele não consegue saber que está se movendo. Os biólogos e médicos às vezes dizem que não é totalmente certo que o tempo que um câncer levará para se desenvolver será maior em uma espaçonave, mas do ponto de vista de um físico moderno, isto é quase certo. Senão seria possível usar a taxa de desenvolvimento do câncer para calcular a velocidade da nave!

Um exemplo muito interessante do retardamento do tempo com o movimento é fornecido por mésons *mu* (múons), partículas que se desintegram espontaneamente após uma vida média de 2.2 $\times$ 10^{-6} segundos. Eles atingem a Terra em raios cósmicos e também podem ser produzidos artificialmente em laboratório. Alguns deles se desintegram na atmosfera, mas o restante só se desintegra após encontrar um pedaço de material e parar. Está claro que, em sua vida breve, um múon não consegue percorrer, mesmo à velocidade da luz, muito mais que 600 metros. Mas os múons, embora sejam criados no alto da atmosfera, a uns 10 quilômetros de altura, são realmente encontrados em um laboratório aqui embaixo, em raios cósmicos. Como isto é possível? A resposta é que diferentes múons se movem em diferentes velocidades, algumas bem próximas da velocidade da luz. Conquanto de seu próprio ponto de vista eles vivam apenas cerca de 2 μs, do nosso ponto de vista vivem bem mais – o suficiente para atingirem a Terra. O fator pelo qual o tempo é aumentado já foi dado como $1/\sqrt{1 - u^2/c^2}$. A vida média foi medida bem precisamente para múons de diferentes velocidades, e os valores concordam rigorosamente com a fórmula.

Não sabemos por que o méson se desintegra ou qual o seu mecanismo, mas sabemos que seu comportamento satisfaz ao princípio da relatividade. Esta é a utilidade do princípio da relatividade: ele permite que façamos previsões, mesmo sobre coisas que normalmente não conhecemos muito bem. Por exemplo, sem que tenhamos qualquer ideia da causa da desintegração do méson, podemos prever que, a nove décimos da velocidade da luz, sua duração aparente é $\left(2.2 \times 10^{-6}\right)\sqrt{1 - 9^2/10^2}$ segundo. E nossa previsão funciona – é isto que ela tem de bom.

3.5 A contração de Lorentz

Agora, retornemos à transformação de Lorentz (3.3) e tentemos entender melhor a relação entre os sistemas de coordenadas (x, y, z, t) e (x', y', z', t'), que denominaremos de sistemas S e S', ou sistemas de Joe e Moe, respectivamente. Já percebemos que a primeira equação é baseada na sugestão de Lorentz de contração ao longo da direção x. Como podemos provar que uma contração ocorre? No experimento de Michelson-Morley, agora reconhecemos que o braço *transversal BC* não pode mudar de comprimento, pelo princípio da relatividade. No entanto, o resultado nulo do experimento exige que os *tempos* sejam iguais. Portanto, para que o experimento dê um resultado nulo, o braço longitudinal *BE* precisa parecer mais curto, pela raiz quadrada $\sqrt{1 - u^2/c^2}$.

O que esta contração significa, em termos das medidas feitas por Joe e Moe? Suponhamos que Moe, movendo-se com o sistema S' na direção x, esteja medindo a coordenada x' de certo ponto com uma régua graduada. Ele aplica a régua x' vezes, de modo que pensa que a distância é de x' metros. Do ponto de vista de Joe no sistema S, porém, Moe está usando uma régua mais curta, de modo que a distância "real" medida é de $x'\sqrt{1-u^2/c^2}$ metros. Então, se o sistema S' tiver se afastado uma distância ut do sistema S, o observador S diria que o mesmo ponto, medido em suas coordenadas, está a uma distância $x = x'\sqrt{1-u^2/c^2} + ut$ ou

$$x' = \frac{x - ut}{\sqrt{1 - u^2/c^2}},$$

que é a primeira equação da transformação de Lorentz.

3.6 Simultaneidade

De forma análoga, devido à diferença nas escalas de tempo, a expressão do denominador é introduzida na quarta equação da transformação de Lorentz. O termo mais interessante nessa equação é o ux/c^2 no numerador, porque isto é totalmente novo e inesperado. O que isto significa? Um exame cuidadoso da situação mostra que eventos que ocorrem ao mesmo tempo em dois lugares separados, se vistos por Moe em S', *não* ocorrem ao mesmo tempo se vistos por Joe em S. Se um evento ocorre no ponto x_1 no momento t_0 e o outro evento em x_2 e t_0 (o mesmo momento), constatamos que os dois momentos correspondentes t'_1 e t'_2 diferem por uma quantidade

$$t_2' - t_1' = \frac{u(x_1 - x_2)/c^2}{\sqrt{1 - u^2/c^2}}.$$

Esta circunstância é chamada "fracasso da simultaneidade a distância", e para tornar a ideia um pouco mais clara consideremos o seguinte experimento.

Suponhamos que um homem que se desloca numa espaçonave (sistema S') colocou um relógio nas duas extremidades da nave e quer ter certeza de que os relógios estão em sincronismo. Como os relógios podem ser sincronizados? Existem várias maneiras. Uma maneira, envolvendo pouquíssimo cálculo, seria primeiro localizar o ponto central exato entre os dois relógios. Depois, desse ponto, enviamos um sinal luminoso que irá nas duas direções à mesma velocidade e chegará aos dois relógios ao mesmo tempo. Essa chegada simultânea dos sinais pode ser usada para sincronizar os relógios. Suponhamos então que o homem em S' sincroniza seus relógios por este método específico. Vejamos se um observador no sistema S concordaria que os dois relógios são síncronos. O homem em S' tem o direito de acreditar que são, porque ele não sabe que está se movendo. Mas o homem em S raciocina que, como a nave está indo para a frente, o relógio na extremidade dianteira está se afastando do sinal luminoso, de modo que a luz tem de percorrer mais que metade do caminho para alcançá-lo. Já o relógio traseiro está avançando em direção ao sinal luminoso, de modo que essa distância era menor. Portanto, o sinal alcança o relógio traseiro primeiro, embora o homem em S' pense que os sinais chegaram simultaneamente. Vemos portanto que, quando um homem em uma espaçonave pensa que os tempos em dois locais são simultâneos, valores iguais de t' em seu sistema de coordenadas devem corresponder a valores *diferentes* de t no outro sistema de coordenadas!

3.7 Quadrivetores

Vejamos o que mais podemos descobrir na transformação de Lorentz. É interessante observar que a transformação entre os x e t tem uma forma análoga à transformação dos x e y que estudamos no capítulo 1 para a rotação de coordenadas. Ali escrevemos

$$\begin{aligned} x' &= x\cos\theta + y\,\text{sen}\theta, \\ y' &= y\cos\theta - x\,\text{sen}\theta, \end{aligned} \tag{3.8}$$

em que o novo x' mistura os x e y antigos, e o novo y' também mistura os x e y antigos. De forma semelhante, na transformação de Lorentz, descobrimos um novo x', que é uma mistura de x e t, e um novo t', que é uma mistura de t e x. Assim, a transformação de Lorentz é análoga à rotação, só que é uma "rotação" no *espaço e tempo*, o que parece ser um conceito estranho. Uma verificação da analogia com a rotação pode ser feita calculando-se a quantidade

$$x'^2 + y'^2 + z'^2 - c^2 t'^2 = x^2 + y^2 + z^2 - c^2 t^2. \tag{3.9}$$

Nesta equação, os três primeiros termos de cada lado representam, em geometria tridimensional, o quadrado da distância entre um ponto e a origem (superfície de uma esfera) que permanece inalterado (invariante) independentemente da rotação dos eixos coordenados. Igualmente, a equação (3.9) mostra que há uma certa combinação, que inclui o tempo, que é invariante sob a transformação de Lorentz. Desse modo, a analogia com a rotação é completa, e é de tal natureza que vetores – ou seja, quantidades envolvendo "componentes" que se transformam da mesma forma que as coordenadas e o tempo – também são úteis no tocante à relatividade.

Assim, contemplamos uma extensão da ideia de vetores, que até agora consideramos dotados apenas de componentes espaciais, de modo que inclua uma componente temporal. Ou seja, esperamos que existam vetores com quatro componentes, três das quais são como as componentes de um vetor comum, às quais estará associada uma quarta componente, que corresponde à componente do tempo.

Esse conceito será aprofundado nos capítulos posteriores, onde veremos que, se as ideias do parágrafo anterior são aplicadas ao momento, a transformação fornece três partes espaciais que são como componentes comuns do momento, e uma quarta componente, a parte do tempo, que é a *energia*.

3.8 Dinâmica relativística

Estamos agora prontos para investigar, em termos mais gerais, qual forma as leis da mecânica assumem sob a transformação de Lorentz. [Até aqui explicamos como comprimento e tempo se modificam, mas não como obtemos a fórmula modificada para *m* (equação 3.1). Faremos isto no próximo capítulo.] Verificando as consequências para a mecânica newtoniana da modificação de Einstein de *m*, começamos com a lei newtoniana de que força é a taxa de variação no tempo do momento, ou

$$\mathbf{F} = \frac{d(m\mathbf{v})}{dt}.$$

O momento ainda é dado por *m***v**, mas quando usamos o novo *m*, isto se torna

$$\mathbf{p} = m\mathbf{v} = \frac{m_0 \mathbf{v}}{\sqrt{1 - v^2/c^2}}. \qquad (3.10)$$

Esta é a modificação de Einstein das leis de Newton. Sob esta modificação, se ação e reação continuarem iguais (o que podem não ser no detalhe, mas são a longo prazo), haverá conservação do momento da mesma forma que antes, mas a quantidade que está sendo conservada não é o antigo $m\mathbf{v}$ com sua massa constante, e sim a quantidade mostrada em (3.10), que possui a massa modificada. Quando esta mudança é feita na fórmula do momento, a conservação do momento ainda funciona.

Agora, vejamos como o momento varia com a velocidade. Na mecânica newtoniana, ele é proporcional à velocidade e, de acordo com (3.10), por uma faixa considerável de velocidades, mas pequenas comparadas a c, é quase igual na mecânica relativística, porque a expressão da raiz quadrada difere apenas ligeiramente de 1. Mas quando v é quase igual a c, a expressão da raiz quadrada se aproxima de zero, e o momento, portanto, tende ao infinito.

O que acontece se uma força constante atua sobre um corpo por um longo tempo? Na mecânica newtoniana, o corpo vai ganhando velocidade até ultrapassar a velocidade da luz. Mas isto é impossível na mecânica relativística. Na relatividade, o corpo vai ganhando não velocidade, mas momento, que pode aumentar continuamente, porque a massa está aumentando. Após algum tempo, praticamente não há aceleração no sentido de uma mudança na velocidade, mas o momento continua aumentando. Claro que, sempre que uma força produz muito pouca mudança na velocidade de um corpo, dizemos que o corpo possui um alto grau de inércia, e é isto exatamente o que nossa fórmula da massa relativística diz (ver equação 3.10): a inércia é muito grande quando v está próximo de c. Como um exemplo desse efeito, para desviar os elétrons de alta velocidade no síncroton usado aqui no Caltech, precisamos de um campo magnético que é 2.000 vezes mais forte do que se esperaria com base nas leis de Newton. Em outras palavras, a massa dos elétrons no síncroton é 2.000 vezes maior que sua massa normal, e é tão grande quanto a de um próton! Para m ser 2.000 vezes m_0, $1 - v^2/c^2$ deve ser $1/4.000.000$, o que significa que v^2/c^2 difere de 1 por uma parte em 4.000.000, ou que v difere de c por uma parte em 8.000.000, de modo que os elétrons estão se aproximando da velocidade da luz. Se os elétrons e a luz apostassem corrida do síncroton até o Bridge Lab (a uns 200 metros de distância), quem chegaria primeiro? A luz, é claro, porque a luz sempre se desloca mais rápido.[11] Chegaria quanto tempo

---

[11] Os elétrons, na verdade, venceriam a corrida contra a luz visível, devido ao índice de refração do ar. Um raio gama se sairia melhor.

antes? Isto é muito difícil de saber; é mais fácil dizer a distância que a luz está na frente: está cerca de um milésimo de polegada, ou 1/4 da espessura de uma folha de papel! Quando os elétrons estão com essa velocidade, suas massas são enormes, mas sua velocidade não pode ultrapassar a velocidade da luz.

Agora, vejamos algumas outras consequências da mudança relativística da massa. Consideremos o movimento das moléculas em um pequeno tanque de gás. Quando o gás é aquecido, a velocidade das moléculas aumenta, e, portanto, a massa também aumenta e o gás fica mais pesado. Uma fórmula aproximada para expressar o aumento da massa, para o caso em que a velocidade é baixa, pode ser encontrada expandindo-se $m_0 / \sqrt{1 - v^2 / c^2} = m_0 \left(1 - v^2 / c^2\right)^{-1/2}$, em uma série de potências usando o teorema binomial. Obteremos

$$m_0 \left(1 - v^2 / c^2\right)^{-1/2} = m_0 \left(1 + \frac{1}{2}\frac{v^2}{c^2} + \frac{3}{8}\frac{v^4}{c^4} + ...\right) .$$

A fórmula mostra claramente que a série converge rapidamente quando v é baixa e os termos após os dois ou três primeiros são desprezíveis. Portanto, podemos escrever

$$m \approx m_0 + \frac{1}{2}m_0 v^2 \left(\frac{1}{c^2}\right) , \qquad (3.11)$$

em que o segundo termo à direita expressa o aumento da massa devido à velocidade molecular. Quando a temperatura aumenta, a v^2 aumenta proporcionalmente, de modo que podemos dizer que o aumento da massa é proporcional ao aumento da temperatura. Mas como $1/2\ m_0 v^2$ é a energia cinética no sentido newtoniano antiquado, podemos também dizer que o aumento da massa de todo esse corpo de gás é igual ao aumento da energia cinética dividido por c^2, ou $\Delta m = \Delta\left(\text{E.C.}\right) / c^2$.

3.9 Equivalência entre massa e energia

A observação que acabamos de descrever levou Einstein à sugestão de que a massa de um corpo pode ser expressa mais simplesmente do que pela fórmula (3.1), se dissermos que a massa é igual ao teor de energia total dividido por c^2. Se a equação (3.11) é multiplicada por c^2, o resultado é

$$mc^2 = m_0 c^2 + \frac{1}{2}m_0 v^2 + ... \qquad (3.12)$$

O termo à esquerda expressa a energia total de um corpo, e reconhecemos o último termo como a energia cinética comum. Einstein interpretou o termo constante grande, m_0c^2, como parte da energia total do corpo, uma energia intrínseca conhecida como a "energia de repouso".

Vejamos agora as consequências de supor, com Einstein, que *a energia de um corpo é sempre igual a mc^2*. Como um resultado interessante, encontraremos a fórmula (3.1) da variação da massa com a velocidade, que meramente pressupusemos até agora. Começamos com o corpo em repouso, quando sua energia é m_0c^2. Depois, aplicamos uma força ao corpo, que dá início ao seu movimento e lhe confere energia cinética. Portanto, como a energia aumentou, a massa aumentou: isto está implícito na hipótese original. Na medida em que a força continua, tanto energia como massa continuam aumentando. Já vimos (capítulo 13[12]) que a taxa de variação da energia com o tempo equivale à força vezes a velocidade, ou

$$\frac{dE}{dt} = \mathbf{F} \cdot \mathbf{v} . \qquad (3.13)$$

Temos também que $F = d(mv)/dt$. Quando essas relações são combinadas à definição de E, a equação (3.13) torna-se

$$\frac{d(mc^2)}{dt} = \mathbf{v} \cdot \frac{d(m\mathbf{v})}{dt} . \qquad (3.14)$$

Queremos resolver esta equação para m. Para isto, primeiro usamos o artifício matemático de multiplicar os dois lados por $2m$, o que muda a equação para

$$c^2(2m)\frac{dm}{dt} = 2m\mathbf{v} \cdot \frac{d(m\mathbf{v})}{dt} . \qquad (3.15)$$

Precisamos nos livrar das derivadas, o que se consegue integrando ambos os lados. A quantidade $(2m)\, dm/dt$ pode ser reconhecida como a derivada em relação ao tempo de m^2, e $(2m\mathbf{v}) \cdot d(m\mathbf{v})/dt$ é a derivada em relação ao tempo de $(m\mathbf{v})^2$. Assim, a equação (3.15) é o mesmo que

$$c^2 \frac{d(m^2)}{dt} = \frac{d(m^2v^2)}{dt} . \qquad (3.16)$$

---
[12] Das *Lectures on Physics* originais, vol. I.

Se as derivadas de duas grandezas são iguais, as grandezas diferem no máximo por uma constante, por exemplo, C. Isto nos permite escrever

$$m^2c^2 = m^2v^2 + C. \qquad (3.17)$$

Precisamos definir a constante C mais explicitamente. Como a equação (3.17) deve ser verdadeira para todas as velocidades, podemos escolher um caso especial para o qual $v = 0$ e dizer que, neste caso, a massa é m_0. A substituição por esses valores na equação (3.17) fornece

$$m_0 c^2 = 0 + C.$$

Podemos agora usar este valor de C na equação (3.17), que se torna:

$$m^2 c^2 = m^2 v^2 + m_0^{\,2} c^2. \qquad (3.18)$$

A divisão por c^2 e a reorganização dos termos fornecem

$$m^2 \left(1 - v^2/c^2\right) = m_0^{\,2},$$

de que obtemos

$$m = \frac{m_0}{\sqrt{1 - v^2/c^2}}. \qquad (3.19)$$

Esta é a fórmula (3.1), exatamente o que é necessário para a concordância entre massa e energia na equação (3.12).

Normalmente, essas mudanças na energia representam mudanças extremamente ligeiras da massa, porque na maior parte do tempo não conseguimos gerar muita energia de uma dada quantidade de material. Mas numa bomba atômica, de energia explosiva equivalente a 20 quilotons de dinamite, por exemplo, é possível mostrar que a sujeira após a explosão é um grama mais leve do que a massa inicial do material reagente, devido à energia que foi liberada – ou seja, a energia liberada tinha uma massa de 1 grama, de acordo com a relação $\Delta E = \Delta \left(mc^2\right)$. Esta teoria da equivalência entre massa e energia tem sido harmoniosamente verificada por experimentos em que a matéria é aniquilada, convertida totalmente em energia. Um elétron e um pósitron se aproximam em repouso, cada um com uma massa de repouso m_0. Ao se aproximarem, eles se desintegram, e dois raios gama surgem, cada um com a energia medida de m_0c^2. Este experimento fornece uma determinação direta da energia associada à existência da massa de repouso de uma partícula.

4 | Energia e momento relativístico

4.1 A relatividade e os filósofos

Neste capítulo, continuaremos discutindo o princípio da relatividade de Einstein e Poincaré, e como ele afeta nossas ideias sobre física e outros ramos do pensamento humano.

Poincaré fez a seguinte afirmação sobre o princípio da relatividade: "De acordo com o princípio da relatividade, as leis dos fenômenos físicos devem ser as mesmas tanto para um observador fixo como para um observador que realiza um movimento uniforme em relação a ele, de modo que não temos, nem podemos possivelmente ter, quaisquer meios de discernir se estamos sendo ou não levados por tal movimento."

Quando esta ideia caiu no mundo, causou um grande alvoroço entre os filósofos, em particular os "filósofos de salão", que dizem: "Oh! É muito simples: a teoria de Einstein diz que tudo é relativo!" De fato, um número surpreendentemente grande de filósofos, não apenas aqueles encontrados nos salões (mas em vez de constrangê-los nós os chamaremos simplesmente de "filósofos de salão"), dirá: "Que tudo é relativo é uma decorrência de Einstein, e isso tem influências profundas sobre nossas ideias." Além disso, eles dizem: "Foi demonstrado em física que os fenômenos dependem de seu sistema de referência." Ouvimos isto com frequência, mas é difícil descobrir o que significa. Provavelmente, os sistemas de referência citados originalmente eram os sistemas de coordenadas que usamos na análise da teoria da relatividade. Portanto, o fato de que "as coisas dependem do sistema de referência do observador" supostamente exerceu um efeito profundo no pensamento moderno. Alguém poderia se indagar por quê, já que, afinal, o fato de as coisas dependerem do ponto de vista do observador é uma ideia tão simples que não era preciso passar por toda a confusão da teoria da relatividade física para descobri-la. Que o que se vê depende do seu sistema de referência é óbvio para qualquer pessoa que está caminhando, porque ela vê alguém que se aproxima primeiro pela frente e depois o vê pelas costas. Não há nada mais profundo na maior parte da filosofia, que se diz resultante da teoria da relatividade, do que a observação de que "uma pessoa de frente parece diferente de costas". A velha história do elefante que vários homens cegos descrevem de formas diferentes talvez seja outro exemplo da teoria da relatividade do ponto de vista dos filósofos.

Mas com certeza deve haver coisas mais profundas na teoria da relatividade do que a mera observação de que "uma pessoa de frente parece diferente de costas". Claro que a relatividade é mais profunda do que isto, porque *podemos fazer previsões definidas com ela*. Seria um espanto se pudéssemos prever o comportamento da natureza com base apenas numa observação tão simples assim.

Existe outra escola de filósofos que se sente muito desconfortável com a teoria da relatividade, segundo a qual não podemos determinar nossa velocidade absoluta sem olhar para algo externo, e que diria: "É óbvio que alguém não pode medir sua velocidade sem olhar para fora. É evidente que *não faz sentido* falar da velocidade de algo sem olhar para fora; os físicos são bem burros por terem pensado diferente e por só agora terem descoberto esse fato. Se nós, filósofos, tivéssemos percebido quais eram os problemas dos físicos, poderíamos ter visto imediatamente, por meio da reflexão, que é impossível saber com que velocidade algo se move sem se olhar para fora, e poderíamos ter dado uma contribuição enorme à física." Esses filósofos estão sempre conosco, lutando na periferia para tentar nos dizer algo, mas eles nunca realmente entendem as sutilezas e profundezas do problema.

Nossa incapacidade de detectar o movimento absoluto é um resultado de *experimento*, e não um resultado do pensamento puro, como podemos facilmente mostrar. Em primeiro lugar, Newton acreditava que era verdade que alguém que estivesse se movendo com velocidade uniforme em linha reta não poderia saber sua velocidade. De fato, Newton foi o primeiro a enunciar o princípio da relatividade, e a citação no último capítulo foi uma afirmação de Newton. Por que, então, os filósofos não fizeram toda essa algazarra sobre "tudo é relativo", ou seja o que for, na época de Newton? Porque somente com o desenvolvimento da teoria da eletrodinâmica de Maxwell é que leis físicas sugeriram que se *poderia* medir a velocidade sem se olhar para fora; logo, descobriu-se *experimentalmente* que *não* se poderia.

Ora, *é* absoluta, definitiva e filosoficamente *necessário* que alguém não consiga saber com que velocidade está se movendo sem olhar para fora? Uma das consequências da relatividade foi o desenvolvimento de uma filosofia que dizia: "Você só pode definir o que pode medir! Como é evidente que não se pode medir a velocidade sem ver aquilo em relação ao qual ela está sendo medida, claro que não faz *sentido* a velocidade absoluta. Os físicos deveriam ter percebido que só podem conversar sobre aquilo que podem medir." Mas *essa é a raiz do problema*: se você *pode* ou não *definir* a velocidade absoluta equivale ao problema sobre se você *pode detectar em um experimento*, sem olhar para fora, se está se movendo. Em outras palavras, se uma coisa é ou não mensurável não é algo a ser decidido a priori pelo pensamento puro, mas algo que só pode ser decidido por experimento. Dado o fato de que a velocidade da luz é de 300.000 km/s, poucos filósofos afirmarão tranquilamente que é evidente que, se a luz vai a 300.000 km/s dentro de um carro, e o carro está indo a 200 km/s, aquela luz também vai a 300.000 km/s para um observador na calçada. Este é um fato chocante para eles; os mesmos que alegam que é óbvio acham, quando você lhes dá um fato específico, que não é óbvio.

Finalmente, existe até uma filosofia que diz que não se pode detectar *nenhum* movimento, a não ser olhando para fora. Isto simplesmente não é verdade em física. É verdade que não se pode perceber um movimento *uniforme* em *linha reta*. Mas se o quarto todo estivesse *rodando*, certamente perceberíamos, pois todos seriam atirados de encontro à parede; haveria todo tipo de efeitos "centrífugos". Que a Terra está girando em seu eixo pode ser detectado sem olhar para os astros, por meio do denominado pêndulo de Foucault, por exemplo. Mas não é verdade que "tudo é relativo"; apenas a *velocidade uniforme* não pode ser detectada sem olhar para fora. A *rotação* uniforme em torno de um eixo fixo *pode*. Quando se conta isto a um filósofo, ele fica bem contrariado por não ter realmente entendido isto, porque para ele parece impossível que alguém seja capaz de detectar a rotação em torno de um eixo sem olhar para fora. Se o filósofo for bom o suficiente, após algum tempo ele poderá voltar e dizer: "Entendo. Na verdade, não existe algo como a rotação absoluta. Estamos realmente girando *em relação às estrelas*, veja bem. Assim, alguma influência exercida pelas estrelas sobre o objeto deve causar a força centrífuga."

Ora, por tudo que sabemos, isto é verdade. Não há, no momento, como saber se existiria força centrífuga se não houvesse estrelas e nebulosas em torno. Não fomos capazes de fazer o experimento de remover todas as nebulosas e depois medir nossa rotação, de modo que simplesmente não sabemos. Temos de admitir que o filósofo pode estar certo. Ele retorna, portanto, empolgado e diz: "É absolutamente necessário que se acabe descobrindo que o mundo é assim: a rotação *absoluta* nada significa; ela só existe *em relação* às nebulosas." Aí dizemos para ele: "*Ora*, amigo, é ou não óbvio que a velocidade uniforme em linha reta, *em relação às nebulosas*, não deve produzir efeitos dentro de um carro?" Agora que o movimento não é mais absoluto, mas é um movimento *em relação às nebulosas*, esta torna-se uma pergunta misteriosa, e uma pergunta que só pode ser esclarecida por experimento.

Quais *são*, portanto, as influências filosóficas da teoria da relatividade? Se nos limitamos às influências no sentido de *que tipo de ideias e sugestões novas* são oferecidas aos físicos pelo princípio da relatividade, poderíamos descrever algumas delas da seguinte maneira. A primeira descoberta é, essencialmente, que mesmo aquelas ideias em que se acreditou por um longo período e que foram verificadas com grande precisão podem estar erradas. Foi uma descoberta chocante, é claro, que as leis de Newton estão erradas, após todos os anos em que pareciam exatas. Está claro que os experimentos não estavam errados, mas foram realizados apenas sobre uma faixa limitada de velocidades, tão pequena que os efeitos relativísticos não teriam sido evidentes. Mesmo assim, temos agora um ponto de vista bem mais humilde sobre as nossas leis físicas – tudo *pode* estar errado!

Segundo, se temos um conjunto de ideias "estranhas", por exemplo, que o tempo anda mais devagar quando nos movemos, e assim por diante, se *gostamos* ou *não* delas é uma questão irrelevante. A única questão relevante é se as ideias são compatíveis com o que se descobre experimentalmente. Em outras palavras, as "ideias estranhas" precisam apenas concordar com os *experimentos*, e o único motivo que temos para discutir o comportamento de relógios etc. é para demonstrar que a ideia da dilatação do tempo, embora estranha, é *compatível* com a maneira como medimos o tempo.

Por fim, existe uma terceira sugestão que é um pouco mais técnica, mas que se revelou utilíssima em nosso estudo de outras leis físicas: *examinar a simetria das leis* ou, mais especificamente, procurar os meios pelos quais as leis podem ser transformadas sem que a sua forma seja alterada. Quando discutimos a teoria dos vetores, observamos que as leis fundamentais do movimento não se alteram quando giramos o sistema de coordenadas, e agora constatamos que elas não se modificam quando alteramos as variáveis espacial e temporal de uma forma específica, dada pela transformação de Lorentz. Portanto, esta ideia de estudar as transformações ou operações sob as quais as leis fundamentais não se alteram mostrou-se muito útil.

4.2 O paradoxo dos gêmeos

Prosseguindo nossa discussão sobre a transformação de Lorentz e os efeitos relativísticos, vejamos o famoso "paradoxo" de Pedro e Paulo, que se supõe sejam gêmeos, nascidos na mesma hora. Quando chegam à idade de dirigir uma espaçonave, Paulo parte em altíssima velocidade. Pedro, que ficou no solo, vê Paulo disparar: todos os relógios de Paulo parecem andar mais devagar, seu coração bate mais lentamente, seus pensamentos ficam mais lentos, enfim, tudo na espaçonave fica mais lento do ponto de vista de Pedro. Claro que Paulo não nota nada de estranho, mas se ele viajar por algum tempo e depois retornar, estará mais jovem que Pedro, o homem no solo! Isto é verdadeiro; é uma das consequências da teoria da relatividade que foi claramente demonstrada. Assim como os mésons *mu* duram mais quando estão se movendo, também Paulo durará mais ao se mover. Isto é chamado de "paradoxo" apenas pelas pessoas que acreditam que o princípio da relatividade significa que *todo movimento* é relativo. Elas dizem: "He, he, he, do ponto de vista de Paulo, não podemos dizer que *Pedro* estava se movendo e deveria, portanto, parecer envelhecer mais devagar? Por simetria, o único resultado possível é que ambos devem ter a mesma idade quando se encontram." Mas para que os irmãos voltem a se reunir e façam a comparação, Paulo precisa parar no final da viagem e comparar os relógios ou, mais simplesmente, ele tem de voltar, e aquele que volta deve ser o homem que estava se movendo, e ele sabe disto, porque ele teve de dar meia-volta. Ao dar meia-volta, todo tipo de coisas estranhas aconteceram em sua espaçonave: os foguetes foram desligados, as coisas foram de encontro a uma das paredes, e assim por diante, ao passo que Pedro não sentiu nada.

Portanto, a forma de enunciar a regra é dizer que *o homem que sentiu as acelerações*, que viu as coisas irem de encontro à parede etc. é aquele que estaria mais jovem. Esta é a diferença entre eles em um sentido "absoluto", e isso está sem dúvida correto. Quando discutimos o fato de que mésons *mu* em movimento duram mais, usamos como exemplo seu movimento em linha reta na atmosfera. Mas podemos também produzir mésons *mu* em laboratório e, com o auxílio de um ímã, fazer com que percorram uma curva, e mesmo sob esse movimento acelerado, eles duram exatamente tanto tempo quanto em linha reta. Embora ninguém tenha providenciado um experimento explicitamente para que possamos nos livrar do paradoxo, seria possível comparar um méson *mu* estacionário com um que percorreu um círculo completo, e certamente se constataria que aquele que percorreu o círculo durou mais tempo. Embora não tenhamos realizado um experimento usando um círculo completo, ele não é necessário, porque tudo se encaixa entre si perfeitamente. Isto pode não satisfazer quem insiste que cada fato individual precisa ser diretamente demonstrado, mas prevemos com confiança o resultado do experimento em que Paulo percorre um círculo completo.

4.3 A transformação de velocidade

A principal diferença entre a relatividade de Einstein e a relatividade de Newton é que as leis de transformação que conectam as coordenadas e tempos entre sistemas em movimento relativo são diferentes. A lei de transformação correta, a de Lorentz, é

$$x' = \frac{x - ut}{\sqrt{1 - u^2/c^2}},$$
$$y' = y,$$
$$z' = z, \qquad (4.1)$$
$$t' = \frac{t - ux/c^2}{\sqrt{1 - u^2/c^2}}.$$

Essas equações correspondem ao caso relativamente simples em que o movimento relativo dos dois observadores se dá ao longo de seus eixos *x* comuns. Claro que outras direções de movimento são possíveis, mas a transformação de Lorentz mais geral é bem complicada, com todas as quatro quantidades misturadas. Continuaremos usando esta forma mais simples, já que ela contém todos os aspectos essenciais da relatividade.

Vamos agora discutir outras consequências desta transformação. Primeiro, é interessante solucionar essas equações no sentido inverso. Ou seja, aqui está um conjunto de equações lineares, quatro equações com quatro incógnitas, e elas podem ser resolvidas no sentido inverso, para *x, y, z, t*, em termos de

x', y', z', t'. O resultado é muito interessante porque nos informa como um sistema de coordenadas "em repouso" parece do ponto de vista de um que está "se movendo". Claro que, como os movimentos são relativos e de velocidade uniforme, o homem que está se "movendo" pode dizer, caso queira, que é realmente o outro sujeito que está se movendo e que ele próprio está em repouso. E como ele está se movendo na direção oposta, deveria obter a mesma transformação, mas com o sinal de velocidade oposto. Isto é precisamente o que achamos por manipulação, de modo que é coerente. Se a coisa não resultasse assim, teríamos um bom motivo para nos preocuparmos!

$$x = \frac{x' + ut'}{\sqrt{1 - u^2/c^2}},$$
$$y = y',$$
$$z = z', \qquad \qquad (4.2)$$
$$t = \frac{t' + ux'/c^2}{\sqrt{1 - u^2/c^2}}.$$

Agora, vamos discutir o problema interessante da soma de velocidades na relatividade. Lembramos que um dos enigmas originais era que a luz se desloca a 300.000 km/s em todos os sistemas, mesmo quando estão em movimento relativo. Este é um caso especial de um problema mais geral exemplificado pelo que se segue: Suponhamos que um objeto dentro de uma espaçonave esteja se movendo a 160.000 km/s e que a própria espaçonave esteja a 160.000 km/s. Qual a velocidade do objeto dentro da espaçonave do ponto de vista de um observador externo? Seríamos levados a dizer 320.000 km/s, o que ultrapassa a velocidade da luz. Isto é bem desconcertante, porque nada pode ultrapassar a velocidade da luz! O problema geral é o que se apresenta a seguir.

Suponhamos que o objeto dentro da nave, do ponto de vista do homem lá dentro, esteja se movendo a uma velocidade v, e que a própria espaçonave possua uma velocidade u em relação ao solo. Queremos saber com que velocidade v_x esse objeto está se movendo do ponto de vista do homem no solo. Este ainda é um caso especial em que o movimento é na direção x. Haverá também uma transformação para velocidades na direção y, ou para qualquer ângulo. Elas podem ser calculadas quando necessário. Dentro da espaçonave a velocidade é $v_{x'}$, o que significa que o deslocamento x é igual à velocidade vezes o tempo:

$$x' = v_{x'}t' . \tag{4.3}$$

Agora, temos apenas de calcular quais são a posição e o tempo, do ponto de vista do observador externo, para um objeto que tenha a relação (4.2) entre *x'* e *t'*. Assim, simplesmente substituímos (4.3) em (4.2) e obtemos

$$x = \frac{v_{x'}t' + ut'}{\sqrt{1 - u^2/c^2}} . \tag{4.4}$$

Mas aqui encontramos *x* expresso em termos de *t'*. Para obter a velocidade como vista pelo homem de fora, precisamos dividir *sua distância* pelo *seu tempo*, não pelo *tempo do outro homem*! Assim, precisamos também calcular o *tempo* como visto de fora, que é

$$t = \frac{t' + u(v_{x'}t')/c^2}{\sqrt{1 - u^2/c^2}} . \tag{4.5}$$

Agora podemos encontrar a razão entre *x* e *t*, que é

$$v_x = \frac{x}{t} = \frac{u + v_{x'}}{1 + uv_{x'}/c^2} , \tag{4.6}$$

as raízes quadradas tendo se cancelado. Esta é a lei que buscamos: a velocidade resultante, a "soma" de duas velocidades, não é apenas a soma algébrica de duas velocidades (sabemos que não pode ser, senão estaremos em apuros), mas é "corrigida" por $1 + uv/c^2$.

Agora, vejamos o que acontece. Suponhamos que você esteja se movendo dentro da espaçonave com a metade da velocidade da luz, e que a própria espaçonave esteja viajando com a metade da velocidade da luz. Desse modo, *u* é $\frac{1}{2}c$ e *v* é $\frac{1}{2}c$, mas, no denominador, uv/c^2 é 1/4, de modo que

$$v = \frac{\frac{1}{2}c + \frac{1}{2}c}{1 + \frac{1}{4}} = \frac{4c}{5} .$$

Assim, em relatividade, "metade" mais "metade" não resulta em "um", resulta apenas em "4/5". Claro que velocidades baixas podem ser somadas facilmente da forma familiar, porque, na medida em que as velocidades são baixas comparadas com a velocidade da luz, podemos esquecer o fator $(1 + uv/c^2)$. Mas as coisas são bem diferentes e bastante interessantes em altas velocidades.

Tomemos um caso limite. Por pura diversão, suponhamos que dentro da espaçonave o homem estivesse observando *a própria luz*. Em outras palavras, $v = c$, e mesmo assim a espaçonave está se movendo. Como as coisas ocorrerão para o homem no solo? A resposta será

$$v = \frac{u+c}{1+uc/c^2} = c\frac{u+c}{u+c} = c\ .$$

Portanto, se algo estiver se movendo à velocidade da luz dentro da nave, parecerá estar se movendo à velocidade da luz do ponto de vista do homem no solo também! Isto é bom, pois é, de fato, o que a teoria da relatividade de Einstein se propôs a fazer desde o início – e foi bom que ela funcionasse!

Claro que existem casos em que o movimento não está na direção da translação uniforme. Por exemplo, pode haver um objeto dentro da nave que esteja se movendo "para cima" com velocidade v_y, em relação à nave, e a nave está se movendo "horizontalmente". Ora, simplesmente repetimos o processo, só que usando y em vez de x, com o resultado

$$y = y' = v_{y'}t'\ ,$$

de modo que se $v_{x'} = 0$,

$$v_y = \frac{y}{t} = v_{y'}\sqrt{1 - u^2/c^2}\ . \qquad (4.7)$$

Desse modo, uma velocidade lateral não é mais $v_{y'}$, mas $v_{y'}\sqrt{1-u^2/c^2}$. Chegamos a este resultado por substituições e combinações nas equações da transformação, mas podemos também ver o resultado diretamente com base no princípio da relatividade, pela seguinte razão (é sempre bom olhar de novo para ver se conseguimos ver a razão). Já discutimos (Figura 3-3) como um possível relógio poderia funcionar quando está se movendo; a luz parece se deslocar em um ângulo à velocidade c no sistema fixo, ao passo que simplesmente anda verticalmente com a mesma velocidade no sistema em movimento. Descobrimos que a *componente vertical* da velocidade no sistema fixo é inferior à da luz pelo fator $\sqrt{1-u^2/c^2}$ (ver equação 3.3). Mas, agora, suponhamos que deixamos uma partícula material ir de um lado para outro nesse mesmo "relógio", mas a certa fração inteira $1/n$ da velocidade da luz (Figura 4-1). Então, quando a partícula foi de um lado para outro uma vez, a luz terá ido exatamente n vezes. Ou seja, cada "tique-taque" do relógio de "partícula" coincidirá com cada enésimo "tique-taque" do relógio de luz. Este *fato deve continuar verdadeiro quando o sistema inteiro estiver se movendo*, porque o fenômeno físico da coincidência será uma coincidência em qualquer sistema de referência. Portanto, como a velocidade c_y é inferior à velocidade da luz, a velocidade v_y da partícula deve ser inferior à velocidade correspondente pela mesma razão da raiz quadrada! Daí a raiz quadrada aparecer em qualquer velocidade vertical.

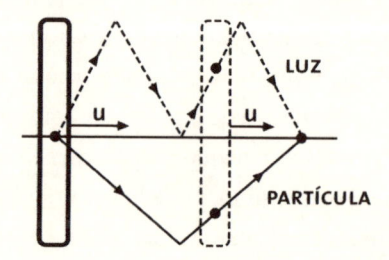

FIGURA 4-1 Trajetórias descritas por um raio luminoso e partícula dentro de um relógio em movimento.

4.4 Massa relativística

Aprendemos no último capítulo que a massa de um objeto aumenta com a velocidade, mas não demos nenhuma demonstração disto, no sentido de que não apresentamos argumentos análogos àqueles sobre a forma como os relógios se comportam. Porém, *podemos* mostrar que, em consequência da relatividade e de mais alguns outros pressupostos razoáveis, a massa deve variar de forma semelhante. (Temos de dizer "alguns outros pressupostos" porque não podemos provar nada sem que tenhamos algumas leis que supomos verdadeiras, se quisermos fazer deduções significativas.) Para não precisar estudar as leis da transformação da força, analisaremos uma *colisão*, onde não precisamos saber nada sobre as leis da força, exceto a suposição que faremos da validade da conservação do momento e da energia. Além disso, vamos supor também que o momento de uma partícula que está se movendo é um vetor e está sempre na direção da velocidade. Mas não vamos fazer a suposição de que o momento é uma *constante* vezes a velocidade, como fez Newton, mas apenas que é uma certa *função* da velocidade. Escrevemos assim o vetor do momento como um certo coeficiente vezes o vetor velocidade:

$$\mathbf{p} = m_v \mathbf{v} \ . \tag{4.8}$$

Colocamos um v subscrito no coeficiente a fim de nos lembrar de que é uma função da velocidade, e concordaremos em chamar de "massa" esse coeficiente m_v. Claro que, quando a velocidade é baixa, é a mesma massa que mediríamos nos experimentos com objetos lentos com os quais estamos acostumados. Agora, tentaremos demonstrar que a fórmula para m_v deve ser $m_0 / \sqrt{1 - v^2 / c^2}$, argumentando com base no princípio da relatividade que as leis da física devem ser as mesmas em todos os sistemas de coordenadas que não estejam acelerados.

Suponhamos que temos duas partículas, como dois prótons, que são absolutamente iguais e estão se movendo uma em direção à outra com velocidades exatamente iguais. Seu momento total é zero. Ora, o que acontece? Após a colisão, as direções de seus movimentos devem ser exatamente opostas, porque, se não forem, haverá um vetor momento total diferente de zero, e o momento não teria sido conservado. Além disso, eles devem ter a mesma velocidade, já que são objetos exatamente semelhantes. Na verdade, devem ter a mesma velocidade inicial, já que supomos que a energia é conservada nessas colisões. Portanto, o diagrama de uma colisão elástica, uma colisão reversível, terá o aspecto da Figura 4-2(a): todas as setas têm o mesmo comprimento, todas as velocidades são iguais. Suponhamos que tais colisões sempre podem ser arranjadas, que qualquer ângulo θ pode ocorrer, e que qualquer velocidade poderia ser usada em tal colisão. Em seguida, observamos que essa mesma colisão pode ser vista diferentemente, girando os eixos, e só por conveniência *iremos* girar os eixos, de modo que o eixo horizontal divida tudo uniformemente, como na Figura 4-2(b). É a mesma colisão redesenhada, só que com os eixos girados.

Eis o verdadeiro truque: examinemos esta colisão do ponto de vista de alguém que viaja num carro com uma velocidade igual à componente horizontal da velocidade de uma partícula. Então, como parece a colisão? Parece como se a partícula 1 estivesse apenas subindo direto, porque ela perdeu sua componente horizontal, e ela desce direto de novo, também por falta dessa componente. Ou seja, a colisão parece como mostrado na Figura 4-3(a). A partícula 2, porém, estava indo na direção inversa e, ao passarmos por ela, parece disparar por nós a uma velocidade tremenda e a um ângulo menor, mas podemos ver que os ângulos antes e após a colisão são os *mesmos*. Denotemos por u a componente horizontal da velocidade da partícula 2, e por w a velocidade vertical da partícula 1.

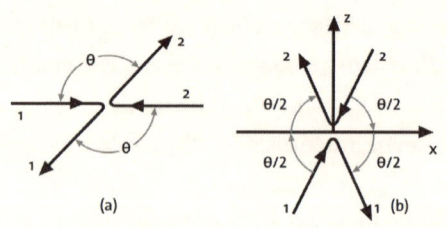

FIGURA 4-2 Duas visões de uma colisão elástica entre objetos iguais movendo-se à mesma velocidade em direções opostas.

Ora, a pergunta é: qual a velocidade vertical $u\tan\alpha$? Se soubéssemos, poderíamos obter a expressão correta do momento, usando a lei da conservação do momento na direção vertical. Claramente, a componente horizontal do momento é conservada: ela é a mesma antes e após a colisão para ambas as partículas, e é zero para a partícula 1. Portanto, precisamos usar a lei da conservação apenas para a velocidade ascendente $u\tan\alpha$. Mas *podemos* obter a velocidade ascendente, simplesmente olhando a mesma colisão no sentido inverso! Se olharmos a colisão da Figura 4-3(a) de um carro indo para a esquerda com a velocidade u, vemos a mesma colisão só que "virada para cima", como mostrado na Figura 4-3(b). Ora, a partícula 2 é aquela que sobe e desce com velocidade w, e a partícula 1 adquiriu a velocidade horizontal u. Claro que agora *sabemos* qual a velocidade $u\tan\alpha$: ela é $w\sqrt{1 - u^2 / c^2}$ (ver equação 4.7). Sabemos que a mudança no momento vertical da partícula em movimento vertical é

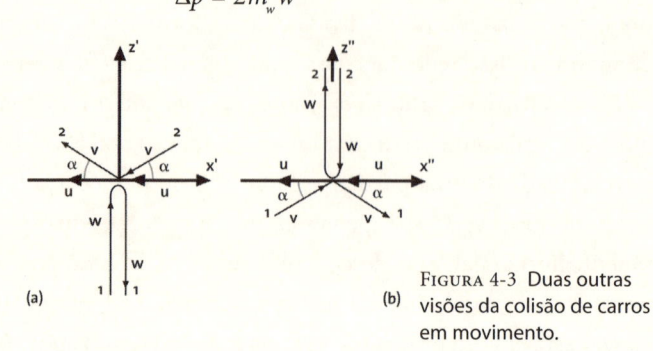

$$\Delta p = 2m_w w$$

FIGURA 4-3 Duas outras visões da colisão de carros em movimento.

(2, porque ela sobe e desce de volta). A partícula em movimento oblíquo tem uma certa velocidade v cujos componentes descobrimos que são u e $w\sqrt{1-u^2/c^2}$, e sua massa é m_v. A mudança no momento *vertical* dessa partícula é, portanto, $\Delta p' = 2m_v w\sqrt{1-u^2/c^2}$, porque, de acordo com nossa lei pressuposta (4.8), o componente de momento é sempre a massa correspondente à magnitude da velocidade vezes a componente de velocidade na direção de interesse. Desse modo, para que o momento total seja zero, os momentos verticais precisam se cancelar, e a razão entre a massa com velocidade v e a massa com velocidade w deve portanto ser

$$\frac{m_w}{m_v} = \sqrt{1-u^2/c^2}. \qquad (4.9)$$

Tomemos o caso limite em que w é infinitesimal. Se w é realmente ínfimo, está claro que v e u são praticamente iguais. Neste caso, $m_w \to m_0$ e $m_v \to m_u$. O grande resultado é

$$m_u = \frac{m_0}{\sqrt{1-u^2/c^2}}. \qquad (4.10)$$

Constitui um exercício interessante agora verificar se a equação (4.9) é realmente verdadeira para valores arbitrários de w, supondo que a equação (4.10) seja a fórmula correta para a massa. Observe que a velocidade v necessária na equação (4.9) pode ser calculada com base no triângulo retângulo:

$$v^2 = u^2 + w^2\left(1-u^2/c^2\right).$$

Descobrimos que ela é verificada automaticamente, embora só a tenhamos usado no limite de w pequeno.

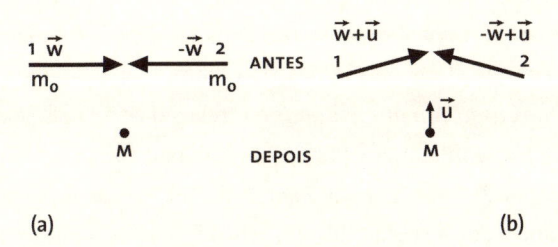

FIGURA 4-4 Duas visões de uma colisão inelástica entre objetos de mesma massa.

Agora, aceitemos que o momento é conservado e que a massa depende da velocidade, de acordo com (4.10), e vejamos o que mais podemos concluir. Examinemos o que se costuma chamar de *colisão inelástica*. Para maior simplicidade, iremos supor que dois objetos da mesma espécie, com movimentos opostos e velocidades iguais w, atingem um ao outro e juntam-se para formar um novo objeto estacionário, como mostrado na Figura 4-4(a). A massa m de cada objeto corresponde a w, que, como sabemos, é $m_0 \sqrt{1 - w^2/c^2}$. Se pressupomos a conservação do momento e o princípio da relatividade, podemos demonstrar um fato interessante sobre a massa do objeto novo que se formou. Imaginamos uma velocidade infinitesimal u formando ângulos retos com w (podemos fazer o mesmo com valores finitos de u, mas isto é mais fácil de compreender com uma velocidade infinitesimal), depois examinamos essa mesma colisão ao passarmos por ela num elevador à velocidade $-u$. O que vemos é mostrado na Figura 4-4(b). O objeto composto possui uma massa desconhecida M. Agora o objeto 1 move-se com um componente ascendente de velocidade u e um componente horizontal que é praticamente igual a w, e o mesmo ocorre com o objeto 2. Após a colisão, temos a massa M movendo-se para cima com velocidade u, considerada muito pequena comparada com a velocidade da luz, e também pequena comparada com w. O momento deve ser conservado, assim vamos estimar o momento na direção ascendente antes e após a colisão. Antes da colisão temos $p \sim 2m_w u$, e após a colisão o momento é evidentemente $p'= M_u u$, mas M_u é essencialmente o mesmo que M_0, porque u é pequeno demais. Esses momentos precisam ser iguais devido à conservação do momento, e portanto

$$M_0 = 2m_w . \qquad (4.11)$$

A massa do objeto que se forma quando dois objetos iguais colidem deve ser o dobro da massa dos objetos que se reúnem. Você poderia dizer: "Sim, claro, esta é a conservação da massa." Mas não "Sim, claro" assim tão facilmente porque *essas massas foram aumentadas* em relação às massas se estivessem em repouso, assim elas contribuem, para a M total, não com a massa que possuem quando em repouso, porém com *mais*. Por mais espantoso que isto possa parecer para que a conservação do momento funcione quando dois objetos se reúnem, a massa que eles formam precisa ser maior que as massas de repouso dos objetos, embora os objetos estejam em repouso após a colisão!

4.5 Energia relativística

No último capítulo, demonstramos que, como resultado da dependência da massa em relação à velocidade e das leis de Newton, as variações na energia cinética de um objeto, resultantes do trabalho total realizado pelas forças sobre ele, sempre resultam em

$$\Delta T = \left(m_u - m_0\right)c^2 = \frac{m_0 c^2}{\sqrt{1 - u^2/c^2}} - m_0 c^2 . \tag{4.12}$$

Fomos até mais longe e estimamos que a energia total é a massa total vezes c^2. Agora retomamos esta discussão.

Suponhamos que nossos dois objetos, de massa igual e que colidem, ainda possam ser "vistos" dentro de M. Por exemplo, um próton e um nêutron são "juntados", mas continuam se deslocando dentro de M. Então, embora pudéssemos de início esperar que a massa M seja $2m_0$, descobrimos que ela não é $2m_0$, mas $2m_w$. Como $2m_w$ é o que é introduzido, mas $2m_0$ são as massas de repouso das coisas lá dentro, a massa em *excesso* do objeto composto é igual à energia cinética inserida. Isto significa, é claro, que a *energia possui inércia*. No último capítulo, discutimos o aquecimento de um gás e mostramos que, como as moléculas de gás estão se movendo e coisas em movimento são mais pesadas, quando introduzimos energia no gás suas moléculas se movem mais rápido, de modo que o gás fica mais pesado. Mas na verdade o argumento é completamente geral, e nossa discussão da colisão inelástica mostra que a massa existe quer a energia seja ou não *cinética*. Em outras palavras, se duas partículas se reúnem e produzem energia potencial ou qualquer outra forma de energia, se os pedaços são retardados subindo morros, trabalhando contra forças internas, ou seja o que for, continua sendo verdade que a massa é a energia total que foi introduzida. Assim vemos que a conservação da massa que deduzimos acima é equivalente à conservação da energia. Portanto, não há lugar na teoria da relatividade para colisões estritamente inelásticas, como havia na mecânica newtoniana. De acordo com a mecânica newtoniana, é normal que duas coisas colidam e, assim, formem um objeto de massa $2m_0$ que não é em nada diferente daquele que resultaria se os juntássemos lentamente. Claro que sabemos, com base na lei da conservação da energia, que existe mais energia cinética dentro, mas ela não afeta a massa, de acordo com as leis de Newton. Mas agora vemos que isto é impossível. Devido à energia cinética envolvida na colisão, o objeto resultante será *mais pesado*; portanto, será um objeto *diferente*. Quando juntamos os objetos suavemente, eles formam algo cuja massa é $2m_0$; quando os juntamos violentamente, eles formam algo cuja massa é maior. Quando a massa é diferente, podemos *perceber* que é diferente. Portanto, necessariamente, a conservação da energia precisa acompanhar a conservação do momento na teoria da relatividade.

Isto tem consequências interessantes. Por exemplo, suponhamos que temos um objeto cuja massa M é medida, e suponhamos que algo faz com que ele se divida em dois pedaços iguais que se movem com velocidade w, de modo que cada um tem uma massa m_w. Agora, suponhamos que esses pedaços se deparam com um material suficiente para retardá-los até que parem; então, eles terão massa m_0. Quanta energia terão dado ao material quando tiverem parado? Cada um dará uma quantidade $(m_w - m_0)c^2$, pelo teorema que provamos antes. Esta quantidade de energia é deixada no material de alguma forma, como calor, energia potencial ou seja o que for. Ora, $2m_w = M$, de modo que a energia liberada é $E = (M - 2m_0)c^2$. Esta equação foi usada para estimar quanta energia seria liberada sob fissão na bomba atômica, por exemplo. (Embora os fragmentos não sejam exatamente iguais, são quase iguais.) A massa do átomo de urânio era conhecida – ela havia sido medida antecipadamente – e os átomos em que foi dividido, iodo, xenônio etc., tinham todos massa conhecida. Por massas, não nos referimos às massas enquanto os átomos estão se movendo; referimo-nos às massas quando os átomos estão *em repouso*. Em outras palavras, tanto M como m_0 são conhecidos. Portanto, subtraindo os dois números, pode-se calcular quanta energia será liberada se for possível dividir M pela "metade". Por este motivo, o pobre e velho Einstein foi chamado de "pai" da bomba atômica em todos os jornais. Isto significava simplesmente que ele podia nos informar antecipadamente quanta energia seria liberada se lhe disséssemos qual processo ocorreria. A energia que devia ser liberada quando um átomo de urânio sofre fissão foi estimada cerca de seis meses antes do primeiro teste direto, e assim que a energia foi de fato liberada, alguém a mediu diretamente (e se a fórmula de Einstein não tivesse funcionado, eles a teriam medido assim mesmo), e no momento em que a mediram não precisaram mais da fórmula. Claro que não devemos diminuir Einstein, e sim criticar os jornais e muitas descrições populares sobre o que causa o quê na história da física e da tecnologia. O problema de como fazer a coisa ocorrer de uma forma eficaz e rápida é uma questão completamente diferente.

O resultado é igualmente importante em química. Por exemplo, se pesássemos a molécula de dióxido de carbono e comparássemos sua massa com a do carbono e oxigênio, poderíamos descobrir quanta energia seria liberada quando carbono e oxigênio formam dióxido de carbono. O único problema aqui é que as diferenças de massas são tão pequenas que é tecnicamente dificílimo fazê-lo.

Agora, vejamos a questão sobre se deveríamos adicionar $m_0 c^2$ à energia cinética e dizer, daqui para a frente, que a energia total de um objeto é mc^2. Primeiro, se ainda podemos *ver* as partes componentes da massa de repouso m_0 dentro de M, então poderíamos dizer que parte da massa M do objeto composto é a massa mecânica de repouso das partes, parte dela é a energia cinética das partes e parte dela é a energia potencial das partes. Mas descobrimos, na natureza, partículas de várias espécies que sofrem reações como aquela que acabamos de analisar, em que, com todo o estudo do mundo, *não podemos ver as partes de dentro*. Por exemplo, quando um méson K se desintegra em dois píons, faz isto de acordo com a lei (4.11), mas a ideia de que um K é constituído de 2 π's é uma ideia inútil, porque ele também se desintegra em 3 π's!

Portanto, temos uma *ideia nova*: não precisamos saber de que as coisas são compostas por dentro; não podemos nem precisamos identificar, dentro de uma partícula, quanta energia é energia de repouso das partes em que vai se desintegrar. Não é conveniente e, muitas vezes, nem é possível separar a energia mc^2 total de um objeto em energia de repouso das partes de dentro, energia cinética das partes e energia potencial das partes. Pelo contrário, falamos simplesmente da *energia total* da partícula. Nós "deslocamos a origem" da energia, adicionando uma constante $m_0 c^2$ a tudo, e dizemos que a energia total de uma partícula é a massa em movimento vezes c^2, e quando o objeto está parado, a energia é a massa em repouso vezes c^2.

Por fim, constatamos que a velocidade v, o momento P e a energia total E estão relacionados de uma forma bem simples. Que a massa em movimento à velocidade v é a massa m_0 em repouso dividida por $\sqrt{1 - v^2/c^2}$, surpreendentemente, é raramente usada. Já as seguintes relações são facilmente provadas e se revelam bem úteis:

$$E^2 = P^2 c^2 + m_0^2 c^4 \tag{4.13}$$

e

$$Pc = \frac{Ev}{c}. \tag{4.14}$$

5 | Espaço-tempo

5.1 A geometria do espaço-tempo

A teoria da relatividade nos mostra que as relações entre posições e tempos medidos em um sistema de coordenadas e em outro não são o que esperaríamos com base em nossas ideias intuitivas. É muito importante que entendamos a fundo as relações entre espaço e tempo implícitas na transformação de Lorentz, e, portanto, aprofundaremos essa questão neste capítulo.

A transformação de Lorentz entre as posições e tempos (x, y, z, t) medidos por um observador "em repouso" e as coordenadas e tempo correspondentes (x', y', z', t') medidos dentro de uma espaçonave "em movimento", deslocando-se com velocidade u, são

$$\begin{aligned} x' &= \frac{x - ut}{\sqrt{1 - u^2/c^2}}, \\ y' &= y, \\ z' &= z, \\ t' &= \frac{t - ux/c^2}{\sqrt{1 - u^2/c^2}}. \end{aligned} \quad (5.1)$$

Comparemos estas equações com a equação (1.5), que também relaciona medidas em dois sistemas, um dos quais, neste caso, foi *girado* em relação ao outro:

$$\begin{aligned} x' &= x\cos\theta + y\,\text{sen}\,\theta, \\ y' &= y\cos\theta - x\,\text{sen}\,\theta, \\ z' &= z. \end{aligned} \quad (5.2)$$

Neste caso particular, Moe e Joe estão medindo com eixos que possuem um ângulo θ entre os eixos x' e x. Nos dois casos, observamos que as quantidades "com linhas" são "misturas" das "sem linhas": o x' novo é uma mistura de x e y e o y' novo é também uma mistura de x e y.

Uma analogia é útil: quando olhamos para um objeto, existe uma coisa óbvia que poderíamos denominar de "largura aparente" e outra que poderíamos denominar de "profundidade". Mas as duas ideias, largura e profundidade, não são propriedades *fundamentais* do objeto, porque se andarmos para o lado e olharmos para o mesmo objeto de um ângulo diferente, obteremos uma largura e uma profundidade diferentes, e poderemos desenvolver algumas fórmulas para calcular as novas com base nas antigas e nos ângulos envolvidos. As equações (5.2) são essas fórmulas. Alguém poderia dizer que uma dada profundidade é uma espécie de "mistura" de toda a profundidade e toda a largura. Se fosse impossível nos movermos, e víssemos sempre um dado objeto na mesma posição, então tudo isso seria irrelevante: veríamos sempre a largura "verdadeira" e a profundidade "verdadeira", e elas pareceriam ter qualidades bem diferentes, porque uma aparece como um ângulo óptico subtendido e a outra envolve certa focalização dos olhos ou mesmo intuição. Elas pareceriam coisas bem diferentes e nunca seriam confundidas. É porque *conseguimos* andar em volta que percebemos que profundidade e largura são, de algum modo, apenas dois aspectos diferentes da mesma coisa.

Não poderíamos olhar para as transformações de Lorentz da mesma maneira? Aqui também temos uma mistura: de posições e do tempo. Uma diferença entre uma medida espacial e uma medida temporal produz uma nova medida espacial. Em outras palavras, nas medidas espaciais de uma pessoa está misturado um pouquinho do tempo, como visto pelo outro. Nossa analogia nos permite generalizar esta ideia: a "realidade" de um objeto que estamos observando é, de algum modo, maior (em termos grosseiros e intuitivos) que sua "largura" e "profundidade", porque *estas* dependem de *como* olhamos para ele. Quando mudamos de posição, nosso cérebro imediatamente recalcula a largura e a profundidade. Mas nosso cérebro não recalcula imediatamente as coordenadas e o tempo ao movermo-nos em alta velocidade, porque não tivemos uma experiência efetiva de chegar perto da velocidade da luz para compreender o fato de que tempo e espaço também são da mesma natureza. É como se estivéssemos sempre presos numa posição em que só conseguíssemos ver a largura de algo, sem conseguirmos mover nossas cabeças apreciativamente para um lado ou para outro. Se conseguíssemos, agora entendemos, veríamos parte do tempo do outro homem: veríamos um pouco o que está "por trás", por assim dizer.

Assim, tentaremos pensar nos objetos em um novo tipo de mundo, com espaço e tempo misturados, no mesmo sentido em que os objetos de nosso mundo espacial comum são reais e podem ser vistos de diferentes direções. Consideraremos então que os objetos que ocupam espaço e duram um certo intervalo de tempo ocupam uma espécie de "bolha" em um novo tipo de mundo, e que olhamos para essa "bolha" de diferentes pontos de vista quando nos movemos com diferentes velocidades. Esse mundo novo, essa entidade geométrica onde as "bolhas" existem, ocupando uma posição e durante uma certa quantidade de tempo, denomina-se *espaço-tempo*. Um certo ponto (x, y, z, t) no espaço-tempo é chamado de *evento*. Imagine, por exemplo, que traçamos as posições x horizontalmente, y e z em duas outras direções, ambas formando "ângulos retos" entre si e em relação ao papel (!), e o tempo verticalmente. Mas qual o aspecto de, por exemplo, uma partícula em movimento num diagrama como esse? Se a partícula está estacionária, possui um certo x e, com o passar do tempo, possui o mesmo x, o mesmo x, o mesmo x; assim sua "trajetória" é uma linha paralela ao eixo t [Figura 5-1(a)]. Por outro lado, se ela se afasta, com o passar do tempo, x aumenta [Figura 5-1(b)]. Assim, uma partícula, por exemplo, que começa a se afastar e depois perde velocidade deveria ter um movimento semelhante ao mostrado na Figura 5-1(c). Em outras palavras, uma partícula que é permanente e não se desintegra é representada por uma linha no espaço-tempo. Uma partícula que se desintegra seria representada por uma linha bifurcada, porque se transformaria em duas outras coisas que começariam daquele ponto.

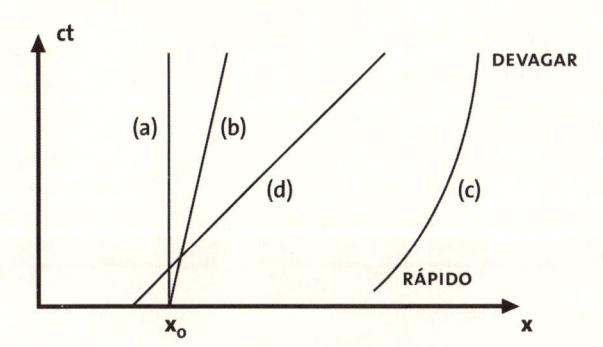

FIGURA 5-1 Trajetórias de três partículas no espaço-tempo: (a) uma partícula em repouso em $x = x_0$; (b) uma partícula que começa em $x = x_0$ e move-se com velocidade constante; (c) uma partícula que começa em alta velocidade, mas desacelera.

E quanto à luz? A luz se desloca com velocidade c, o que seria representado por uma linha com certa inclinação fixa [Figura 5-1 (d)].

Ora, de acordo com nossa ideia nova, se um dado evento ocorre com uma partícula, por exemplo, se ela subitamente se desintegra em um certo ponto do espaço-tempo em duas partículas novas que seguem trajetórias novas, e esse evento interessante ocorreu a um certo valor de x e um certo valor de t, esperaríamos que, se isto faz algum sentido, precisássemos apenas considerar um novo par de eixos e girá-los, e isto nos dará o novo t e o novo x em nosso sistema novo, como mostra a Figura 5-2(a). Mas isto está errado, porque a equação (5.1) não é *exatamente* a mesma transformação matemática da equação (5.2). Observe, por exemplo, a diferença de sinal entre as duas, e o fato de uma ser expressa em termos de $\cos \theta$ e $\sen \theta$, ao passo que a outra é expressa com grandezas algébricas. (Claro que não é impossível que as grandezas algébricas pudessem ser expressas como cosseno e seno, mas na verdade não podem.) Mas, mesmo assim, as duas expressões *são* muito semelhantes. Como veremos, não é realmente possível pensar no espaço-tempo como uma geometria real, comum, devido a essa diferença de sinal. Na verdade, apesar de não enfatizarmos esse ponto, descobre-se que um homem em movimento tem que usar um conjunto de eixos que estão inclinados igualmente em relação ao raio de luz, usando um tipo especial de projeção, paralela aos eixos x' e t', para seus x' e t', como mostra a Figura 5-2(b). Não lidaremos com a geometria, pois ela não ajuda muito; é mais fácil trabalhar com equações.

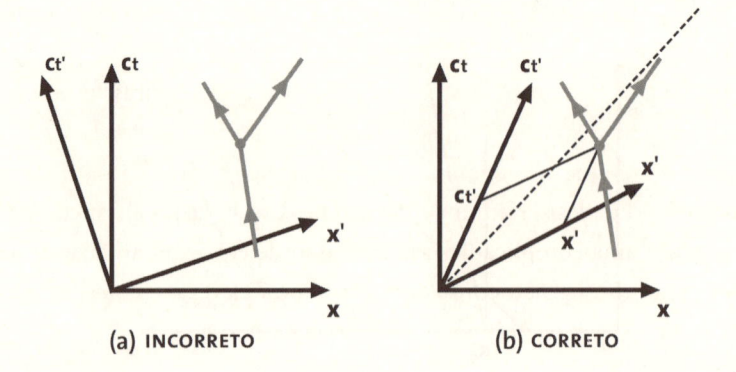

(a) INCORRETO (b) CORRETO

FIGURA 5-2 Duas visões de uma partícula que se desintegra.

5.2 Intervalos no espaço-tempo

Embora a geometria do espaço-tempo não seja euclidiana no sentido comum, *existe* uma geometria que é muito semelhante, mas peculiar em certos aspectos. Se esta ideia de geometria estiver correta, deveria haver algumas funções de coordenadas e tempo que sejam independentes do sistema de coordenadas. Por exemplo, sob rotações comuns, se tomarmos dois pontos, um na origem, para maior simplicidade, e o outro em outra parte, ambos os sistemas teriam a mesma origem, e a distância daqui até o outro ponto é a mesma em ambos. Esta é uma propriedade que é independente da forma específica de medi-la. O quadrado da distância é $x^2 + y^2 + z^2$. E quanto ao espaço-tempo? Não é difícil demonstrar que temos aqui, também, algo que permanece igual, a saber, a combinação $c^2t^2 - x^2 - y^2 - z^2$ é a mesma antes e após a transformação:

$$c^2 t'^2 - x'^2 - y'^2 - z'^2 = c^2 t^2 - x^2 - y^2 - z^2 \ . \tag{5.3}$$

Esta grandeza é, portanto, algo que, assim como a distância, é "real" em certo sentido; ela é chamada de *intervalo* entre os dois pontos no espaço-tempo, um dos quais está, neste caso, na origem. (Na verdade, ela é o quadrado do intervalo, assim como $x^2 + y^2 + z^2$ é o quadrado da distância.) Damos-lhe um nome diferente porque está numa geometria diferente, mas o interessante é apenas que alguns sinais estão invertidos e existe um c nela.

Livremo-nos do c; ele é um absurdo se quisermos um espaço maravilhoso com x e y que possam ser intercambiados. Uma das confusões que poderia ser causada por alguém sem experiência seria medir larguras, por exemplo, a partir do ângulo subtendido pelo olho, e medir a profundidade de maneira diferente, como a pressão necessária nos músculos para focalizá-la, de modo que as profundidades seriam medidas em pés e as larguras em metros. Obteríamos então uma complicadíssima confusão de equações ao fazer transformações como (5.2) e não conseguiríamos ver a clareza e a simplicidade da coisa, por uma razão técnica bem simples: o fato de a mesma coisa estar sendo medida com duas unidades diferentes. Ora, nas equações (5.1) e (5.3) a natureza está nos dizendo que tempo e espaço são equivalentes; o tempo transforma-se em espaço; *eles deveriam ser medidos com as mesmas unidades*. Que distância é um "segundo"? É fácil descobrir, com base em (5.3), qual é. São 3×10^8 metros, *a distância que a luz percorreria em um segundo*. Em outras palavras, se fôssemos medir todas as distâncias e tempos nas mesmas unidades, segundos, nossa unidade de distância seria 3×10^8 metros, e as equações seriam mais simples. Outra maneira de tornar as unidades iguais é medir o tempo em metros. O que é um metro de tempo? Um metro de tempo é o tempo que a luz leva para percorrer um metro, sendo portanto $1/3 \times 10^{-8}$ s, ou 3,3 bilionésimos de segundo! Gostaríamos, em outras palavras, de colocar todas as nossas equações em um sistema de unidades em que $c = 1$. Se tempo e espaço são medidos nas mesmas unidades, como sugerido, as equações ficam bem mais simples. Elas são

$$x' = \frac{x - ut}{\sqrt{1 - u^2}},$$
$$y' = y,$$
$$z' = z,$$
$$t' = \frac{t - ux}{\sqrt{1 - u^2}},$$

(5.4)

$$t'^2 - x'^2 - y'^2 - z'^2 = t^2 - x^2 - y^2 - z^2.$$

(5.5)

Se ficarmos inseguros ou "com medo" de que, depois de termos este sistema com $c = 1$, nunca mais conseguiremos acertar nossas equações de novo, a resposta é o contrário. É muito mais fácil lembrá-las sem os c nelas, e é sempre fácil colocar os c de volta, verificando as dimensões. Por exemplo, em $\sqrt{1 - u^2}$, sabemos que não podemos subtrair uma velocidade ao quadrado, que possui unidades, do número puro 1, de modo que sabemos que precisamos dividir u^2 por c^2 para eliminar a unidade, e é assim que a coisa funciona.

A diferença entre o espaço-tempo e o espaço comum, e a natureza de um intervalo em relação à distância, é muito interessante. De acordo com a fórmula (5.5), se consideramos um ponto que, em um dado sistema de coordenadas, possuía tempo zero e somente espaço, então o quadrado do intervalo seria negativo e teríamos um intervalo imaginário, a raiz quadrada de um número negativo. Os intervalos podem ser reais ou imaginários na teoria. O quadrado de um intervalo pode ser positivo ou negativo, ao contrário da distância, que possui um quadrado positivo. Quando um intervalo é imaginário, dizemos que os dois pontos possuem um *intervalo do tipo espaço* entre eles (em vez de imaginário), porque o intervalo se assemelha mais ao espaço do que ao tempo. Por outro lado, se dois objetos estão no mesmo lugar em um dado sistema de coordenadas, mas diferem somente no tempo, o quadrado do tempo é positivo e as distâncias são zero, e o quadrado do intervalo é positivo. Trata-se de um *intervalo do tipo tempo*. Em nosso diagrama do espaço-tempo, portanto, teríamos uma representação mais ou menos como esta: duas linhas formam 45º (na verdade, em quatro dimensões, haverá "cones", chamados cones de luz), e pontos nessas linhas possuem intervalo zero em relação à origem. A luz que parte de um dado ponto é sempre separada deste por um intervalo zero, como vemos na equação (5.5). Aliás, acabamos de provar que, se a luz se desloca com velocidade c em um sistema, desloca-se com velocidade c em outro, pois, se o intervalo é o mesmo nos dois sistemas, ou seja, zero em um e zero no outro, afirmar que a velocidade de propagação da luz é invariante é o mesmo que dizer que o intervalo é zero.

5.3 Passado, presente e futuro

A região do espaço-tempo em torno de um dado ponto no espaço-tempo pode ser separada em três regiões, como mostra a Figura 5-3. Em uma região, temos intervalos tipo espaço, e em duas regiões, tipo tempo. Fisicamente, essas três regiões, em que o espaço-tempo em torno de um dado ponto é dividido, mantêm uma relação física interessante com aquele ponto: um objeto físico ou um sinal pode ir de um ponto na região 2 até o evento O, movendo-se com velocidade inferior à da luz. Portanto, os eventos nessa região podem afetar o ponto O, podem ter uma influência sobre ele a partir do passado.

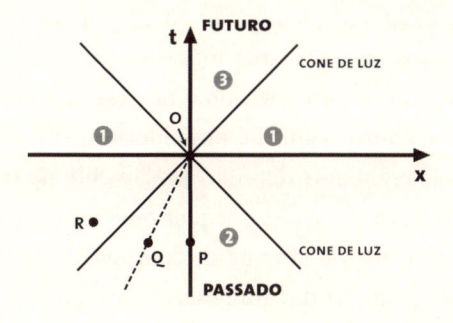

FIGURA 5-3 A região do espaço-tempo em torno de um ponto na origem.

Na verdade, é claro, um objeto em P no eixo t negativo está precisamente no "passado" com relação a O; é o mesmo ponto espacial que O, apenas mais cedo. O que aconteceu ali então afeta O agora. (Infelizmente, a vida é assim.) Outro objeto em Q pode ir até O, movendo-se com uma certa velocidade inferior a c, de modo que, se este objeto estivesse numa espaçonave e se movendo, ela seria, novamente, o passado do mesmo ponto espacial. Ou seja, em outro sistema de coordenadas, o eixo do tempo poderia passar por O e Q. Assim, todos os pontos da região 2 estão no "passado" de O, e tudo o que ocorre nessa região *pode* afetar O. Portanto, a região 2 é às vezes chamada o *passado afetante*; é o lugar geométrico de todos os eventos capazes de afetar o ponto O de alguma maneira.

A região 3, por outro lado, é uma região que podemos afetar *a partir de O*: podemos "atingir" coisas atirando "balas" a velocidades inferiores a c. Portanto, este é o mundo cujo futuro pode ser afetado por nós, e podemos chamá-lo de *futuro afetante*. Pois bem, o interessante a respeito de todo o resto do espaço-tempo, ou seja, a região 1, é que não podemos afetá-lo agora *a partir de O*, tampouco ele pode nos afetar agora *em O*, porque nada pode ultrapassar a velocidade da luz. Claro que o que acontece em R *pode* nos afetar *mais tarde*, ou seja, se o Sol está explodindo "neste momento", decorrerão oito minutos até que o saibamos, e ele não pode nos afetar antes disto.

O que queremos dizer com "neste momento" é uma coisa misteriosa que não podemos definir e não podemos mudar, mas que pode nos afetar mais tarde, ou que poderíamos ter afetado se tivéssemos feito algo a uma distância suficiente no passado. Quando olhamos a estrela Alfa Centauro, vemos como era há quatro anos. Poderíamos nos perguntar como seria seu aspecto "agora". "Agora" significa ao mesmo tempo, a partir de nosso sistema de coordenadas especial. Só podemos ver Alfa Centauro pela luz que veio do nosso passado, até quatro anos atrás, mas não sabemos o que ela está fazendo "agora". Passarão quatro anos até que o que ela está fazendo "agora" possa nos afetar. Alfa Centauro "agora" é uma ideia ou conceito de nossa mente; não é algo que seja realmente definível fisicamente neste momento, porque temos que esperar para observá-lo; sequer podemos defini-lo "agora". Além disso, o "agora" depende do sistema de coordenadas. Se, por exemplo, Alfa Centauro estivesse se movendo, um observador ali não concordaria conosco, porque ele colocaria seus eixos formando um ângulo, e seu "agora" seria um tempo *diferente*. Já falamos do fato de que simultaneidade não é algo único.

Existem cartomantes, pessoas que se dizem capazes de saber o futuro, e existem muitas histórias maravilhosas sobre o homem que subitamente descobre que tem conhecimento do futuro. Bem, existem inúmeros paradoxos produzidos por isto, porque, se sabemos que algo irá ocorrer, podemos tomar medidas para evitá-lo, fazendo a coisa certa na hora certa, e assim por diante. Mas na verdade uma cartomante sequer consegue saber o *presente*! Não há ninguém capaz de saber o que está realmente acontecendo neste momento, a qualquer distância razoável, porque isto é inobservável. Poderíamos formular esta pergunta, cuja resposta deixamos para o leitor: seria produzido algum paradoxo caso subitamente se tornasse possível saber coisas que estão nos intervalos tipo espaço da região 1?

5.4 Mais sobre quadrivetores

Retornemos agora à nossa consideração sobre a analogia entre a transformação de Lorentz e as rotações dos eixos espaciais. Vimos a utilidade de reunir outras grandezas com as mesmas propriedades de transformação das coordenadas para formar o que denominamos *vetores*, retas orientadas. No caso de rotações comuns, várias grandezas transformam-se da mesma forma que x, y e z sob rotação: por exemplo, a velocidade possui três componentes, uma componente x, uma y e uma z; quando vistas de um sistema de coordenadas diferente, nenhuma das componentes é a mesma, mas são todas transformadas em valores novos. Porém, de alguma maneira, a "própria" velocidade possui uma realidade maior do que qualquer uma de suas componentes particulares, e a representamos por uma reta orientada.

Portanto, perguntamos: é ou não verdade que existem grandezas que se transformam, ou que estão relacionadas, em um sistema em movimento e em um sistema estacionário, da mesma forma que x, y, z e t? Com base em nossa experiência com vetores, sabemos que três das grandezas, como x, y, z, constituiriam as três componentes de um vetor espacial comum, mas a quarta grandeza se assemelharia a um escalar comum sob rotação espacial, porque ela não se altera enquanto não passamos para um sistema de coordenadas em movimento. Seria possível, então, associar um quarto objeto a alguns de nossos vetores conhecidos de três componentes (trivetores), que poderíamos chamar a "componente temporal", de tal maneira que os quatro objetos juntos "girariam" da mesma maneira que posição e tempo no espaço-tempo? Mostraremos agora que existe, de fato, pelo menos uma dessas coisas (existem várias delas, na verdade): *as três componentes do momento, e a energia como a componente temporal, transformam-se juntas* para constituir o que denominamos um "quadrivetor". Na demonstração disto, devido à inconveniência de escrever c por toda parte, usaremos o mesmo artifício com as unidades de energia, massa e momento que usamos na equação (5.4). Energia e massa, por exemplo, diferem apenas por um fator c^2, que é meramente uma questão de unidades, de modo que podemos dizer que a energia *é* a massa. Em vez de ter de escrever o c^2, colocamos $E = m$, e depois, é claro, se houvesse algum problema, inseriríamos as quantidades certas de c de modo que as unidades se ajustassem na última equação, mas não nas intermediárias.

Desse modo, as nossas equações para energia e momento são

$$E = m = \frac{m_0}{\sqrt{1-v^2}},$$
$$p = m\mathbf{v} = \frac{m_0 \mathbf{v}}{\sqrt{1-v^2}}.$$
(5.6)

Também nestas unidades temos

$$E^2 - p^2 = m_0^2.$$
(5.7)

Por exemplo, se medirmos a energia em elétrons-Volts, o que uma massa de um elétron-Volt significa? Significa a massa cuja energia de repouso é um elétron-Volt, ou seja, $m_0 c^2$ equivale a um elétron-Volt. Por exemplo, a energia de repouso de um elétron é $0,511 \times 10^6$ e V.

Ora, como pareceriam o momento e a energia em um sistema de coordenadas novo? Para descobrir, teremos de transformar a equação (5.6), o que é possível, porque sabemos como a velocidade se transforma. Suponhamos que, ao medi-lo, um objeto possui uma velocidade v, mas olhamos o mesmo objeto do ponto de vista de uma espaçonave que está se movendo com uma velocidade u, e neste sistema usamos uma linha a fim de designar a coisa correspondente. A princípio, para simplificar as coisas, veremos o caso em que a velocidade v está na direção e sentido de u. (Mais tarde, podemos ver o caso mais geral.) Qual é v', a velocidade vista da espaçonave? É a velocidade composta, a "diferença" entre v e u. Pela lei que obtivemos antes,

$$v' = \frac{v-u}{1-uv} \ . \tag{5.8}$$

Agora calculemos a energia nova E', a energia vista pelo sujeito na espaçonave. Ele usaria a mesma massa de repouso, é claro, mas usaria v' para a velocidade. O que temos de fazer é elevar v' ao quadrado, subtraí-lo de 1, extrair a raiz quadrada e calcular a recíproca:

$$v'^2 = \frac{v^2 - 2uv + u^2}{1 - 2uv + u^2v^2} ,$$

$$1 - v'^2 = \frac{1 - 2uv + u^2v^2 - v^2 + 2uv - u^2}{1 - 2uv + u^2v^2}$$

$$= \frac{1 - v^2 - u^2 + u^2v^2}{1 - 2uv + u^2v^2}$$

$$= \frac{(1-v^2)(1-u^2)}{(1-uv)^2} \ .$$

Portanto,

$$\frac{1}{\sqrt{1-v'^2}} = \frac{1-uv}{\sqrt{1-v^2}\sqrt{1-u^2}} \ . \tag{5.9}$$

A energia E' é, então, simplesmente m_0 vezes a expressão acima. Mas queremos expressar a energia em termos da energia e do momento sem linhas, e observamos que

$$E' = \frac{m_0 - m_0 uv}{\sqrt{1-v^2}\sqrt{1-u^2}} = \frac{\left(m_0/\sqrt{1-v^2}\right) - \left(m_0 v/\sqrt{1-v^2}\right)u}{\sqrt{1-u^2}} ,$$

ou

$$E' = \frac{E - up_x}{\sqrt{1-u^2}} \ , \tag{5.10}$$

que reconhecemos como tendo exatamente a mesma forma de

$$t' = \frac{t - ux}{\sqrt{1-u^2}} \ .$$

Em seguida, precisamos encontrar o momento novo p'_x. Ele é exatamente a energia E vezes v', e também é simplesmente expresso em termos de E e p:

$$p_x' = E'v' = \frac{m_0(1-uv)}{\sqrt{1-v^2}\sqrt{1-u^2}} \frac{v-u}{(1-uv)} = \frac{m_0 v - m_0 u}{\sqrt{1-v^2}\sqrt{1-u^2}}.$$

Deste modo,

$$p_x' = \frac{p_x - uE}{\sqrt{1-u^2}}, \qquad (5.11)$$

que reconhecemos como tendo precisamente a mesma forma de

$$x' = \frac{x - ut}{\sqrt{1-u^2}}.$$

Assim, as transformações para a energia e o momento novos em termos da energia e do momento velhos são exatamente as mesmas transformações para t' em termos de t e x, e x' em termos de x e t: tudo que temos de fazer é, cada vez que vemos t em (5.4), substituir por E, e cada vez que vemos x, substituir por p_x, e então as equações (5.4) se tornarão iguais às equações (5.10) e (5.11). Isto implicaria, se tudo funcionar corretamente, uma regra adicional de que $p'_y = p_y$ e $p'_z = p_z$. Para provar isto, teríamos de retroceder e estudar o caso do movimento para cima e para baixo. Na verdade, já estudamos o caso do movimento para cima e para baixo no último capítulo. Analisamos uma colisão complicada e observamos que, de fato, o momento transverso *não* muda quando visto de um sistema em movimento. Portanto, já confirmamos que $p'_y = p_y$ e $p'_z = p_z$. A transformação completa, então, é

$$\begin{aligned} p_x' &= \frac{p_x - uE}{\sqrt{1-u^2}}, \\ p_y' &= p_y, \\ p_z' &= p_z, \\ E' &= \frac{E - up_x}{\sqrt{1-u^2}}. \end{aligned} \qquad (5.12)$$

Nessas transformações, portanto, descobrimos quatro grandezas que se transformam como x, y, z e t, que denominamos *o quadrivetor momento*.

Como o momento é um quadrivetor, ele pode ser representado em um diagrama do espaço-tempo de uma partícula em movimento como uma "seta" tangente à trajetória, como mostra a Figura 5-4. Esta seta possui uma componente temporal igual à energia, e suas componentes espaciais representam seu trivetor momento. A seta é mais "real" do que a energia ou o momento, porque estes apenas dependem de como olhamos o diagrama.

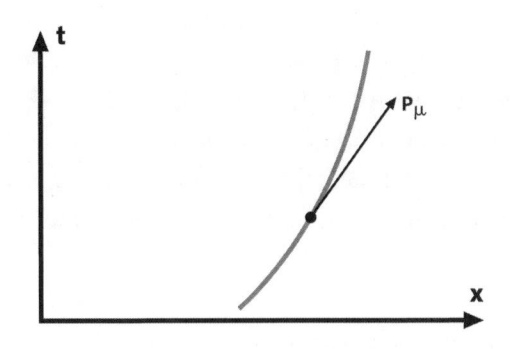

FIGURA 5-4 O quadrivetor momento de uma partícula.

5.5 Álgebra de quadrivetores

A notação para quadrivetores é diferente daquela para trivetores componentes. No caso de vetores de três componentes, se fôssemos falar sobre o trivetor momento usual, o representaríamos por **p**. Se quiséssemos ser mais específicos, poderíamos dizer que ele possui três componentes, que são para os eixos considerados p_x, p_y e p_z, ou poderíamos simplesmente nos referir a uma componente geral como p_i, e dizer que i poderia ser x, y ou z, e que estas são as três componentes; ou seja, imagine que i seja qualquer uma das três direções x, y ou z. A notação que usamos para quadrivetores é análoga a esta: escrevemos p_μ para o quadrivetor, e μ representa as *quatro* direções possíveis t, x, y ou z.

Poderíamos, é claro, usar qualquer notação desejada. Não ria das notações; invente-as, elas são poderosas. Na realidade, a matemática é, em grande parte, invenção de notações melhores. Toda a ideia de um quadrivetor, na verdade, é um aperfeiçoamento da notação para que as transformações possam ser lembradas facilmente. A_μ, então, é um quadrivetor geral, mas para o caso especial do momento, p_t é identificado como a energia, p_x é o momento na direção x, p_y é o na direção y e p_z é o na direção z. Para somar quadrivetores, somamos as componentes correspondentes.

Se existe uma equação entre quadrivetores, ela é verdadeira para *cada componente*. Por exemplo, se a lei da conservação do trivetor momento deve ser verdadeira em colisões de partículas – ou seja, se a soma dos momentos para um grande número de partículas em interação ou colisão deve ser uma constante –, isto deve significar que as somas de todos os momentos na direção x, na direção y e na direção z, para todas as partículas, devem ser constantes. Esta lei sozinha seria impossível na relatividade, porque é *incompleta*; é como falar de apenas duas das componentes de um vetor de três componentes. Ela é incompleta porque, se giramos os eixos, misturamos as diferentes componentes, de modo que precisamos incluir todas as três componentes em nossa lei. Assim, em relatividade, precisamos completar a lei da conservação do momento fazendo com que inclua a componente *tempo*. É *absolutamente necessário* que ela se combine com as outras três, do contrário não pode haver invariância relativística. A *conservação da energia* é a quarta equação que se combina com a conservação do momento para formar uma relação entre quadrivetores válida na geometria do espaço e tempo. Desse modo, a lei da conservação da energia e momento em notação quadridimensional é

$$\sum_{\substack{\text{partículas} \\ \text{que entram}}} p_\mu = \sum_{\substack{\text{partículas} \\ \text{que saem}}} p_\mu \,, \qquad (5.13)$$

ou, em uma notação ligeiramente diferente,

$$\sum_i p_{i\mu} = \sum_j p_{j\mu} \,, \qquad (5.14)$$

onde $i = 1, 2,...$ refere-se às partículas que entram na colisão, $j = 1, 2,...$ refere-se às partículas que saem da colisão e $\mu = x, y, z$ ou t. Você pergunta: "Em quais eixos?" Não importa. A lei é verdadeira para cada componente, usando *quaisquer* eixos.

Na análise vetorial, discutimos outra coisa: o produto escalar de dois vetores. Vejamos agora seu correspondente no espaço-tempo. Na rotação comum, descobrimos que havia uma grandeza inalterada $x^2 + y^2 + z^2$. Em quatro dimensões, constatamos que a grandeza correspondente é $t^2 - x^2 - y^2 - z^2$ (equação 5.3). Como podemos escrever isto? Uma forma seria escrever algo quadridimensional com um quadrado no meio, como $A_\mu \square B_\mu$; uma das notações que é realmente usada é

$$\sum_\mu{}' A_\mu A_\mu = A_t^2 - A_x^2 - A_y^2 - A_z^2. \qquad (5.15)$$

A linha em Σ significa que o primeiro termo, o termo "temporal", é positivo, mas os outros três termos possuem sinais negativos. Esta grandeza, então, será a mesma em qualquer sistema de coordenadas, e podemos chamá-la de quadrado do quadrivetor momento. Por exemplo, qual o quadrado do comprimento do quadrivetor momento de uma partícula? Será igual $p_t^2 - p_x^2 - p_y^2 - p_z^2$ ou, em outras palavras, $E^2 - p^2$, porque sabemos que p_t é E. O que é $E^2 - p^2$? Deve ser algo que é igual em qualquer sistema de coordenadas. Em particular, deve ser igual para um sistema de coordenadas que esteja se movendo junto com a partícula, no qual a partícula está estacionária. Se a partícula está estacionária, não teria nenhum momento. Portanto, nesse sistema de coordenadas, é puramente sua energia, que é igual à sua massa de repouso. Desse modo, $E^2 - p^2 = m_0^2$. Assim, vemos que o quadrado do comprimento deste vetor, o quadrivetor momento, é igual a m_0^2.

A partir do quadrado de um vetor, podemos prosseguir e inventar o "produto escalar": se a_μ é um quadrivetor e b_μ é outro quadrivetor, o produto escalar é

$$\sum_\mu{}' a_\mu b_\mu = a_t b_t - a_x b_x - a_y b_y - a_z b_z. \qquad (5.16)$$

Ele é igual em todos os sistemas de coordenadas.

Finalmente, mencionaremos certas coisas cuja massa de repouso m_0 é zero. Um fóton de luz, por exemplo. Um fóton é como uma partícula, pois possui uma energia e um momento. A energia de um fóton é uma determinada constante, chamada constante de Planck, multiplicada pela frequência do fóton: $E = h\nu$. Tal fóton também possui um momento, e o momento de um fóton (ou de qualquer outra partícula, na verdade) é h dividido pelo seu comprimento de onda: $p = h / \lambda$. Mas, para um fóton, existe uma relação definida entre a frequência e o comprimento de onda: $\nu = c / \lambda$. (O número de ondas por segundo, vezes o comprimento de cada onda é a distância que a luz percorre em um segundo, que é, claro, c.) Desse modo, vemos imediatamente que a energia de um fóton deve ser o momento vezes c, ou se $c = 1$, *a energia e o momento são iguais*. Isto equivale a dizer que a massa de repouso é zero. Vejamos isto de novo; é bem curioso. Se esta é uma partícula de massa de repouso zero, o que acontece quando ela para? *Ela nunca para!* Ela sempre avança com velocidade c. A fórmula usual para a energia é $m_0 / \sqrt{1 - v^2}$. Ora, podemos dizer que $m_0 = 0$ e $v = 1$, de modo que a energia é zero? *Não* podemos dizer que é zero; o fóton realmente pode ter energia (e tem), ainda que não tenha massa de repouso, mas energia ele possui ao se mover perpetuamente com a velocidade da luz!

Sabemos também que o momento de qualquer partícula é igual à sua energia total vezes sua velocidade: se $c = 1$, $p = vE$ ou, em unidades comuns, $p = vE/c^2$. Para qualquer partícula que se move com a velocidade da luz, $p = E$ se $c = 1$. As fórmulas para a energia de um fóton visto de um sistema em movimento são, é claro, dadas pela equação (5.12), mas para o momento precisamos substituir a energia vezes c (ou vezes 1, neste caso). As diferentes energias após a transformação significam que existem frequências diferentes. Isto se chama efeito Doppler, que pode ser calculado facilmente com base na equação (5.12), usando também $E = p$ e $E = hv$.

Como disse Minkowski: "O espaço por si e o tempo por si desaparecerão em meras sombras, e somente uma espécie de união entre eles sobreviverá."

6 | Espaço curvo

6.1 Espaços curvos com duas dimensões

De acordo com Newton, todas as coisas se atraem com uma força inversamente proporcional ao quadrado da distância entre os objetos, e estes reagem às forças com acelerações proporcionais a estas. São as leis da gravitação e do movimento de Newton. Como você sabe, elas explicam os movimentos de bolas, planetas, satélites, galáxias e assim por diante.

Einstein tinha uma interpretação diferente da lei da gravitação. De acordo com ele, espaço e tempo – que devem ser juntados como espaço-tempo – são *curvos* perto de grandes massas. E é a tentativa das coisas de seguir por "linhas retas" nesse espaço-tempo curvo que faz com que se movam da maneira como se movem. Ora, esta é uma ideia complexa, muito complexa. É a ideia que queremos explicar neste capítulo.

Nosso tema tem três partes. Uma envolve os efeitos da gravitação. Outra envolve as ideias de espaço-tempo já estudadas. A terceira envolve a ideia de espaço-tempo curvo. De início, simplificaremos nosso tema, não nos preocupando com a gravidade e deixando de fora o tempo, discutindo apenas o espaço curvo. Falaremos mais tarde sobre as outras partes, mas nos concentraremos agora na ideia de espaço curvo: o que quer dizer espaço curvo e, mais especificamente, o que quer dizer espaço curvo nesta aplicação de Einstein. Ora, mesmo isto acaba se revelando um tanto difícil em três dimensões. Assim, primeiro reduziremos o problema ainda mais e falaremos sobre o significado das palavras "espaço curvo" em duas dimensões.

Para compreender esta ideia de espaço curvo em duas dimensões, você realmente precisa entender o ponto de vista limitado do personagem que vive em um plano, como na Figura 6-1. Ele só consegue mover-se no plano, e não tem como saber que existe alguma forma de descobrir um "mundo externo". (Ele não possui a nossa imaginação.) Claro que argumentaremos por analogia. *Nós* vivemos em um mundo tridimensional e não temos nenhuma imaginação sobre sair de nosso mundo tridimensional em uma nova direção. Portanto, temos de raciocinar por analogia. É como se fôssemos insetos vivendo em um plano e houvesse um espaço em outra direção. Por isto, trabalharemos inicialmente com o inseto, lembrando que ele tem de viver em sua superfície e não pode sair dali.

Como outro exemplo de um inseto vivendo em duas dimensões, imaginemos um que vive em uma esfera. Imaginamos que ele pode caminhar em torno da superfície da esfera, como na Figura 6-2, mas não pode olhar para "cima", ou para "baixo", ou para "fora".

FIGURA 6-1 Um inseto sobre uma superfície plana.

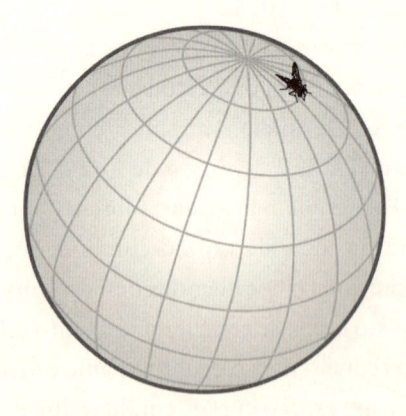

FIGURA 6-2 Um inseto sobre uma esfera.

Agora queremos considerar ainda uma *terceira* espécie de criatura. Também é um inseto, como os outros, e vive também em um plano, como nosso primeiro inseto, mas desta vez o plano é bastante peculiar. A temperatura é diferente em lugares diferentes. Além disso, o inseto e quaisquer réguas que utilize são feitos do mesmo material que se expande quando aquecido. Sempre que ele posiciona uma régua em algum lugar a fim de medir algo, a régua se expande imediatamente para o comprimento apropriado à temperatura daquele lugar. Sempre que ele posiciona qualquer objeto – ele próprio, uma régua, um triângulo ou qualquer coisa –, a coisa se estende devido à expansão térmica. Nos lugares quentes tudo é mais comprido que nos lugares frios, e tudo possui o mesmo coeficiente de expansão. Chamaremos o lar de nosso terceiro inseto de uma "placa quente", embora tenhamos em mente um tipo especial de placa quente que é fria no centro e vai se aquecendo à medida que nos afastamos em direção às bordas (Figura 6-3).

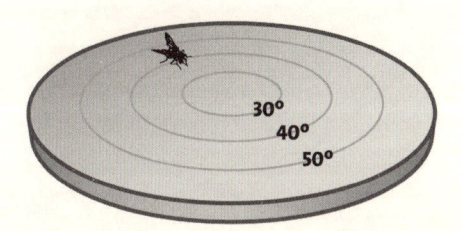

Figura 6-3 Um inseto sobre uma placa quente.

Agora vamos imaginar que nossos insetos começam a estudar geometria. Embora imaginemos que sejam cegos, não podendo portanto ver qualquer mundo "externo", eles podem fazer muita coisa com suas patas e antenas. Eles podem traçar linhas, e fazer réguas e medir comprimentos. Primeiro, suponhamos que eles começam pela ideia mais simples em geometria. Eles aprendem a traçar uma linha reta, definida como a linha mais curta entre dois pontos. Nosso primeiro inseto – veja a Figura 6-4 – aprende a traçar ótimas linhas. Mas o que acontece com o inseto sobre a esfera? Ele traça sua linha reta como a distância mais curta – *para ele* – entre dois pontos, como na Figura 6-5. Ela pode parecer uma curva para nós, mas ele não tem como sair da esfera e descobrir que existe "realmente" uma linha mais curta. Ele apenas sabe que, caso tente qualquer outro caminho *em seu mundo*, será sempre mais longo do que a sua linha reta. Portanto, deixaremos que considere a sua linha reta como o arco mais curto entre dois pontos. (Trata-se, é claro, de um arco de um grande círculo.)

Finalmente, nosso terceiro inseto – aquele da Figura 6-3 – também desenhará "linhas retas" que parecem curvas para nós. Por exemplo, a distância mais curta entre *A* e *B* na Figura 6-6 estaria numa curva como aquela mostrada. Por quê? Porque quando sua linha se curva em direção às partes mais quentes de sua placa, as réguas ficam mais compridas (do nosso ponto de vista onisciente) e é necessário um número menor delas, colocadas em fila, para ir de *A* a *B*. Portanto, *para ele* a linha é reta. Ele não tem como saber que poderia haver alguém num mundo tridimensional estranho que chamaria de "reta" uma linha diferente.

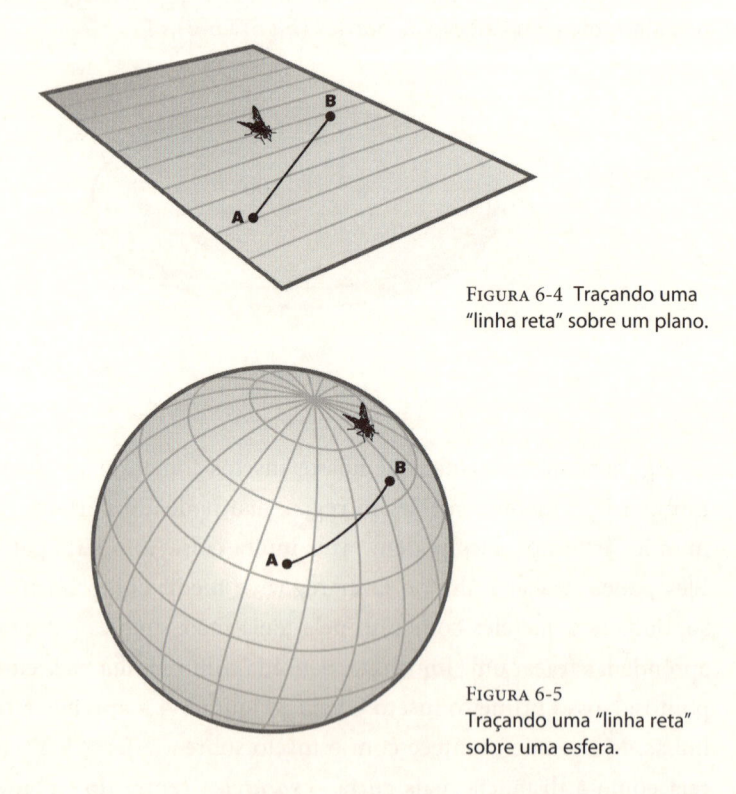

FIGURA 6-4 Traçando uma "linha reta" sobre um plano.

FIGURA 6-5 Traçando uma "linha reta" sobre uma esfera.

Agora você deve ter entendido que todo o resto da análise sempre será do ponto de vista das criaturas nas superfícies específicas, e não do *nosso* ponto de vista. Com isto em mente, vejamos como o restante das suas operações geométricas parece. Suponhamos que os insetos todos aprenderam como fazer com que duas linhas se cruzem em ângulos retos. (Você pode imaginar como eles poderiam fazê-lo.) Então nosso primeiro inseto (aquele no plano normal) descobre um fato interessante. Se ele parte do *ponto A* e traça uma linha com 100 polegadas de comprimento, depois forma um ângulo reto e assinala mais 100 polegadas, depois forma outro ângulo reto e avança mais 100 polegadas, depois forma um terceiro ângulo reto e uma quarta linha com 100 polegadas de comprimento, acaba chegando exatamente ao ponto de partida, como mostra a Figura 6-7(a). Esta é uma propriedade de seu mundo – um dos fatos de sua "geometria".

Depois ele descobre outra coisa interessante. Se ele faz um triângulo – uma figura com três linhas retas –, a soma dos ângulos é igual a 180°, ou seja, à soma de dois ângulos retos. Veja a Figura 6-7(b).

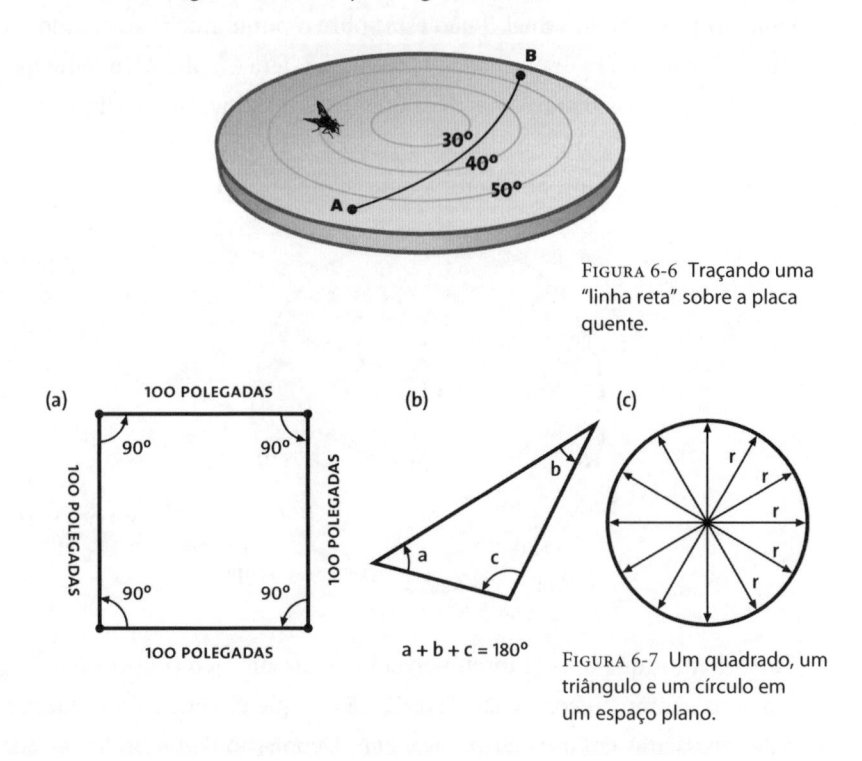

Figura 6-6 Traçando uma "linha reta" sobre a placa quente.

$a + b + c = 180°$

Figura 6-7 Um quadrado, um triângulo e um círculo em um espaço plano.

Aí ele inventa o círculo. O que é um círculo? Um círculo se faz assim: a partir de um único lugar, você vai em linha reta em várias direções e traça uma série de pontos que estão todos à mesma distância daquele lugar. Veja a Figura 6-7(c). (Precisamos ter cuidado com as definições destas coisas, porque temos de fazer as analogias para os outros insetos.) Claro que isto equivale à curva que você pode fazer girando uma régua em torno de um ponto. De qualquer modo, o nosso inseto aprende a traçar círculos. Até que, um dia, ele resolve medir a distância ao redor do círculo. Ele mede vários círculos e descobre uma bela relação: a distância ao redor do círculo é sempre o mesmo número vezes o raio *r* (que é, obviamente, a distância do centro até a curva). A circunferência e seu raio sempre possuem a mesma razão – aproximadamente 6,283 –, independentemente do tamanho do círculo.

Agora, vejamos o que nossos outros insetos têm descoberto sobre as *suas* operações geométricas. Primeiro, o que ocorre com o inseto da esfera quando tenta fazer um "quadrado"? Se ele segue a receita acima, provavelmente achará que o resultado não valeu o esforço. Ele obtém uma figura como aquela da Figura 6-8. Seu ponto final *B* não está sobre o ponto inicial *A*. Aquilo não resulta em nenhuma figura fechada. Pegue uma esfera e tente. Algo semelhante ocorreria com nosso amigo na placa quente. Se ele traça quatro linhas retas de mesmo comprimento – conforme medidas com suas réguas crescentes – unidas por ângulos retos, obtém uma figura como a da Figura 6-9.

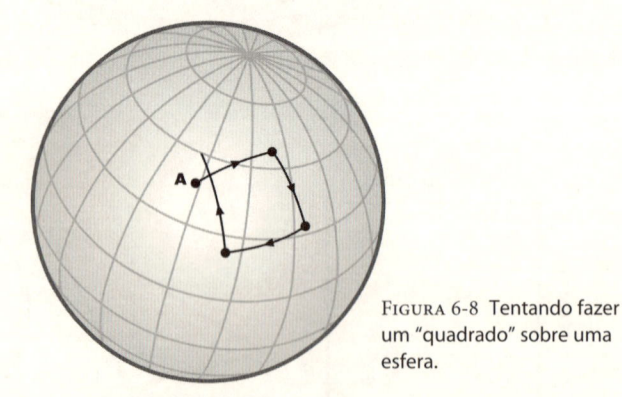

FIGURA 6-8 Tentando fazer um "quadrado" sobre uma esfera.

Suponhamos que nossos insetos tiveram, cada um, seu próprio Euclides, que mostrou como a geometria "deveria" ser, e que eles a testaram fazendo medidas grosseiras em *uma escala pequena*. Depois, ao tentarem traçar quadrados exatos em escala maior, eles descobririam que algo estava errado. O fato é que, somente por meio de *medidas geométricas*, eles descobririam que algo estava errado com seu espaço. Definimos um *espaço curvo* como um espaço onde a geometria não é o que esperamos para um plano. A geometria dos insetos sobre a esfera ou na placa quente é a geometria de um espaço curvo. As regras da geometria euclidiana falham. E você não precisa sair do plano para descobrir que o mundo onde vive é curvo. Não é necessário circum-navegar o globo para descobrir que é uma bola. Você pode descobrir que vive numa bola traçando um quadrado. Se o quadrado for muito pequeno, você precisará de muita precisão, mas se o quadrado for grande, a medida pode ser feita mais grosseiramente.

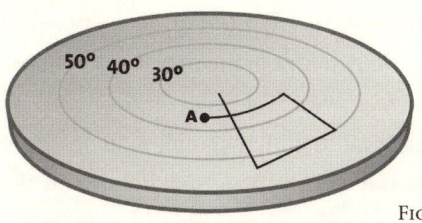

Figura 6-9 Tentando fazer um "quadrado" sobre a placa quente.

Tomemos o caso de um triângulo no plano. A soma dos ângulos dá 180º. Nosso amigo na esfera consegue encontrar triângulos que são bem estranhos. Ele consegue, por exemplo, encontrar triângulos com *três ângulos retos*. É verdade! Um é mostrado na Figura 6-10. Suponhamos que nosso inseto parta do polo norte e faça uma linha reta até o equador. Depois ele faz um ângulo reto e outra linha reta perfeita com o mesmo comprimento. Depois ele repete isto. Devido ao comprimento muito especial que ele escolheu, ele volta ao ponto de partida, formando um ângulo reto com sua primeira linha. Portanto, não há dúvida de que, para ele, este triângulo tem três ângulos retos, cuja soma dá 270º. Descobre-se que, para ele, a soma dos ângulos do triângulo é *sempre* superior

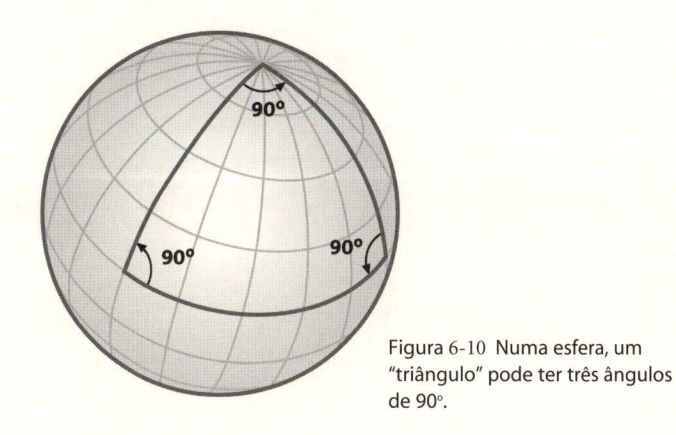

Figura 6-10 Numa esfera, um "triângulo" pode ter três ângulos de 90º.

a 180º. De fato, o excesso (no caso especial mostrado, os 90º extras) é proporcional à área do triângulo. Se um triângulo em uma esfera é muito pequeno, a soma de seus ângulos é próxima de 180º, apenas um pouquinho maior. À medida que o triângulo aumenta, a discrepância também aumenta. O inseto na placa quente descobriria dificuldades semelhantes com seus triângulos.

Vejamos agora o que nossos outros insetos descobrem sobre círculos. Eles traçam círculos e medem suas circunferências. Por exemplo, o inseto na esfera poderia traçar um círculo como o mostrado na Figura 6-11. Ele descobriria que a circunferência é *menor* que 2π vezes o raio. (Você pode ver isto porque, com sabedoria de sua visão tridimensional, é óbvio que o que ele chama de "raio" é uma curva *mais longa* que o verdadeiro raio do círculo.) Suponhamos que o inseto na esfera tivesse lido Euclides e decidisse prever o raio, dividindo a circunferência C por 2π, tomando

$$r_{prev} = \frac{C}{2\pi}. \tag{6.1}$$

Aí ele descobriria que o raio medido era maior que o raio previsto. Insistindo no assunto, ele poderia definir a diferença como sendo o excesso no raio ou "raio excessivo" e escrever

$$r_{med} - r_{prev} = r_{exc}, \tag{6.2}$$

e então estudar como o efeito do raio excessivo dependia do tamanho do círculo.

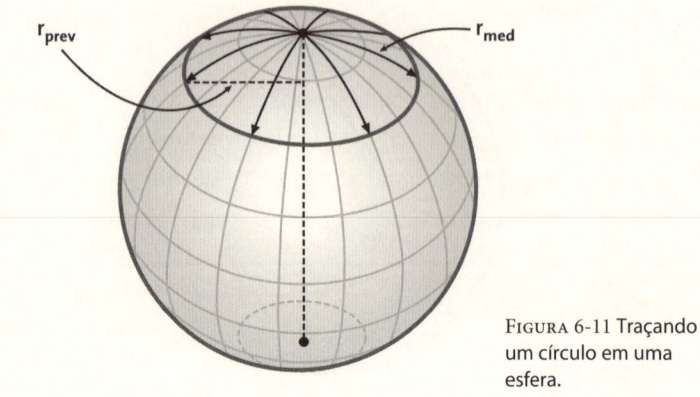

FIGURA 6-11 Traçando um círculo em uma esfera.

Nosso inseto na placa quente descobriria um fenômeno semelhante. Suponhamos que ele traçasse um círculo centrado no ponto frio da placa, como na Figura 6.12. Se o observássemos enquanto traça o círculo, veríamos que suas réguas são curtas perto do centro e ficam mais compridas à medida que são levadas para fora – embora o inseto não saiba disto, é claro. Quando ele mede a circunferência, a régua está comprida o tempo todo, de modo que ele também descobre que o raio medido é maior que o raio previsto, $C/2\pi$. O inseto da placa quente também descobre um "efeito de raio excessivo". E, de novo, o tamanho do efeito depende do raio do círculo.

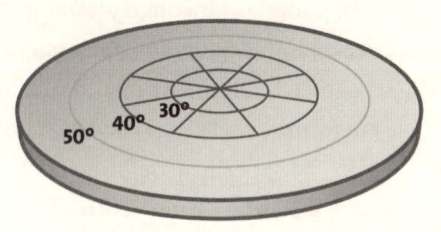

FIGURA 6-12 Traçando um círculo na placa quente.

Definiremos um "espaço curvo" como aquele em que esses tipos de erros geométricos ocorrem: a soma dos ângulos de um triângulo é diferente de 180º; a circunferência de um círculo dividida por 2π não é igual ao raio; a regra para traçar um quadrado não resulta numa figura fechada. Você pode pensar em outros.

Demos dois exemplos diferentes de espaço curvo: a esfera e a placa quente. Mas é interessante que, se escolhermos a variação de temperatura certa como uma função da distância na placa quente, as duas *geometrias* serão exatamente iguais. Isto é bem divertido. Podemos fazer com que o inseto na placa quente obtenha exatamente as mesmas respostas do inseto na bola. Para quem gosta de geometria e de problemas geométricos, eis como isto pode ser feito. Supondo que o comprimento das réguas (conforme determinado pela temperatura) seja proporcional a 1 mais alguma constante vezes o quadrado da distância em relação à origem, você constatará que a geometria daquela placa quente é exatamente igual, em todos os detalhes,[13] à geometria na esfera.

Existem, é claro, outros tipos de geometria. Poderíamos indagar sobre a geometria de um inseto que vivesse numa pera, ou seja, algo cuja curvatura em um lugar é mais acentuada do que em outro, de modo que, ao traçar pe-

[13] Exceto pelo ponto no infinito.

quenos triângulos em uma parte de seu mundo, o excesso nos ângulos seja maior do que em outra parte. Em outras palavras, a curvatura de um espaço varia de lugar para lugar. Esta é apenas uma generalização da ideia. Ela também pode ser imitada por uma distribuição adequada da temperatura em uma placa quente.

Observa-se também que os resultados poderiam exibir o tipo inverso de discrepâncias. Você poderia constatar, por exemplo, que todos os triângulos, quando traçados grandes demais, têm a soma de seus ângulos *inferior* a 180º. Isto pode parecer impossível, mas não é. Antes de mais nada, numa placa quente a temperatura poderia cair com o afastamento do centro. Assim todos os efeitos se inverteriam. Mas podemos obter isto de forma puramente geométrica, olhando a geometria bidimensional da superfície de uma sela. Imagine uma superfície em forma de sela como aquela esboçada na Figura 6-13. Agora desenhe um "círculo" na superfície, definido como o lugar geométrico de todos os pontos à mesma distância de um centro. Esse círculo é uma curva que oscila para cima e para baixo, com um efeito de concha. Assim, sua circunferência é maior do que você esperaria calculando $2\pi r$. Portanto, $C/2\pi$ é agora menor que r. O "raio excessivo" seria negativo.

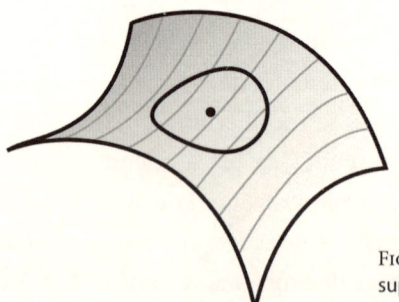

FIGURA 6-13 Um "círculo" numa superfície em forma de sela.

Esferas, peras e assemelhados são todas superfícies de curvaturas *positivas*; e as outras são chamadas superfícies de curvatura *negativa*. Em geral, um mundo bidimensional terá uma curvatura que varia de um lugar para outro e pode ser positiva em alguns lugares e negativa em outros lugares. Em geral, designamos por um espaço curvo simplesmente aquele em que as regras da geometria euclidiana perdem a validade, com um ou outro sinal de discrepância. A grandeza que mede a curvatura – definida, digamos, pelo raio excessivo – pode variar de um lugar para outro.

Poderíamos observar que, com base em nossa definição de curvatura, um cilindro, por incrível que pareça, não é curvo. Se um inseto vivesse sobre um cilindro, como mostrado na Figura 6-14, constataria que os triângulos, quadrados e círculos teriam o mesmo comportamento que têm em um plano. É fácil ver isto. Basta imaginar qual será o aspecto das figuras se o cilindro for desenrolado, formando um plano. Aí todas as figuras geométricas poderão corresponder exatamente à sua forma no plano. Assim, um inseto que vive sobre um cilindro não consegue descobrir (supondo que não dê a volta ao cilindro, mas apenas faça medidas locais) que seu espaço é curvo. Em nosso sentido técnico, consideramos que seu espaço *não* é curvo. Aquilo a que nos referimos se chama mais precisamente curvatura *intrínseca*: uma curvatura capaz de ser descoberta por medidas feitas somente numa região local. (Um cilindro não possui curvatura intrínseca.) Este foi o sentido que Einstein tinha em mente ao dizer que nosso espaço é curvo. Mas até agora só definimos um espaço curvo em duas dimensões; precisamos avançar para ver o que a ideia poderia significar em três dimensões.

FIGURA 6-14 Um espaço bidimensional com curvatura intrínseca zero.

6.2 A curvatura no espaço tridimensional

Vivemos em um espaço tridimensional, e vamos examinar a ideia de que o espaço tridimensional é curvo. Você pergunta: "Mas como é possível imaginar que ele esteja curvado em qualquer direção?" Bem, não podemos imaginar o espaço curvado em nenhuma direção porque nossa imaginação não é boa o suficiente. (Talvez seja até bom que a gente não consiga imaginar demais, para não nos libertarmos demais do mundo real.) Mesmo assim, podemos *definir* uma curvatura sem sair de nosso mundo tridimensional. Tudo que abordamos em duas dimensões foi apenas um exercício para mostrar como obter uma definição de curvatura que não exija a capacidade de "olhar" de fora para dentro.

Podemos verificar se o nosso mundo é curvo ou não de uma forma análoga àquela empregada pelos cavalheiros que vivem na esfera ou na placa quente. Podemos não ser capazes de distinguir entre esses dois casos, mas certamente sabemos distinguir esses casos do espaço plano, o plano comum. Como? É fácil: traçamos um triângulo e medimos os ângulos. Ou desenhamos um círculo grande e medimos a circunferência e o raio. Ou tentamos traçar alguns quadrados exatos, ou tentamos fazer um cubo. Em cada caso, testamos se as leis da geometria funcionam. Se não funcionarem, dizemos que nosso espaço é curvo. Se traçarmos um triângulo grande e a soma de seus ângulos exceder 180º, podemos dizer que nosso espaço é curvo. Ou se o raio medido de um círculo não for igual à sua circunferência dividida por 2π, podemos dizer que nosso espaço é curvo.

Você perceberá que, em três dimensões, a situação pode ser bem mais complicada que em duas. Em qualquer lugar em duas dimensões, existe certo grau de curvatura. Mas em três dimensões a curvatura pode ter *diversas componentes*. Se traçamos um triângulo em certo plano, podemos obter uma resposta diferente do que se posicionarmos o plano do triângulo de forma diferente. Ou tomemos o exemplo de um círculo. Suponhamos que desenhamos um círculo e medimos o raio e ele não corresponde a $C/2\pi$, de modo que há certo raio excessivo. Agora, desenhemos outro círculo formando ângulos retos com o primeiro – como na Figura 6-15. O excesso não precisa ser exatamente igual para ambos os círculos. De fato, poderia haver um excesso positivo para um círculo em um plano e uma deficiência (excesso negativo) para um círculo no outro plano.

Talvez você esteja pensando numa ideia melhor: será que podemos abrir mão de todas essas componentes usando uma *esfera* em três dimensões? Podemos especificar uma esfera tomando todos os pontos que estão à mesma distância de um dado ponto no espaço. Depois, podemos medir a área de superfície dispondo uma grade retangular de escala fina na superfície da esfera e somando todos os pedaços de área. De acordo com Euclides, a área total A deverá ser 4π vezes o quadrado do raio. Assim, podemos definir um "raio previsto" como $\sqrt{A/4\pi}$. Mas podemos também medir o raio diretamente cavando um buraco até o centro e medindo a distância. De novo, podemos tomar o raio medido menos o raio previsto e chamar a diferença de raio excessivo.

$$R_{exc} = r_{med} - \left(\frac{\text{área medida}}{4\pi}\right)^{1/2},$$

que seria uma medida perfeitamente satisfatória da curvatura.

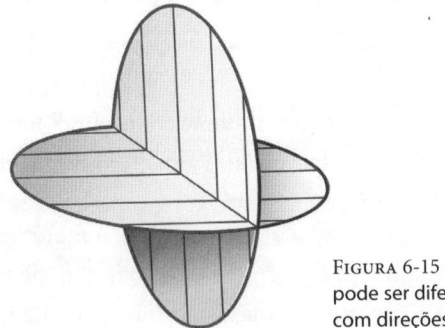

FIGURA 6-15 O raio excessivo pode ser diferente para círculos com direções diferentes.

Isto tem a grande vantagem de não depender de como posicionamos um triângulo ou um círculo.

Mas o raio excessivo de uma esfera também tem uma desvantagem: ele não caracteriza totalmente o espaço. Ele fornece a denominada *curvatura média* do mundo tridimensional, já que há um efeito de fazer a média sobre as várias curvaturas. Mas, por ser uma média, ele não resolve totalmente o problema de definir a geometria. Sabendo apenas esse número, não é possível prever todas as propriedades da geometria do espaço, porque você não sabe o que aconteceria com círculos em diferentes direções. A definição completa requer a especificação de seis "números de curvatura" em cada ponto. Claro que os matemáticos sabem como expressar todos esses números. Você poderá ler algum dia num livro de matemática como expressá-los de uma forma elegante e de alta classe, mas primeiro é bom saber de forma aproximada sobre o que você está querendo escrever. Para a maior parte de nossos propósitos, a curvatura média será suficiente.[14]

[14] Convém mencionar um ponto adicional para que não falte nada. Se você quer transpor para três dimensões o modelo da placa quente do espaço curvo, precisa imaginar que o comprimento da régua depende não apenas de onde é colocada, mas da direção em que a régua está quando aplicada. Esta é uma generalização do caso simples em que o comprimento da régua depende de onde está, mas é igual caso esteja voltada na direção norte-sul, leste-oeste ou acima-abaixo. Esta generalização é necessária se você quer representar, com tal modelo, um espaço tridimensional com qualquer geometria arbitrária, conquanto não seja necessária para duas dimensões.

6.3 Nosso espaço é curvo

Agora vem a pergunta principal. É verdade? Ou seja, o espaço tridimensional físico real onde vivemos é curvo? Uma vez dotada de imaginação suficiente para pensar na possibilidade de que o espaço pode ser curvo, a mente humana naturalmente fica curiosa em saber se o mundo real é curvo ou não. Pessoas realizaram medidas geométricas diretas para tentar descobrir e não encontraram quaisquer desvios. Por outro lado, por meio de argumentos sobre a gravitação, Einstein descobriu que o espaço *é* curvo, e gostaríamos de explicar qual é a lei de Einstein para o valor da curvatura, e também explicar um pouquinho como ele descobriu isto.

Einstein disse que o espaço é curvo e que a matéria é a origem da curvatura. (A matéria também é a origem da gravitação, de modo que a gravidade está relacionada à curvatura – mas isto virá mais adiante no capítulo.) Suponhamos, para facilitar as coisas, que a matéria está distribuída continuamente com certa densidade, que pode variar, porém, tanto quanto você queira, de um lugar para outro.[15] A regra que Einstein forneceu para a curvatura é esta: se existe uma região do espaço com matéria dentro e tomamos uma esfera suficientemente pequena para que a densidade ρ da matéria dentro dela seja efetivamente constante, o *raio excessivo* para a esfera é proporcional à massa dentro da esfera. Usando a definição de raio excessivo, temos

$$\text{Raio excessivo} = \sqrt{\frac{A}{4\pi}} - r_{med} = \frac{G}{3c^2} M . \qquad (6.3)$$

Aqui, G é a constante gravitacional (da teoria de Newton), c é a velocidade da luz e $M = 4\pi\rho r^3 / 3$ é a massa da matéria dentro da esfera. Esta é a lei de Einstein para a curvatura média do espaço.

Suponhamos que tomamos a Terra como um exemplo e esquecemos que a densidade varia de um ponto para outro – assim não precisaremos calcular nenhuma integral. Imaginemos que medíssemos a superfície da Terra cuidadosamente e depois cavássemos um buraco até o centro e medíssemos o raio. Com base na área da superfície, poderíamos calcular o raio previsto que obteríamos se definíssemos a área como $4\pi r^2$. Quando comparássemos o raio previsto com o raio real, acharíamos que o raio real excedeu o raio pre-

---

[15] Ninguém – nem mesmo Einstein – sabe como fazer se a massa vier concentrada em pontos.

visto pela quantidade dada na equação (6.3). A constante $G/3c^2$ é de cerca de 2,5 x 10^{-29} centímetro por grama, de modo que, para cada grama de material, o raio medido diverge em 2,5 x 10^{-29} cm. Introduzindo a massa da Terra, que é de cerca de 6 x 10^{27} gramas, descobre-se que a Terra tem 1,5 mm a mais de raio do que deveria ter para sua área de superfície.[16] O mesmo cálculo para o Sol revelaria que o raio é meio quilômetro mais comprido.

Você deve notar que a lei diz que a curvatura *média acima da* área de superfície da Terra é nula. Mas isto *não* significa que todas as componentes da curvatura sejam nulas. Pode ainda existir – e de fato existe – alguma curvatura acima da Terra. Para um círculo em um plano haverá um raio excessivo com um sinal para certas direções e com o sinal oposto para outras direções. Só se descobre que a média sobre uma esfera é zero quando não há nenhuma massa *dentro* dela. Aliás, existe uma relação entre as diferentes componentes da curvatura e a *variação* da curvatura média de um lugar para outro. Assim, se você sabe a curvatura média em toda parte, pode descobrir os detalhes da curvatura em cada lugar. A curvatura média acima da Terra varia com a altitude, de modo que o espaço ali é curvo. E é essa curvatura que vemos como uma força gravitacional.

Suponhamos que temos um inseto sobre um plano, e que o "plano" tenha pequenas bolhas na superfície. Onde existe uma bolha o inseto concluiria que seu espaço possui pequenas regiões locais de curvatura. O mesmo acontece em três dimensões. Sempre que existe um bloco de matéria, nosso espaço tridimensional possui uma curvatura local: uma espécie de bolha tridimensional.

Se criamos muitas bolhas num plano, poderia haver uma curvatura geral além de todas as bolhas: a superfície poderia se tornar como uma bola. Seria interessante saber se nosso espaço possui uma curvatura média global além das bolhas locais devido aos blocos de matéria como a Terra e o Sol. Os astrofísicos vêm tentando responder a esta pergunta fazendo medições de galáxias a distâncias muito grandes. Por exemplo, se o número de galáxias que vemos num espaço esférico a grande distância é diferente do que esperaríamos com base no nosso conhecimento do raio do espaço, teríamos uma medida do raio excessivo de uma esfera tremendamente grande. A partir dessas medidas

---

[16] Aproximadamente, porque a densidade não é independente do raio como estamos supondo.

espera-se descobrir se nosso universo total é plano, em média, ou redondo: se é "fechado", como uma esfera, ou "aberto", como um plano. Você pode ter ouvido falar dos debates sobre esse tema. Trata-se de debates porque as medidas astronômicas ainda são totalmente inconclusivas; os dados experimentais não são suficientemente precisos para dar uma resposta definitiva. Infelizmente, não temos a menor ideia da curvatura geral de nosso universo em uma escala grande.

6.4 A geometria no espaço-tempo

Agora temos de falar sobre o tempo. Como você viu na teoria da relatividade restrita, medidas de espaço e medidas de tempo estão inter-relacionadas. E seria absurdo algo acontecer ao espaço sem que o tempo estivesse envolvido. Você deve se lembrar de que a medida do tempo depende da velocidade com que você se desloca. Por exemplo, se observamos um sujeito que passa por nós numa espaçonave, vemos que as coisas acontecem mais lentamente para ele do que para nós. Digamos que ele parta em viagem e retorne 100 segundos depois *de acordo com nossos relógios*; o relógio dele pode registrar que ele viajou apenas 95 segundos. Em comparação com os nossos, seu relógio e todos os outros processos, como o batimento cardíaco, se retardaram.

Agora, vejamos um problema interessante. Suponhamos que você seja o viajante da espaçonave. Pedimos que você parta a um dado sinal e retorne ao ponto de partida a tempo de alcançar um sinal posterior – exatamente 100 segundos depois, de acordo com *nosso* relógio. Além disso, você deve realizar a viagem de modo que *seu* relógio registre o tempo *mais longo possível* decorrido. Como você deve se mover? Você deveria ficar parado. Caso você se mova, seu relógio marcará menos de 100 segundos quando você retornar.

Suponhamos, porém, que mudamos um pouco o problema. Consideremos que pedimos que você parta do ponto *A*, a um dado sinal, e vá até o ponto *B* (ambos fixos em relação a nós), e que chegue de volta bem no momento de um segundo sinal (digamos, 100 segundos depois, de acordo com nosso relógio fixo). De novo, você deve fazer a viagem de modo que seu relógio registre o tempo mais longo possível. Como você faria? Para qual trajetória e horário *seu* relógio marcará mais tempo decorrido quando você chegar? A resposta é que você gastará mais tempo do *seu* ponto de vista se fizer a viagem em velocidade uniforme ao longo de uma linha reta. Motivo: quaisquer movimentos extras e quaisquer velocidades altas extras farão seu relógio se retardar. (Como os desvios de tempo dependem do *quadrado* da velocidade, o que você perde indo mais rápido em um lugar você nunca consegue compensar indo mais devagar em outro lugar.)

A conclusão de tudo isso é que podemos usar a ideia para definir "uma linha reta" no espaço-tempo. O equivalente a uma linha reta no espaço é, para o espaço-tempo, um *movimento* em velocidade uniforme e com uma direção constante.

A curva de menor distância no espaço corresponde, no espaço-tempo, não ao percurso de menor tempo, mas àquele de *máximo* tempo, devido às coisas estranhas que acontecem com os sinais dos termos *t* em relatividade. O movimento "em linha reta" – o equivalente à "velocidade uniforme ao longo de uma linha reta" – é, então, aquele que conduz um relógio de um lugar, em certo tempo, para outro lugar em outro tempo, de modo que o tempo marcado seja o mais longo possível. Esta será nossa definição do equivalente a uma linha reta no espaço-tempo.

6.5 A gravidade e o princípio da equivalência

Agora estamos prontos para discutir as leis da gravitação. Einstein estava tentando gerar uma teoria da gravitação que se enquadrasse na teoria da relatividade que ele desenvolvera antes. Estava lidando com o problema quando compreendeu um princípio importante que o levou às leis corretas. O princípio se baseia na ideia de que, quando algo está em queda livre, tudo lá dentro parece sem peso. Por exemplo, um satélite em órbita está caindo livremente na gravidade da Terra, e um astronauta nele se sente sem peso. A ideia, quando enunciada com maior precisão, é chamada de *princípio da equivalência de Einstein*. Ele depende do fato de que todos os objetos caem com exatamente a mesma aceleração, qualquer que seja sua massa ou constituição. Se temos uma espaçonave que está "flanando" – de modo que está em queda livre – e existe um homem lá dentro, as leis que governam a queda do homem e da nave são as mesmas. Assim, se ele se colocar no meio da nave, permanecerá ali. Ele não cai *em relação à nave*. É isto que temos em mente quando dizemos que ele está "sem peso".

Suponhamos que você esteja num foguete que está acelerando. Acelerando em relação a quê? Digamos apenas que seus motores estão ligados e gerando um impulso, de modo que não está flanando em queda livre. Imagine também que você esteja lá longe, no espaço vazio, de modo que praticamente nenhuma força gravitacional atua sobre a nave. Se a nave estiver acelerando com "1g", você conseguirá ficar em pé no "chão" e sentirá seu peso normal. Além disso, se você jogar uma bola, ela "cairá" em direção ao chão. Por quê? Porque a nave está acelerando "para cima", mas nenhuma força atua sobre a bola, de modo que esta não irá acelerar; ela será deixada para trás. Dentro da nave, a bola parecerá ter uma aceleração descendente de "1g".

Agora, comparemos isto com a situação de uma espaçonave em repouso sobre a superfície da Terra. *Tudo permanece igual!* Você seria impelido em direção ao chão, uma bola cairia com uma aceleração de 1g, e assim por diante. Na verdade, dentro de uma espaçonave, como saber se você está parado na Terra ou acelerando no espaço livre? De acordo com o princípio da equivalência de Einstein, não há como saber se você só faz medidas do que acontece com as coisas lá dentro!

Para ser estritamente correto, isto é verdade apenas para um ponto dentro da nave. O campo gravitacional da Terra não é precisamente uniforme, de modo que uma bola em queda livre possui uma aceleração ligeiramente diferente em diferentes lugares: a direção e a magnitude mudam. Mas se imaginarmos um campo gravitacional estritamente uniforme, ele será totalmente imitado, em todos os aspectos, por um sistema com aceleração constante. Esta é a base do princípio da equivalência.

6.6 A taxa de batimento dos relógios num campo gravitacional

Agora, queremos usar o princípio da equivalência para entender uma coisa estranha que acontece em um campo gravitacional. Mostraremos algo que acontece num foguete que você provavelmente não esperaria que acontecesse em um campo gravitacional. Suponhamos que colocamos um relógio na "ponta" de um foguete – ou seja, na extremidade "dianteira" – e outro relógio idêntico na "traseira", como na Figura 6-16. Chamemos os dois relógios *A* e *B*. Se compararmos esses dois relógios quando a nave estiver acelerando, o relógio da ponta parecerá bater mais rápido em relação ao da traseira. Para ver isto, imagine que o relógio dianteiro emite um clarão de luz a cada segundo, e que você esteja na traseira comparando a chegada dos clarões de luz com os tique-taques do relógio *B*. Digamos que o foguete esteja na posição *a* da Figura 6-17 quando o relógio *A* emite um clarão, e na posição *b* quando o clarão chega ao relógio *B*. Em seguida, a nave estará na posição *c* quando o relógio *A* emitir o próximo clarão, e na posição *d* quando você o vir chegando ao relógio *B*.

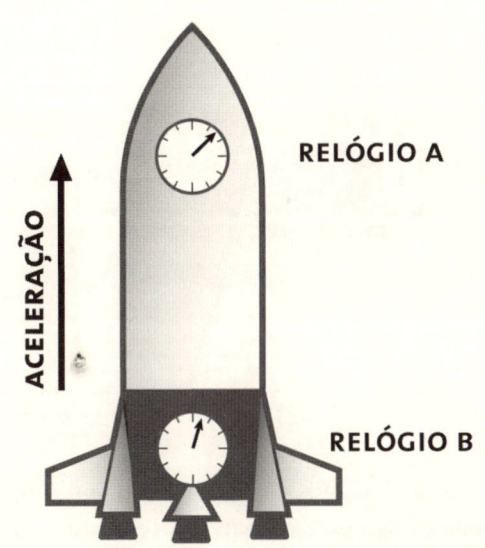

FIGURA 6.16 Um foguete em aceleração com dois relógios.

O primeiro clarão percorre a distância L_1 e o segundo clarão percorre a distância L_2, mais curta. É uma distância mais curta porque a nave está acelerando e tem uma velocidade maior no momento do segundo clarão. Você pode ver então que, se os dois clarões fossem emitidos pelo relógio *A* com um segundo de diferença, chegariam ao relógio *B* com um intervalo um pouco menor que um segundo, já que o segundo clarão não gasta o mesmo tempo no percurso. O mesmo acontecerá com todos os clarões posteriores. Assim, se você estivesse na traseira, concluiria que o relógio *A* estava batendo mais rápido que o relógio *B*. Se você fizesse o inverso – deixasse o relógio *B* emitir luz e a observasse do relógio *A* –, concluiria que *B* estava indo a um ritmo mais lento que *A*. Tudo se encaixa, e não há nada de misterioso nisto.

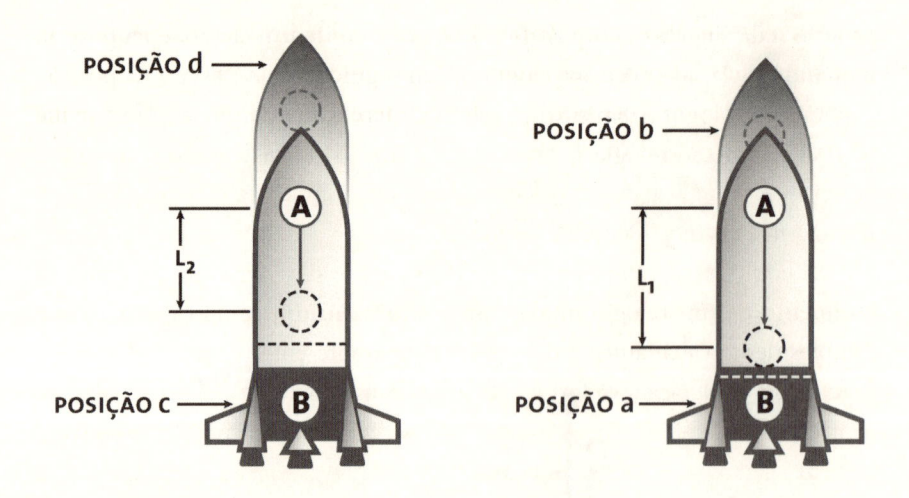

FIGURA 6-17 Um relógio na ponta de um foguete em aceleração parece bater mais rápido que um relógio na traseira.

Mas agora imaginemos o foguete em repouso na gravidade da Terra. *A mesma coisa acontece.* Se você estiver no chão com um relógio e observar um outro relógio sobre uma estante no alto, este parecerá bater mais rápido do que aquele no chão! Você diz: "Mas isto está errado. Os tempos deveriam ser os mesmos. Sem aceleração, não há motivo para os relógios parecerem fora de sincronia." Mas eles devem parecer sem sincronias se o princípio da equivalência está certo. E Einstein insistiu que o princípio *estava* certo, e foi corajosa e corretamente em frente. Ele propôs que relógios em diferentes lugares em um campo gravitacional devem parecer funcionar em ritmos diferentes. Mas se um sempre *parece* estar funcionando em uma taxa de batimento diferente em relação ao outro, então, no que diz respeito ao primeiro, o outro *está* funcionando a uma taxa diferente.

Podemos comparar os relógios à régua quente que mencionamos antes, quando falamos do inseto sobre a placa quente. Imaginamos que réguas e insetos e tudo mudavam de comprimento da mesma maneira em diferentes temperaturas, de modo que não podiam saber que suas réguas de medida estavam mudando conforme se deslocavam sobre a placa quente. Acontece o mesmo com relógios em um campo gravitacional. Cada relógio colocado num nível mais alto parece bater mais rápido. Os batimentos cardíacos se aceleram, todos os processos ficam mais rápidos.

Se não ficassem, você poderia saber a diferença entre um campo gravitacional e um sistema de referência em aceleração. A ideia de que o tempo pode variar de um lugar para outro é uma ideia difícil, mas é a ideia que Einstein usou, e está correta – acredite se quiser.

Usando o princípio da equivalência, podemos descobrir quanto a taxa de batimento de um relógio muda com a altura em um campo gravitacional. Simplesmente calculamos a discrepância aparente entre os dois relógios no foguete em aceleração. A forma mais fácil é usar o resultado encontrado no capítulo 34 do vol. I[17] para o efeito Doppler. Ali encontramos – ver equação (34.14)[18] – que se v é a velocidade *relativa* de uma origem e um receptor, a frequência *recebida* w está relacionada à frequência emitida w_0 por

$$w = w_0 \frac{1 + v/c}{\sqrt{1 - v^2/c^2}} \ . \tag{6.4}$$

Ora, no foguete em aceleração da Figura 6-17, o emissor e o receptor estão se movendo com velocidades iguais em qualquer dado instante. Mas no tempo decorrido para o sinal luminoso ir do relógio A ao relógio B, a nave acelerou. Na verdade, ela adquiriu a velocidade adicional gt, em que g é a aceleração e t é o tempo que a luz leva para percorrer a distância H de A a B. Este tempo está muito próximo de H/c. Assim, quando os sinais chegam a B, a nave aumentou sua velocidade em gH/c. O receptor tem sempre esta velocidade *em relação ao emissor* no instante em que o sinal o deixou. Portanto, esta é a velocidade que devemos usar na fórmula do desvio de Doppler, equação (6.4). Supondo que a aceleração e o comprimento da nave sejam suficientemente pequenos para que esta velocidade seja bem inferior a c, podemos desprezar o termo em v^2/c^2. Segue-se que

$$w = w_0 \left(1 + \frac{gH}{c^2}\right) \ . \tag{6.5}$$

---

[17] Das *Lectures on Physics* originais.
[18] Das *Lectures on Physics* originais.

Assim, para os dois relógios na espaçonave, temos a relação

$$\text{(taxa no receptor)} = \text{(taxa de emissão)} \left(1 + \frac{gH}{c^2}\right), \qquad (6.6)$$

onde H é a altura do emissor *sobre* o receptor.

Com base no princípio da equivalência, o mesmo resultado deve se aplicar a dois relógios separados pela altura H, em um campo gravitacional com a aceleração de queda livre g.

Esta é uma ideia tão importante que gostaríamos de demonstrar que ela também decorre de outra lei da física: da conservação da energia. Sabemos que a força gravitacional sobre um objeto é proporcional à sua massa M, que está relacionada à sua energia interna total E por $M = E/c^2$. Por exemplo, as massas de núcleos calculadas com base nas *energias* de reações nucleares que transformam um núcleo em outro concordam com as massas obtidas de *pesos* atômicos.

Imagine um átomo que tenha um estado de energia inferior, com energia total E_0, e um estado de energia superior E_1, e capaz de passar do estado E_1 ao estado E_0 emitindo luz. A frequência w da luz será dada por

$$\hbar w = E_1 - E_0. \qquad (6.7)$$

Agora, suponhamos que temos tal átomo no estado E_1 sobre o chão, e o conduzimos do chão até a altura H. Para isto, precisamos realizar algum trabalho erguendo a massa $m_1 = E_1/c^2$ contra a força gravitacional. A quantidade de trabalho realizado é

$$\frac{E_1}{c^2} gH. \qquad (6.8)$$

Aí deixamos o átomo emitir um fóton e passar para o estado de energia inferior E_0. Depois conduzimos o átomo de volta ao chão. Na viagem de volta, a massa é E_0/c^2; obtemos de volta a energia

$$\frac{E_0}{c^2} gH, \qquad (6.9)$$

de modo que realizamos uma quantidade total de trabalho igual a

$$\Delta U = \frac{E_1 - E_0}{c^2} gH \ . \qquad (6.10)$$

O átomo, ao emitir o fóton, perdeu a energia $E_1 - E_0$. Agora, suponhamos que o fóton descesse ao chão e fosse absorvido. Quanta energia ele forneceria ali? Você poderia pensar de início que ele forneceria apenas a energia $E_1 - E_0$, mas isto não pode estar certo se a energia é conservada, como mostra o seguinte argumento. Começamos com a energia E_1 no chão. Ao terminarmos, a energia no nível do chão é a energia E_0 do átomo em seu estado inferior, mais a energia E_{fot} recebida do fóton. Enquanto isso, tivemos de suprir a energia adicional ΔU da equação (6.10). Se a energia é conservada, a energia final no chão precisa superar a inicial exatamente pelo valor do trabalho que realizamos. Ou seja, é preciso que

$$E_{fot} + E_0 = E_1 + \Delta U \ ,$$

ou

$$E_{fot} = \left(E_1 - E_0\right) + \Delta U \ . \qquad (6.11)$$

É preciso que o fóton *não* chegue ao chão apenas com a energia $E_1 - E_0$ com que começou, mas com um *pouco mais de energia*. Senão alguma energia teria se perdido. Se substituirmos na equação (6.11) o ΔU que obtivemos na equação (6.10), concluímos que o fóton chega ao chão com a energia

$$E_{fot} = \left(E_1 - E_0\right)\left(1 + \frac{gH}{c^2}\right) \ . \qquad (6.12)$$

Mas um fóton de energia E_{ph} tem a frequência $w = E_{ph}/\hbar$. Chamando a frequência de um fóton *emitido* de w_0 – que, pela equação (6.7), é igual a $(E_1 - E_0)/\hbar$ –, nosso resultado na equação (6.12) fornece de novo a relação de (6.5) entre a frequência do fóton quando absorvido no chão e a frequência com que foi emitido.

O mesmo resultado pode ser obtido ainda de outra maneira. Um fóton de frequência w_0 possui a energia $E_0 = \hbar w_0$. Como a energia E_0 tem a massa gravitacional E_0/c^2, o fóton tem uma massa (*não* massa de repouso) $\hbar w_0/c^2$, sendo "atraído" pela Terra. Ao cair à distância H, adquirirá uma energia adicional $(\hbar w_0/c^2)gH$, de modo que chega com a energia

$$E = \hbar w_0 \left(1 + \frac{gH}{c^2}\right).$$

Mas sua frequência após a queda é $E/\hbar$, dando de novo o resultado da equação (6.5). Nossas ideias sobre relatividade, física quântica e conservação da energia se encaixarão mutuamente apenas se as previsões de Einstein sobre relógios em um campo gravitacional estiverem certas. As mudanças de frequência de que estamos falando costumam ser muito pequenas. Por exemplo, para uma diferença de altitude de 20 metros na superfície da Terra, a diferença de frequência é de apenas duas partes em 10^{15}. Entretanto, tal mudança foi recentemente encontrada por meio de experiências usando o efeito de Mössbauer.[19] Einstein estava totalmente certo.

6.7 A curvatura do espaço-tempo

Agora queremos relacionar o que acabamos de abordar com a ideia do espaço-tempo curvo. Já observamos que, se o tempo avança em diferentes ritmos em diferentes lugares, ele é análogo ao espaço curvo da placa quente. Mas isto é mais que uma analogia; significa que o espaço-tempo *é* curvo. Vamos praticar um pouco de geometria no espaço-tempo. Isto pode parecer estranho de início, mas fizemos várias vezes diagramas do espaço-tempo com a distância ao longo de um eixo e o tempo ao longo do outro. Suponhamos que tentemos fazer um retângulo no espaço-tempo. Começamos traçando um gráfico de altura H *versus t* como na Figura 6-18(a). Para formar a base de nosso retângulo, tomamos um objeto que está *em repouso* na altura H_1 e seguimos sua linha de universo por 10 segundos. Obtemos a linha BD na parte (b) da figura, que é paralela ao eixo t. Agora, tomamos outro objeto que está 100 metros acima do primeiro em $t = 0$. Ele começa no ponto A na Figura 6-18(c). Seguimos sua linha de universo por 100 segundos conforme medida por um relógio em A. O objeto vai de A a C, como mostrado na parte (d) da figura. Mas observe que, como o tempo avança em taxas diferentes nas duas alturas – estamos pressupondo que existe um campo gravitacional –, os dois pontos C e D não são simultâneos. Se tentarmos completar o quadrado traçando uma linha até o ponto C', que está 100 metros acima de D no mesmo

---

[19] R.V. Pound e G.A. Rebka, Jr., *Physical Review Letters*, vol. 4, p. 337 (1960).

tempo, como na Figura 6-18(e), as peças não se encaixam. É isto que temos em mente quando dizemos que o espaço-tempo é curvo.

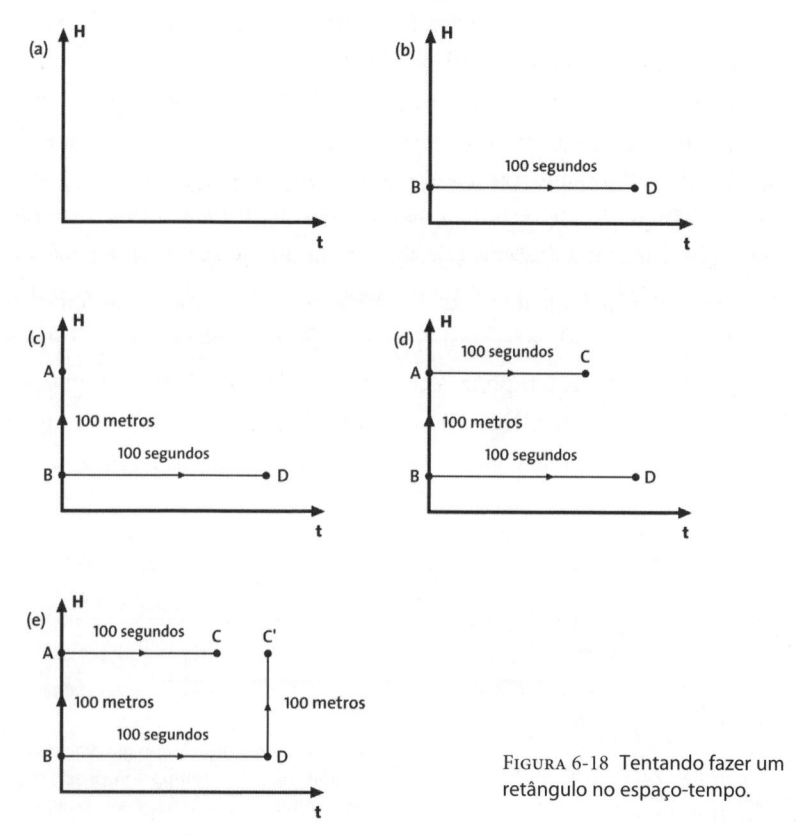

FIGURA 6-18 Tentando fazer um retângulo no espaço-tempo.

6.8 O movimento no espaço-tempo curvo

Vejamos um pequeno e interessante enigma. Temos dois relógios idênticos, A e B, repousando juntos sobre a superfície da Terra, como na Figura 6-19. Agora erguemos o relógio A até certa altura H, mantemos o relógio ali por algum tempo e o trazemos de volta ao chão, de modo que ele chega no exato instante em que o relógio B avançou 100 segundos. Aí o relógio A marcará algo como 107 segundos, porque bateu mais rápido quando no ar. Eis o enigma. Como mover o relógio A de modo que marque o tempo mais tarde possível – sempre supondo que ele retorna quando B marca 100 segundos? Você diz: "É fácil. É só erguer A o mais alto possível. Aí ele baterá o mais rápido possível, e estará adiantado ao máximo quando trazido de volta." Errado.

Você está esquecendo algo: temos apenas 100 segundos para subir e descer. Se formos muito alto, teremos de ir muito rápido para chegar lá e voltar em 100 segundos. Não esqueça o efeito da relatividade restrita, que faz com que os relógios em movimento *se tornem mais lentos* pelo fator $\sqrt{1 - v^2/c^2}$. Este efeito da relatividade tende a fazer com que o relógio A marque *menos tempo* que o relógio B. Você vê que temos uma espécie de jogo. Se mantivermos o relógio A parado, obteremos 100 segundos. Se subirmos devagar até uma pequena altura e descermos devagar, poderemos obter um pouco mais que 100 segundos. Se formos um pouco mais alto, talvez obtenhamos um pouco mais. Mas se vamos alto demais, temos de ir rápido para chegar ali, e podemos retardar o relógio o suficiente para acabar com menos de 100 segundos. Qual programa de altura versus tempo fará com que o relógio A marque o maior tempo? Ou seja, quão alto ir e com que velocidade chegar lá, que ajuste cuidadoso é capaz de trazer-nos de volta ao relógio B quando este avançou 100 segundos?

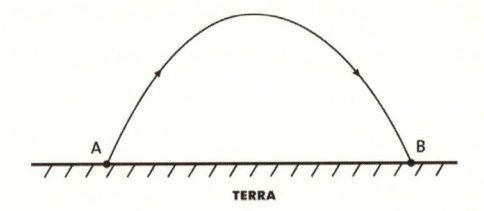

FIGURA 6-19 Num campo gravitacional uniforme, a trajetória com o tempo apropriado máximo para um tempo decorrido fixo é a parábola.

Resposta: descubra com que velocidade você tem de atirar uma bola para o ar de modo que caia de volta na Terra em exatamente 100 segundos. O movimento da bola – subida rápida, perda de velocidade, parada e queda – é exatamente o movimento certo para prolongar ao máximo o tempo em um relógio de pulso preso na bola.

Vejamos um jogo ligeiramente diferente. Temos dois pontos, A e B, ambos na superfície da Terra, a certa distância um do outro. Jogamos o mesmo jogo pelo qual descobrimos antes o que chamamos de linha reta. Perguntamos como devemos ir de A a B, de modo que o tempo em nosso relógio em movimento seja o mais longo possível – supondo que partimos de A a um dado sinal e chegamos a B a outro sinal em B, que diremos ser 100 segundos mais tarde, de acordo com um relógio fixo. Agora você diz: "Bem, descobrimos antes que o certo é seguir ao longo de uma linha reta em uma velocidade uniforme, escolhida de modo a chegarmos a B exatamente 100 segundos depois. Se não seguirmos uma linha reta, precisamos de mais velocidade, e nosso relógio se retarda." Mas alto lá! Isto foi antes de levarmos em conta a gravidade. Não é melhor subir em curva um pouco e depois descer? Assim, durante parte do tempo, estaremos mais alto e nosso relógio baterá um pouco mais rápido, certo? Positivo. Se você resolver o problema matemático de ajustar a curva do movimento de modo a maximizar o tempo decorrido no relógio em movimento, descobrirá que o movimento é uma parábola: a mesma curva seguida por algo que percorre uma trajetória balística livre no campo gravitacional, como na Figura 6-19. Portanto, a lei do movimento num campo gravitacional também pode ser enunciada nestes termos: *Um objeto sempre se desloca de um lugar para outro de modo que um relógio que ele carrega marca um tempo maior do que marcaria em qualquer outra trajetória possível* – com, é claro, as mesmas condições iniciais e finais. O tempo medido por um relógio em movimento é muitas vezes chamado seu "tempo próprio". Na queda livre, a trajetória maximiza o tempo próprio de um objeto.

Vejamos como isso tudo funciona. Começamos com a equação (6.5), que diz que a taxa *excessiva* do relógio em movimento é

$$\frac{\omega_0 g H}{c^2} . \quad (6.13)$$

Além disto, temos de lembrar que existe uma correção do sinal oposto para a taxa de batimento. Para esse efeito, sabemos que

$$\omega = \omega_0 \sqrt{1 - v^2/c^2} .$$

Embora o princípio seja válido para qualquer velocidade, tomamos um exemplo em que as velocidades são sempre bem inferiores a *c*. Então podemos escrever esta equação como

$$\omega = \omega_0 \left(1 - v^2/2c^2\right) ,$$

e a variação na taxa de nosso relógio é

$$-\omega_0 \frac{v^2}{2c^2} . \quad (6.14)$$

Combinando os dois termos em (6.13) e (6.14), obtemos

$$\Delta\omega = \frac{\omega_0}{c^2}\left(gH - \frac{v^2}{2}\right) . \qquad (6.15)$$

Tal desvio de frequência de nosso relógio em movimento implica que, se medirmos um tempo dt em um relógio fixo, o relógio em movimento registrará o tempo

$$dt\left[1 + \left(\frac{gH}{c^2} - \frac{v^2}{2c^2}\right)\right] . \qquad (6.16)$$

O excesso de tempo total sobre a trajetória é a integral do termo extra em relação ao tempo:

$$\frac{1}{c^2}\int\left(gH - \frac{v^2}{2}\right)dt , \qquad (6.17)$$

que se supõe ser um máximo.

O termo gH é simplesmente o potencial gravitacional Φ. Suponhamos que multiplicamos a coisa toda por um fator constante $-mc^2$, em que m é a massa do objeto. A constante não mudará a condição do máximo, mas o sinal menos simplesmente transformará o máximo num mínimo. A equação (6.16) então demonstra que o objeto se moverá de forma que

$$\int\left(\frac{mv^2}{2} - m\Phi\right)dt = \text{ um mínimo.} \qquad (6.18)$$

Mas agora o integrando é apenas a diferença entre as energias cinética e potencial. Se você olhar no capítulo 19 do volume II,[20] verá que, quando discutimos o princípio da mínima ação, mostramos que as leis de Newton para um objeto em qualquer potencial poderiam ser escritas exatamente na forma da equação (6.18).

6.9 A teoria da gravitação de Einstein

A formulação de Einstein das equações do movimento – de que o tempo próprio deve ser máximo no espaço-tempo curvo – resulta nos mesmos

---

[20] Das *Lectures on Physics* originais.

resultados das leis de Newton para velocidades baixas. Ao circular em volta da Terra, o relógio de Gordon Cooper estava mais adiantado do que estaria em qualquer outra trajetória imaginável para o seu satélite.[21]

Portanto, a lei da gravitação pode ser formulada em termos das ideias da geometria do espaço-tempo desta forma notável: as partículas sempre tomam o tempo próprio mais longo – no espaço-tempo, uma quantidade análoga à "distância mais curta". Esta é a lei do movimento em um campo gravitacional. A grande vantagem de colocá-la nestes termos é que a lei não depende de quaisquer coordenadas ou de qualquer outro modo de definir a situação.

Agora sintetizemos o que fizemos. Demos a você duas leis para a gravidade:

(1) Como a geometria do espaço-tempo muda quando a matéria está presente – isto é, a curvatura expressa em termos do raio excessivo é proporcional à massa dentro da esfera, equação (6.3).

(2) Como os objetos se movem se existem apenas forças gravitacionais – os objetos se movem de modo que seu tempo próprio entre duas condições de extremo (inicial e final) é um máximo.

Estas duas leis correspondem a pares de leis semelhantes que vimos anteriormente. Originalmente, descrevemos o movimento num campo gravitacional em termos da lei da gravitação do inverso do quadrado da distância de Newton e de suas leis do movimento. Agora as leis (1) e (2) as substituem. Nosso novo par de leis também corresponde ao que vimos na eletrodinâmica. Ali tivemos nossa lei – o conjunto das equações de Maxwell – que determina os campos produzidos por cargas. Ela informa como a natureza do "espaço" é alterada pela presença de matéria carregada, que é o que a lei (1) faz para a gravidade. Além disso, tivemos uma lei sobre como as partículas se movem em campos conhecidos: $d(m\mathbf{v})/dt = q(\mathbf{E} + \mathbf{v} \times \mathbf{B})$. Isto, para a gravidade, é feito pela lei (2).

Nas leis (1) e (2) você tem um enunciado preciso da teoria da gravitação de Einstein, embora normalmente você a encontre enunciada em uma forma

---

[21] Rigorosamente falando, trata-se apenas de um máximo local. Deveríamos ter dito que o tempo próprio é maior do que para qualquer trajetória próxima. Por exemplo, o tempo próprio em uma órbita elíptica ao redor da Terra não precisa ser mais longo do que em uma trajetória balística de um objeto que é arremessado a grande altura e cai de volta.

matemática mais complicada. Devemos, porém, fazer mais um acréscimo. Assim como as escalas de tempo mudam de um lugar para outro em um campo gravitacional, as escalas de comprimento também mudam. As réguas mudam de comprimento conforme você se desloca. É impossível, com espaço e tempo tão intimamente mesclados, algo acontecer com o tempo sem que se reflita, de algum modo, no espaço. Tomemos o exemplo mais simples: você está navegando pela Terra. O que é "*tempo*" do *seu* ponto de vista é, em parte, espaço do *nosso* ponto de vista. Portanto, o espaço também deve sofrer mudanças. É o espaço-tempo inteiro que é distorcido pela presença da matéria, e isto é mais complicado do que uma mudança somente na escala de tempo. Porém, a regra que demos na equação (6.3) é suficiente para definir completamente todas as leis da gravitação, contanto que se entenda que esta regra sobre a curvatura do espaço se aplica não apenas do ponto de vista de determinado homem, mas é verdadeira para todos. Alguém que passa por uma massa de material vê um conteúdo de massa diferente, devido à energia cinética que ele calcula para o movimento da massa atrás dele, e ele precisa incluir a massa correspondente a essa energia. A teoria precisa ser estabelecida de modo que qualquer um – não importa como se mova – descubra, ao desenhar uma esfera, que o raio excessivo é $G/3c^2$ vezes a massa total (ou melhor, $G/3c^4$ vezes o conteúdo total de energia) dentro da esfera. Que esta lei – a lei (1) – deve ser verdadeira em qualquer sistema que se move é uma das grandes leis da gravitação, denominada *equação de campo de Einstein*. A outra grande lei é a (2) – que as coisas devem se mover de modo que o tempo próprio seja um máximo – e chama-se *equação do movimento de Einstein*.

Escrever estas leis de forma totalmente algébrica, compará-las com as leis de Newton ou relacioná-las com a eletrodinâmica é difícil matematicamente. Mas é a maneira mais completa que nossas leis da física gravitacional exibem atualmente.

Embora fornecessem um resultado que concorda com a mecânica de Newton para o exemplo simples considerado, isto nem sempre ocorre. As três discrepâncias originalmente propostas por Einstein foram experimentalmente confirmadas: a órbita de Mercúrio não é uma elipse fixa; a luz estelar passando perto do Sol é desviada duas vezes mais do que se imaginaria; e a taxa de batimento dos relógios depende de sua localização em um campo gravitacional. Sempre que se descobriu que as previsões de Einstein diferiam das ideias da mecânica newtoniana, a natureza optou por Einstein.

Sintetizemos tudo que dissemos. Primeiro, os valores de tempo e distância dependem do lugar no espaço em que são medidos e do tempo. Isto equivale à afirmação de que o espaço-tempo é curvo. Com base na área medida de uma esfera, podemos definir um raio previsto, $\sqrt{A/4\pi}$, mas o raio real medido terá um excesso em relação ao raio previsto que é proporcional (a constante é G/c^2) à massa total contida dentro da esfera. Isto define o grau exato da curvatura do espaço-tempo. E a curvatura deve ser a mesma, não importa quem esteja olhando para a matéria ou como ela está se movendo. Segundo, as partículas se deslocam em "linhas retas" (trajetórias de tempo próprio máximo) neste espaço-tempo curvo. Este é o conteúdo da formulação de Einstein das leis da gravitação.

Conheça os títulos da Coleção Clássicos de Ouro

132 crônicas: cascos & carícias e outros escritos — Hilda Hilst
24 horas da vida de uma mulher e outras novelas — Stefan Zweig
50 sonetos de Shakespeare — William Shakespeare
A câmara clara: nota sobre a fotografia — Roland Barthes
A conquista da felicidade — Bertrand Russell
A consciência de Zeno — Italo Svevo
A força da idade — Simone de Beauvoir
A força das coisas — Simone de Beauvoir
A guerra dos mundos — H.G. Wells
A idade da razão — Jean-Paul Sartre
A ingênua libertina — Colette
A linguagem secreta do cinema - Jean-Claude Carrière
A mãe — Máximo Gorki
A mulher desiludida — Simone de Beauvoir
A náusea — Jean-Paul Sartre
A obra em negro — Marguerite Yourcenar
A riqueza das nações — Adam Smith
As belas imagens — Simone de Beauvoir
As palavras — Jean-Paul Sartre
Como vejo o mundo — Albert Einstein
Contos — Anton Tchekhov
Contos de terror, de mistério e de morte — Edgar Allan Poe
Crepúsculo dos ídolos — Friedrich Nietzsche
Dez dias que abalaram o mundo — John Reed
Grandes homens do meu tempo — Winston S. Churchill
História do pensamento ocidental — Bertrand Russell
Memórias de Adriano — Marguerite Yourcenar
Memórias de um negro americano — Booker T. Washington
Memórias de uma moça bem-comportada — Simone de Beauvoir
Memórias, sonhos, reflexões — Carl Gustav Jung
Meus últimos anos: os escritos da maturidade de um dos maiores gênios de todos os tempos — Albert Einstein
Moby Dick — Herman Melville
Mrs. Dalloway — Virginia Woolf
Novelas inacabadas — Jane Austen
O amante da China do Norte — Marguerite Duras

O banqueiro anarquista e outros contos escolhidos — Fernando Pessoa
O deserto dos tártaros — Dino Buzzati
O eterno marido — Fiódor Dostoiévski
O Exército de Cavalaria — Isaac Bábel
O fantasma de Canterville e outros contos — Oscar Wilde
O filho do homem — François Mauriac
O imoralista — André Gide
O muro — Jean-Paul Sartre
O príncipe — Nicolau Maquiavel
O que é arte? — Leon Tolstói
O tambor — Günter Grass
Orgulho e preconceito — Jane Austen
Orlando — Virginia Woolf
Os 100 melhores sonetos clássicos da língua portuguesa — Miguel Sanches Neto (org.)
Os mandarins — Simone de Beauvoir
Poemas de amor — Walmir Ayala (org.)
Retrato do artista quando jovem — James Joyce
Um homem bom é difícil de encontrar e outras histórias — Flannery O'Connor
Uma fábula — William Faulkner
Uma morte muito suave (e-book) — Simone de Beauvoir

Direção editorial
Daniele Cajueiro

Editora responsável
Ana Carla Sousa

Produção editorial
Adriana Torres
André Marinho

Copidesque
Cristiane Pacanowski

Revisão técnica
Marta Barroso
Ildeu de Castro

Revisão
Eduardo Carneiro
Raquel Correa

Diagramação
Filigrana

Capa
Victor Burton

Este livro foi impresso em 2024, pela Vozes, para a Nova Fronteira.
O papel de miolo é Avena 80g/m² e o da capa é cartão 250g/m².